百年大计 教育为本

装饰工程计量与计价

主　编　杨正俊　王亚芳

副主编　沈　震　闫晓燕　周文伟

参　编　顾蒙娜　刘梦琪　李　春　夏鸿盛

　　　　俞冯吉　赵　明　孙谷雨

主　审　邹　昀

U0321723

北京理工大学出版社

BEIJING INSTITUTE OF TECHNOLOGY PRESS

内 容 提 要

本书以装饰工程主要分部工程为载体，以装饰工程计量与计价项目化实施为线索，阐述了装饰工程工程量清单及计价的基础知识和基本方法，利用工程实例对装饰工程在清单计价法下的工程量计算、定额运用、工程造价的确定等予以详细的描述和解答。本书主要包括装饰工程计量与计价概述，楼地面装饰工程，墙、柱面装饰工程，天棚装饰工程，门窗装饰工程，涂饰、裱糊装饰工程，其他装饰工程，装饰工程综合案例八个项目。

本书在内容上改变了传统教材的学科体系，以工作过程为主线，以实际工作技能为重点，图文并茂、重点突出，理实一体化，可作为高等院校土木工程类相关专业课程的教材。

图书在版编目（CIP）数据

装饰工程计量与计价 / 杨正俊，王亚芳主编.—北京：北京理工大学出版社，2021.6（2021.7重印）
ISBN 978-7-5682-9976-3

Ⅰ.①装…　Ⅱ.①杨…　②王…　Ⅲ.①建筑装饰－计量－教材　②建筑装饰－工程造价－教材　Ⅳ.①TU723.3

中国版本图书馆CIP数据核字（2021）第130800号

出版发行 / 北京理工大学出版社有限责任公司
社　　址 / 北京市海淀区中关村南大街5号
邮　　编 / 100081
电　　话 / （010）68914775（总编室）
（010）82562903（教材售后服务热线）
（010）68944723（其他图书服务热线）
网　　址 / http：//www.bitpress.com.cn
经　　销 / 全国各地新华书店
印　　刷 / 河北鑫彩博图印刷有限公司
开　　本 / 787毫米×1092毫米　1/16
印　　张 / 17.5
字　　数 / 386千字
版　　次 / 2021年6月第1版　2021年7月第2次印刷
定　　价 / 55.00元

责任编辑 / 封　雪
文案编辑 / 封　雪
责任校对 / 刘亚男
责任印制 / 边心超

出版说明

PUBLISHER'S NOTE

江苏联合职业技术学院成立以来，坚持以服务经济社会发展为宗旨、以促进就业为导向的职业教育办学方针，紧紧围绕江苏经济社会发展对高素质技术技能型人才的迫切需要，充分发挥“小学院、大学校”办学管理体制创新优势，依托学院教学指导委员会和专业协作委员会，积极推进校企合作、产教融合，积极探索五年制高职教育教学规律和高素质技术技能型人才成长规律，培养了一大批能够适应地方经济社会发展需要的高素质技术技能型人才，形成了颇具江苏特色的五年制高职教育人才培养模式，实现了五年制高职教育规模、结构、质量和效益的协调发展，为构建江苏现代职业教育体系、推进职业教育现代化做出了重要贡献。

面对新时代中国特色社会主义建设的宏伟蓝图，我国社会的主要矛盾已经转化为人们日益增长的美好生活需要与发展不平衡、不充分之间的矛盾，这就需要我们有更高水平、更高质量、更高效益的发展，实现更加平衡、更加充分的发展，这样才能全面建成社会主义现代化强国。五年制高职教育的发展必须服从服务于国家发展战略，以不断满足人们对美好的生活需要为追求目标，全面贯彻党的教育方针，全面深化教育改革，全面实施素质教育，全面落实立德树人的根本任务，充分发挥五年制高职贯通培养的学制优势，建立和完善五年制高职教育课程体系，健全德能并修、工学结合的育人机制，着力培养学生的工匠精神、职业道德、职业技能和就业创业能力，创新教育教学方法和人才培养模式，完善人才培养质量监控评价制度，不断提升人才培养质量和水平，努力办好令人民满意的五年制高职教育，为全面建成小康社会，实现中华民族伟大复兴的中国梦贡献力量。

教材建设是人才培养工作的重要载体，也是深化教育教学改革、提高教学质量的重要基础。目前，五年制高职教育教材建设规划性不足、系统性不强、特色不明显等问题一直制约着内涵发展、创新发展和特色发展的空间。为切实加强学院教材建设与规范管理，不断提高学院教材建设与使用的专业化、规范化和科学化水平，学院成立了教材建设与管理工作领导小组和教材审定委员会，统筹领导、科学规划学院教材建设与管理工作。制订了《江苏联合职业技术学院教材建设与使用管理办法》和《关于院本教材开发若干问题的意见》，完善了教材建设与管理的规章制度；每年滚动修订《五年制高等职业教育教材征订目录》，统一组织五年制高职教育教材的征订、采购和配送；编制了学院“十三五”院本教材建设规划，组织18个专业和公共基础课程协作委员会推进院本教材开发，建立了一支院本教材开发、编写、审定队伍；创建了江苏五年制高职教育教材研发基地，与江苏凤凰职业教育图书有限公司、苏州大学出版社、北京理工大学出版社、南京大学出版社、上海交通大学出版社等签订了战略合作协议，协同开发独具五年制高职教育特色的院本教材。

今后一个时期，学院在推动教材建设和规范管理工作的基础上，紧密结合五年制高职教育发展的新形势，主动适应江苏地方社会经济发展和五年制高职教育改革创新的需要，以学院18个专业协作委员会和公共基础课程协作委员会为开发团队，以江苏五年制高职教育教材研发基地为开发平台，组织具有先进教学思想和学术造诣较高的骨干教师，依照学院院本教材建设规划，重点编写出版约600本有特色、能体现五年制高职教育教学改革成果的院本教材，努力形成具有江苏五年制高职教育特色的院本教材体系。同时，加强教材建设质量管理，树立精品意识，制订五年制高职教育教材评价标准，建立教材质量评价指标体系，开展教材评价评估工作，设立教材质量档案，加强教材质量跟踪，确保院本教材的先进性、科学性、人文性、适用性和特色性建设。学院教材审定委员会组织各专业协作委员会做好对各专业课程（含技能课程、实训课程、专业选修课程等）教材出版前的审定工作。

本套院本教材较好地吸收了江苏五年制高职教育的最新理论和实践研究成果，符合五年制高职教育人才培养目标的定位要求。教材内容深入浅出，难易适中，突出“五年贯通培养、系统设计”，重视启发学生思维和培养学生运用知识的能力。教材条理清楚、层次分明、结构严谨、图表美观、文字规范，是一套专门针对五年制高职教育人才培养的教材。

学院教材建设与管理工作领导小组

学院教材审定委员会

2017年11月

序言

PREFACE

为贯彻落实《国家中长期教育改革和发展规划纲要（2010—2020年）》，充分发挥教材建设在提高人才培养质量中的基础性作用，促进现代职业教育体系建设，全面提高五年制高等职业教育教学质量，保证高质量教材进课堂，江苏联合职业技术学院建筑专业协作委员会对建筑类专业教材进行统一规划并组织编写。

本套教材是在总结五年制高等职业教育经验的基础上，根据课程标准、最新国家标准和有关规范编写，并经过学院教材审定委员会审定通过。新教材紧紧围绕五年制高等职业教育的培养目标，密切关注建筑业科技发展与进步，遵循教育教学规律，从满足经济社会发展对高素质劳动者和技术技能型人才的需求出发，在课程结构、教学内容、教学方法等方面进行了新的探索和改革创新；同时，突出理论与实践的结合，知识技能的拓展与应用迁移相对接，体现高职建筑专业教育特色。

本套教材可作为建筑类专业教材，也可作为建筑工程技术人员自学和参考用书。希望各分院积极推广和选用本套教材，并在使用过程中，注意总结经验，及时提出修改意见和建议，使之不断完善和提高。

江苏联合职业技术学院建筑专业协作委员会

2017年12月

前言

FOREWORD

装饰工程计量与计价是建筑装饰工程技术专业的一门核心课程，对培养学生的职业技能具有关键作用。本书涉及的计量与计价定额基础知识主要依据国家和地方标准《建设工程工程量清单计价规范》（GB 50500—2013）、《江苏省建筑与装饰工程计价定额》（2014）编写。编者以项目化、任务型、递进式的结构形态，按照边理边实、理实同步的理念，融入1+X职业技能标准，配有信息化教学资源，设计学生工作页。将理论和实际工程案例相结合，将枯燥的理论知识分散在各个项目中，以规则为指导，即学即用，实现教学过程与工作过程相融合。提高装饰工程计量与计价的准确性与合理性，使基于工作过程的课程学习整体性更强。同时本书具有可查询、可记录、可测量、可评估的特点。

本书强调实用性和时效性，一改以前先理论教学后进行实操，理实不同步的编写方式，采用理实一体化模式，增加递进式工程案例，体现行业需求，以及装饰工程计量与计价课程教学特点和要求，以企业需求为依据，以就业为导向，以学生为中心，体现了教学组织的科学性和灵活性。本书共分为八个项目：装饰工程计量与计价概述，楼地面装饰工程，墙、柱面装饰工程，天棚装饰工程，门窗装饰工程，涂饰、裱糊装饰工程，其他装饰工程，装饰工程综合案例。

本书由江苏联合职业技术学院无锡汽车工程分院杨正俊、宜兴分院王亚芳担任主编；由江苏联合职业技术学院南京分院沈震、苏州建设交通分院闫晓燕、无锡建科装饰设计工程有限公司周文伟担任副主编；江苏联合职业技术学院宜兴分院顾蒙娜，南京工程分院刘梦琪，扬州分院李春，无锡汽车工程分院夏鸿盛、俞冯吉、赵明、孙谷雨参编。全书由江南大学邹昀教授主审。

具体编写分工为：杨正俊编写项目1、项目2和项目8的部分内容，并负责统稿工作，王亚芳编写项目2的任务2.2、任务2.3，项目6，并协助统稿；沈震编写项目1和项目3；闫晓燕编写项目4；刘梦琪编写项目5；顾蒙娜编写项目7；周文伟编写项目8；李春、夏鸿盛、俞冯吉、赵明、孙谷雨等参加本书编写和图纸整理工作。

本书在编写过程中参考引用了大量规范、专业文献和资料，在此向有关作者表示诚挚的感谢。同时本书在编写过程中得到了相关院校和企业专家的大力支持，谨此一并表示感谢。

由于编写时间仓促，编者水平有限，书中难免存在疏漏和不当之处，敬请各位同行和读者批评指正。

编　者

目录

CONTENTS

项目 1　装饰工程计量与计价概述

知识目标

1. 了解本课程性质与主要任务。
2. 掌握建筑装饰项目的划分，理解项目建设各阶段造价之间的关系。
3. 掌握工程计价的特点和模式，掌握建筑装饰工程费用项目组成。

能力目标

1. 能够对建筑装饰工程项目进行科学划分。
2. 能够明确区分不同建设阶段造价文件内容和形式的异同。
3. 能够结合工程实例阐述建筑装饰工程费用的构成。
4. 能够用专业知识和工匠精神，以诚信、公平态度进行装饰工程清单计量与计价。

读书笔记

任务 1.1　装饰工程计量与计价课程简介

1.1.1　装饰工程计量与计价课程性质、内容与主要任务

装饰工程计量与计价课程主要包括装饰工程计量和装饰工程计价两大部分。

（1）课程性质：本课程是装饰工程技术和室内设计、环境艺术设计等相关专业的一门主干专业课，是对学生经济思维意识巩固和提高的一门重要课程。其目的是使学生懂得装饰工程投资的构成及各分项工程成本计算与控制，掌握具体装饰工程概预算的方法及文件的编制。

（2）课程内容：装饰工程计量的主要内容包括装饰工程的工程量计算规则和应用、装饰工程消耗量定额的编制和应用、工程量清单的编制依据及方法；装饰工程计价的主要内容包括建筑装饰工程造价的基本概念、装饰工程费用、定额计价模式、工程量清单计价模式、装饰工程造价文件的编制。

（3）主要任务：通过对本课程的学习，理解装饰工程的施工生产成果与施工生产消耗之间内在的定量关系；掌握工程量计算、工程造价组成、工程造价管理的现状与发展趋势；采用科学方法合理制定装饰工程产品生产过程中所应消耗的人工、材料及机械标准；建立现代科学工程造价管理的思维方式，形成工程造价管理的初步能力。

读书笔记

1.1.2 本课程的学习要求

通过本课程的学习，了解装饰工程投资构成，理解装饰工程定额及单价确定的原理、工程量计算规则，会运用有关计算方法计算工程量；具有独立完成装饰工程施工图预算的能力，具有编制装饰工程造价文件的能力。

1.1.3 本课程的研究对象

本课程主要包括装饰工程消耗量定额和装饰工程造价，将两者之间的内在关系作为主要研究对象。将认识和利用装饰施工成果与施工消耗之间的规律（运用市场经济的基本理论合理确定装饰工程预算造价），作为本课程的研究任务。

正确计算工程量、熟练地应用定额、合理地确定工程造价，以求达到控制生产投入、降低工程成本、提高建设投资效果、增加社会财富的目的。

1.1.4 本课程的学习重点

理论知识上掌握装饰工程预算定额的原理及应用，工程量清单计价的规范，装饰工程预算编制程序等内容。

实践上要熟练掌握装饰工程计算方法、装饰工程预算定额使用方法、装饰工程清单计价方法等。

1.1.5 本课程与其他课程的关系

编制装饰工程预算离不开施工图，所以“建筑装饰制图”“建筑装饰设计”“建筑装饰构造”等课程是识图的基础。

本课程需要了解各种装饰材料，还需要了解装饰施工过程及施工工艺。因此，“建筑装饰材料”“建筑装饰施工技术”这两门课程是本课程的专业基础。另外，“建筑装饰施工组织与管理”“建筑装饰工程法规”“建筑装饰工程合同管理”等课程也与本课程有着紧密的关系。

任务 1.2 装饰工程项目的划分

一个工程建设项目是一个工程综合体，可分解为许多有内在联系的独立和不独立的工程。为了便于对工程项目的建设进行管理和费用的确定，可将工程项目按其组成划分为工程建设项目、单项工程、单位工程、分部工程和分项工程。

1.2.1 建设项目

建设项目又称投资项目，是指在一个总体设计范围内，按照一个设计意图进行施

读书笔记

工的单项工程的总和。一个具体的基本建设工程，通常就是一个建设项目。在工业建筑中，建设一个工厂就是一个建设项目；在民用建筑中，建设一所学校，或一所医院、一个住宅小区等都是一个建设项目。建设项目如图 1–1 所示。

图 1–1　建设项目

1.2.2　单项工程

单项工程又称工程项目，是指具有独立的设计文件，建成后可以独立发挥生产能力或使用效益的工程。其是建设项目的组成部分，一个建设项目可以是一个或多个单项工程。例如，一座工厂的各个车间、办公楼等；一所学校的教学楼、行政楼等；一所医院的病房楼、门诊楼等。单项工程如图 1–2 所示。

图 1–2　单项工程

1.2.3　单位工程

单位工程一般是指具有独立的设计文件，可以独立组织施工和单独成为核算对象，但建成后一般不能单独进行生产或发挥使用效益的工程。其是按照专业工程性质来划分的，是单项工程的组成部分。例如，一个生产车间的厂房修建、电器照明、给水排水、机械设备安装、电气设备安装等都是单位工程；住宅单项工程中的土建、装饰、给水排水、电器照明等都是单位工程。单位工程如图 1–3 所示。

图 1–3　单位工程

读书笔记

1.2.4 分部工程

分部工程是按单位工程不同的结构形式、工程部位、构件性质、使用材料、设备种类等来划分的工程项目。其是单位工程的组成部分。例如，房屋的装饰工程可分为抹灰工程、门窗工程、吊顶工程、轻质隔墙工程、饰面板（砖）工程、幕墙工程、涂饰工程、裱糊与软包工程、楼地面工程、细部工程等。分部工程如图 1–4 所示。

图 1–4 分部工程

1.2.5 分项工程

分项工程是分部工程的组成部分。按照不同的施工方法、不同的材料性质等，可将一个分部工程分解为若干个分项工程。它的划分要按照“分项三原则”进行，即首先按照不同材料（如楼地面工程中的地毯、木地板、瓷砖等）；其次按照同种材料不同规格（如地面瓷砖有 300 mm×300 mm、400 mm×400 mm、600 mm×600 mm 等）；最后按照不同的施工工艺（如石材楼地面工程的拼花及普通铺设）。分项工程用较简单的施工过程来完成，它是计算工料消耗的最基本构成项目，是单位工程组成的基本要素，是建筑装饰工程造价的最小计算单元，在“预算定额”中是组成定额的基本单元体，这种单元体也被称作定额子目。分项工程如图 1–5 所示。

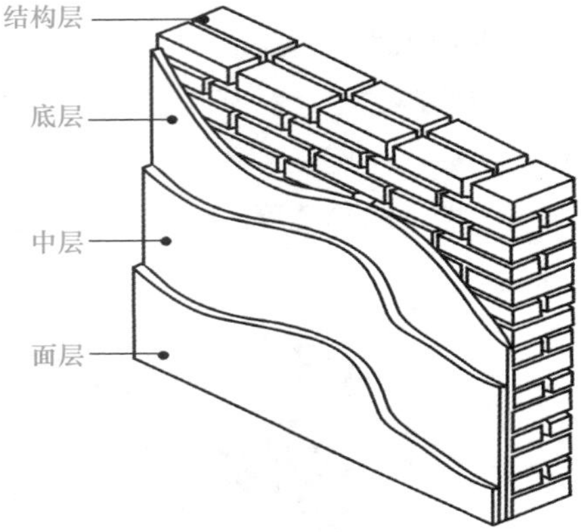

图 1–5 分项工程

任务 1.3 工程造价概述

1.3.1 工程造价的概念

工程造价，即工程的建造价格。在工程建设中广泛存在以下两种不同含义。

1. 从投资方 / 业主的角度来定义（广义）

工程造价是指从投资决策开始到竣工投产所需要的建设费用。业主在投资活动中所支付的所有费用最终形成了工程建成以后交付使用的固定资产、无形资产及其他资产价值。

2. 从承包商的角度来定义（狭义）

工程造价具有买卖价的含义，即建成一项工程预计或实际在工程、设备、技术等交易活动中所形成的建筑安装工程的价格和建设工程总价格。

1.3.2 工程造价在不同阶段的表现形式

读书笔记

在工程项目所处的不同建设阶段，工程造价具有不同的表现形式。工程造价主要包括投资估算、设计概算、施工图预算、招标控制价、投标报价、承包合同价、工程结算价、竣工决算等。不同建设阶段，工程造价文件具有不同的内容和形式，其对应关系如图 1-6 所示。

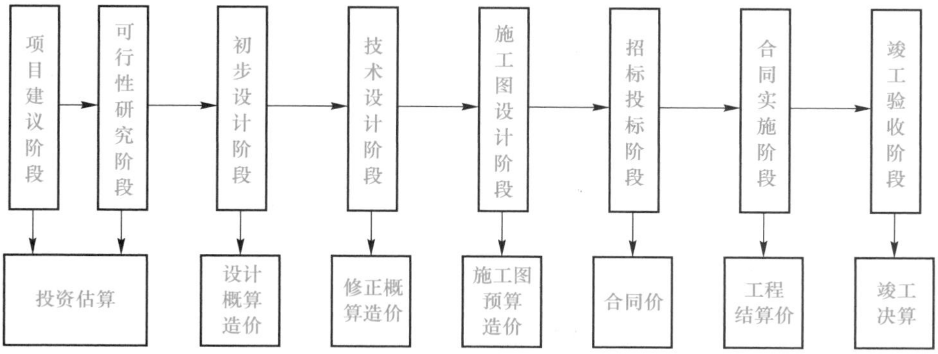

图 1-6　不同阶段形成的造价文件

（1）投资估算：指在编制项目建议书、进行可行性研究阶段，根据投资估算指标、类似工程造价资料、现行的设备材料价格，并结合工程的实际情况，对拟建项目的投资需要量进行估算。投资估算是可行性研究报告的重要组成部分，是判断项目可行性、进行项目决策、筹资、控制造价的主要依据之一。经批准的投资估算是工程造价的目标限额，是编制概预算的基础。

（2）设计概算：是在初步设计阶段，由设计单位根据设计文件、概算定额或概算指标等有关的技术经济资料，预先计算和确定的建设项目从筹建到竣工验收、交付使用的全部建设费用的经济文件。设计概算是设计方案优化的经济指标，经过批准的概算造价，即成为控制拟建项目工程造价的最高限额，也成为编制建设项目投资计划的依据。在初步设计阶段编制的文件称为设计概算；在技术设计阶段编制的文件称为修正概算。概算造价可分为建设项目概算总造价、单项工程概算综合造价和单位工程概算造价三个层次。

（3）施工图预算：指在施工图设计阶段，根据施工图纸及各种计价依据和有关规定编制施工图预算，它是施工图设计文件的重要组成部分。它比概算造价或修正概算造价更为详尽和准确，但受到前一阶段所限定的工程造价的限制，即不能超过设计总概算造价。

（4）合同价：指建设项目在招标投标阶段，建筑工程的价格是通过标价来确定的。标价常分为标底价、招标控制价、投标价和合同价等。合同价是由发包方和承包方共同协商约定和认可的工程造价。合同价属于市场价格的性质，但并不等同于最终决算的实际工程造价；招标控制价是合同价的最高限额。

（5）工程结算：指在合同实施阶段，以合同价为基础，同时考虑实际发生的工程量

读书笔记

增减、设备材料价差等影响工程造价的因素，按合同规定的调价范围和调价方法对合同价进行必要的修正和调整，确定结算价。工程结算文件由施工承包方编制，经业主方的项目管理人员审核后确认工程结算价款。结算价是该单项工程的实际造价。

（6）竣工决算：是在建设项目或单项工程竣工验收、准备交付使用时，由建设单位根据工程建设过程中实际发生的全部费用而编制的经济文件。竣工决算反映工程的实际造价和建成交付使用的资产情况，是业主作为财产交接、考核交付使用财产和登记新增财产价值的依据，它是建设项目的最终实际造价。

不同阶段工程造价文件对比见表 1–1。

表 1–1　不同阶段工程造价文件的对比

项目类别	投资估算	设计概算修正概算	施工图预算	合同价	工程结算	竣工决算
编制阶段	项目设计书可行性研究	初步设计、扩大初步设计	施工图设计	招标投标	施工	竣工验收
编制单位	工程咨询单位	设计单位	施工单位、设计单位、工程咨询单位	承发包双方	施工单位	建设单位
编制依据	投资估算指标	概算定额	预算定额	预算定额	预算定额、施工变更资料	预算定额、工程建设其他费定额
用途	投标决策	控制投资及造价	编制标底投标报价等	确定工程承发包价格	确定工程实际建造价格	确定工程项目实际投资

任务 1.4　建筑装饰工程费用构成

1.4.1　按构成要素划分

建筑装饰工程费用按照费用构成要素划分：由人工费、材料（包含工程设备）费、施工机具使用费、企业管理费、利润、规费和税金组成。其中，人工费、材料费、施工机具使用费、企业管理费和利润包含在分部分项工程费、措施项目费、其他项目费中，建筑装饰工程费用项目组成（按费用构成要素划分）如图 1–7 所示。

1. 人工费

人工费是按照工资总额构成规定，支付给从事建筑安装工程施工的生产工人和附属生产单位工人的各项费用。内容包括以下几点：

（1）计时工资或计件工资：指按计时工资标准和工作时间或对已做工作按计件单价支付给个人的劳动报酬。

（2）奖金：指对超额劳动和增收节支支付给个人的劳动报酬。如节约奖、劳动竞赛奖等。

（3）津贴补贴：指为了补偿职工特殊或额外的劳动消耗和因其他特殊原因支付给个人的津贴，以及为了保证职工工资水平不受物价影响支付给个人的物价补贴。如流动施工津贴、特殊地区施工津贴、高温（寒）作业临时津贴、高空津贴等。

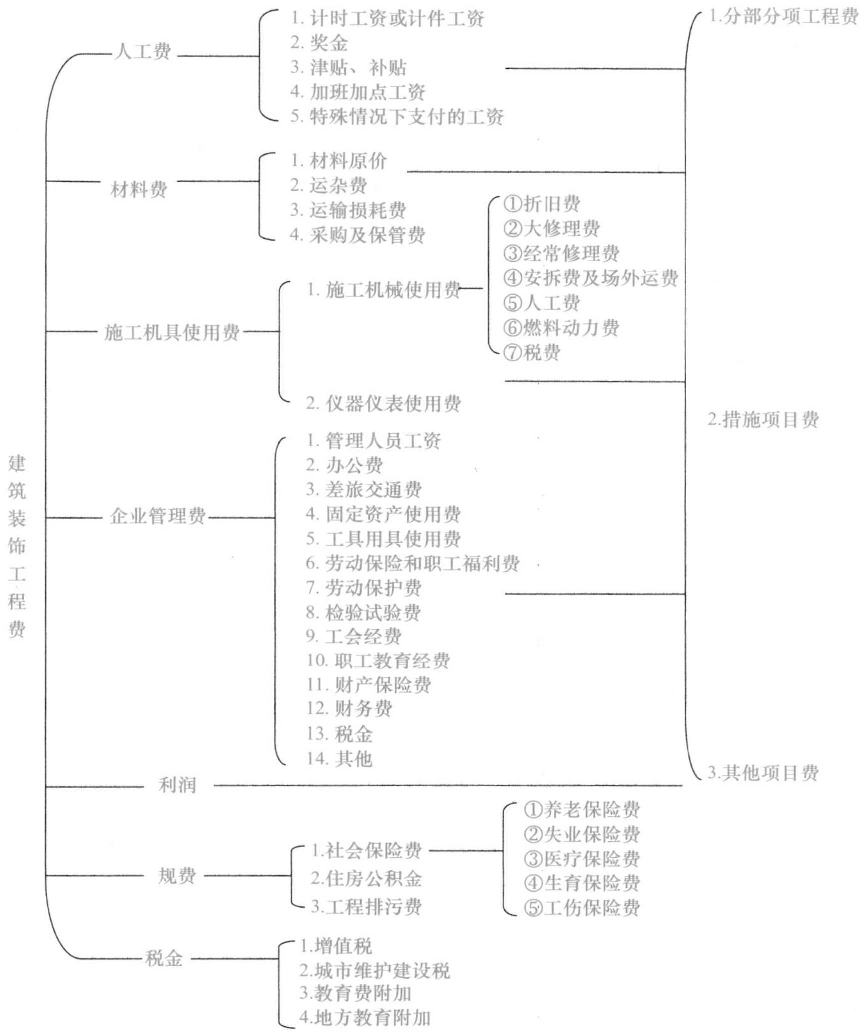

图 1-7　建筑装饰工程费用项目组成（按费用构成要素划分）

（4）加班加点工资：指按规定支付的在法定节假日工作的加班工资和在法定节假日工作时间外延时工作的加点工资。

（5）特殊情况下支付的工资：指根据国家法律、法规和政策规定，因病、工伤、产假、计划生育假、事假、探亲假、定期休假、停工学习、执行国家或社会义务等原因按计时工资标准或计时工资标准的一定比例支付的工资。

2. 材料费

材料费是指施工过程中耗费的原材料、辅助材料、构配件、零件、半成品或成品、工程设备费用。内容包括以下几点：

（1）材料原价：指材料、工程设备的出厂价格或商家供应价格。

（2）运杂费：指材料、工程设备自来源地运至工地仓库或指定堆放地点所发生的各项费用。

读书笔记

（3）运输损耗费：指材料在运输装卸过程中不可避免的损耗。

（4）采购及保管费：指为组织采购、供应和保管材料、工程设备的过程所需要的各项费用。包括采购费、仓储费、工地保管费、仓储损耗费。

工程设备是指构成或计划构成永久工程一部分的机电设备、金属结构设备、仪器装置及其他类似的设备和装置。

3．施工机具使用费

施工机具使用费是指施工作业所发生的施工机械、仪器仪表使用费或其租赁费用。

施工机械使用费以施工机械台班耗用量乘以台班单价来表示，施工机械台班单价应由下列七项费用组成：

（1）折旧费：指施工机械在规定的使用年限内，陆续收回其原值及购置资金时间价值。

（2）大修理费：指施工机械按规定的大修理间隔台班进行必要的大修理，以恢复其正常功能所需的费用。

（3）经常修理费：指施工机械除大修理外的各级保养和临时故障排除所需的费用。包括为保障机械正常运转所需替换设备与随机配备工具附具的摊销和维护费用，机械运转中日常保养所需润滑与擦拭的材料费用及机械停滞期间的维护和保养费用等。

（4）安拆费及场外运费：安拆费指施工机械（大型机械除外）在现场进行安装与拆卸所需的人工、材料、机械和试运转费用及机械辅助设施的折旧、搭设、拆除等费用；场外运费指施工机械整体或分体，自停放地点运至施工现场或由一施工地点运至另一施工地点的运输、装卸、辅助材料及架线等费用。

（5）人工费：指机上司机（司炉）和其他操作人员的人工费。

（6）燃料动力费：指施工机械在运转作业中所消耗的各种燃料及水、电等费用。

（7）税费：指施工机械按照国家和有关部门的规定应缴纳的车船使用税、保险费及年检费等。

4．企业管理费

企业管理费是指建筑安装企业组织施工生产和经营管理所需的费用。内容如下：

（1）管理人员工资：指按规定支付给管理人员的计时工资、奖金、津贴、补贴、加班加点工资及特殊情况下支付的工资等。

（2）办公费：指企业管理办公用的文具、纸张、账表、印刷、邮电、书报、办公软件、现场监控、会议、水电、烧水和集体取暖、降温（包括现场临时宿舍取暖、降温）等费用。

（3）差旅交通费：指职工因公出差，调动工作的差旅费、住勤补助费，市内交通费和误餐补助费，职工探亲路费，劳动力招募费，职工退休、退职一性路费，工伤人员就医路费，工地转移费及管理部门使用的交通工具的油料、燃料等费用。

（4）固定资产使用费：指管理和试验部门及附属生产单位使用的属于固定资产的房屋、设备、仪器等的折旧、大修、维修或租赁费。

（5）工具用具使用费：指企业施工生产和管理使用的不属于固定资产的工具、器具、家具、交通工具和检验、试验、测绘、消防用具等的购置、维修和摊销费。

（6）劳动保险和职工福利费：指由企业支付的职工退职金、按规定支付给离休干部的经费、集体福利费、夏季防暑降温补贴、冬季取暖补贴、上下班交通补贴等。

（7）劳动保护费：指企业按规定发放的劳动保护用品的支出。如工作服、手套、防暑降温饮料及在有碍身体健康的环境中施工的保健费用等。

（8）检验试验费：指施工企业按照有关标准规定，对建筑及材料、构件和建筑安装物进行一般鉴定、检查所发生的费用，包括自设试验室进行试验所耗用的材料等费用。不包括新结构、新材料的试验费，对构件做破坏性试验及其他特殊要求检验试验的费用和建设单位委托检测机构进行检测的费用，对此类检测发生的费用，由建设单位在工程建设其他费用中列支。但对施工企业提供的具有合格证明的材料进行检测不合格的，该检测费用由施工企业支付。

（9）工会经费：指企业按《中华人民共和国工会法》规定的全部职工工资总额比例计提的工会经费。

（10）职工教育经费：指按职工工资总额的规定比例计提，企业为职工进行专业技术和职业技能培训，专业技术人员继续教育、职工职业技能鉴定、职业资格认定，以及根据需要对职工进行各类文化教育所发生的费用。

（11）财产保险费：指施工管理用财产、车辆等的保险费用。

（12）财务费：指企业为施工生产筹集资金或提供预付款担保、履约担保、职工工资支付担保等所发生的各种费用。

（13）税金：指企业按规定缴纳的房产税、车船使用税、土地使用税、印花税等。

（14）其他：包括技术转让费、技术开发费、投标费、业务招待费、绿化费、广告费、公证费、法律顾问费、审计费、咨询费、保险费等。

5. 利润

利润是指施工企业完成所承包工程获得的盈利。

6. 规费

规费是指按国家法律法规规定，由省级政府和省级有关权力部门规定必须缴纳的或计取的费用，包括以下几个部分：

（1）社会保险费。

①养老保险费：指企业按照规定标准为职工缴纳的基本养老保险费。

②失业保险费：指企业按照规定标准为职工缴纳的失业保险费。

③医疗保险费：指企业按照规定标准为职工缴纳的基本医疗保险费。

④生育保险费：指企业按照规定标准为职工缴纳的生育保险费。

⑤工伤保险费：指企业按照规定标准为职工缴纳的工伤保险费。

（2）住房公积金：指企业按规定标准为职工缴纳的住房公积金。

（3）工程排污费：包括废气、污水、固体及危险废物和噪声排污费等内容。其他应列而未列入的规费，按实际发生计取。

7. 税金

税金是指国家税法规定的应计入建筑装饰工程造价内的增值税、城市维护建设税、教育费附加及地方教育附加。

读书笔记

1.4.2 按造价形成划分

装饰工程费用按照工程造价形成划分：由分部分项工程费、措施项目费、其他项目费、规费、税金组成，其中分部分项工程费、措施项目费、其他项目费包含人工费、材料费、施工机具使用费、企业管理费和利润，如图 1-8 所示。

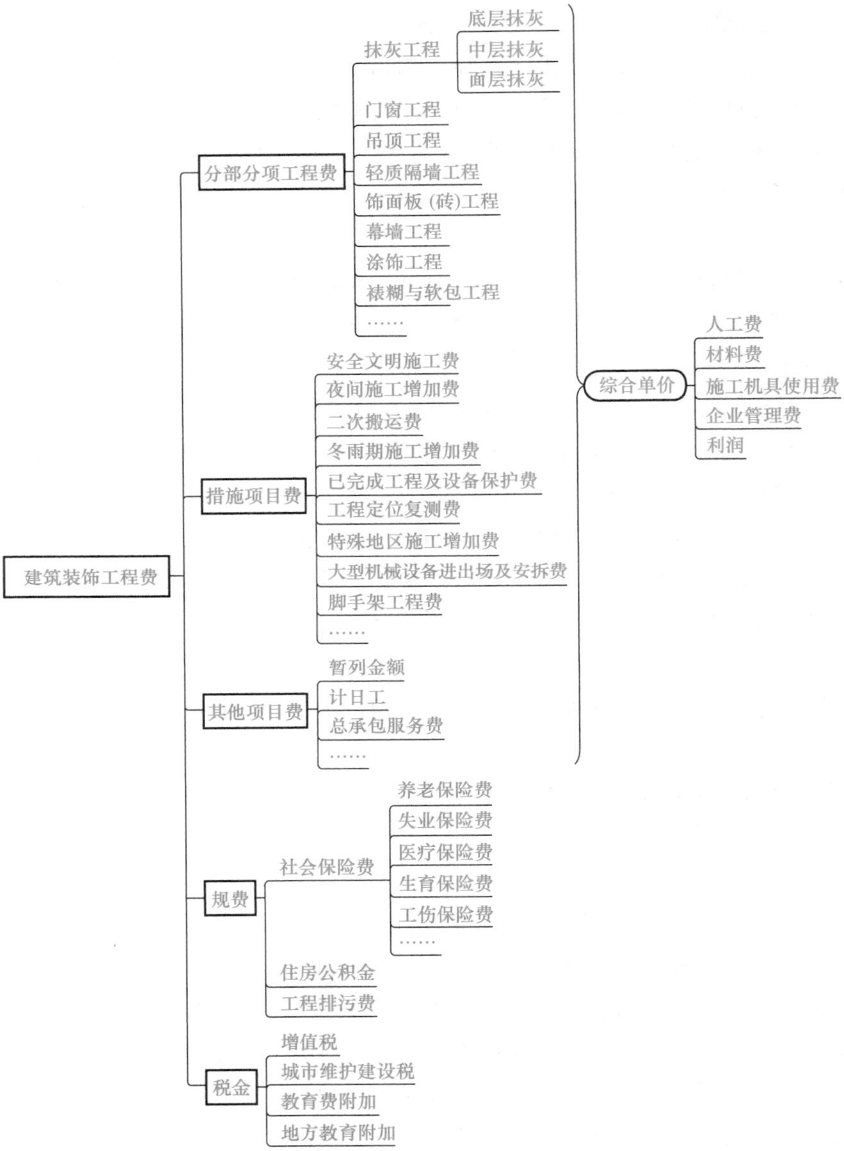

图 1-8 建筑装饰工程费用项目组成（按造价形式划分）

1. 分部分项工程费

分别分项工程费是指各专业工程的分部分项工程应予列支的各项费用。

$$分部分项工程费 = \sum（分部分项工程量 \times 相应分部分项综合单价）$$

（1）专业工程：指按现行国家计量规范划分的房屋建筑与装饰工程、仿古建筑工程、通用安装工程、市政工程、园林绿化工程、矿山工程、构筑物工程、城市轨道交通工程、爆破工程等各类工程。

（2）分部分项工程：按现行国家计量规范对各专业划分的项目。如房屋建筑与装饰工程的楼地面装饰工程、墙柱面装饰工程、隔断与幕墙工程、天棚工程等。

2. 措施项目费

措施项目费是指为完成建设装饰工程施工，发生于该工程施工前和施工过程中的技术、生活、安全、环境保护等方面的费用。

$$措施项目费=\sum（各措施项目费）$$

措施项目费内容包括以下几点：

（1）安全文明施工费。

①环境保护费：指施工现场为达到环保部门要求所需要的各项费用。

②文明施工费：指施工现场文明施工所需要的各项费用。

③安全施工费：指施工现场安全施工所需要的各项费用。

④临时设施费：指施工企业为进行建设工程施工所必须搭设的生活和生产用的临时建筑物、构筑物和其他临时设施费用。包括临时设施的搭设、维修、拆除、清理费或摊销费等。

（2）夜间施工增加费：指因夜间施工所发生的夜班补助费、夜间施工降效、夜间施工照明设备摊销及照明用电等费用。

（3）二次搬运费：指因施工场地条件限制而发生的材料、构配件、半成品等一次运输不能达到堆放地点，必须进行二次或多次搬运所发生的费用。

（4）冬雨期施工增加费：指在冬期或雨期施工需增加的临时设施、防滑、排除雨雪，人工及施工机械效率降低等费用。

（5）已完工程及设备保护费：指竣工验收前，对已完工程及设备采取的必要保护措施所发生的费用。

（6）工程定位复测费：指工程施工过程中进行全部施工测量放线和复测工作的费用。

（7）特殊地区施工增加费：指工程在沙漠或其边缘地区、高海拔、高寒、原始森林等特殊地区施工增加的费用。

（8）大型机械设备进出场及安拆费：指机械整体或分体自停放场地运至施工现场或由一个施工地点运至另一个施工地点，所发生的机械进出场运输及转移费用，以及机械在施工现场进行安装、拆卸所需的人工费、材料费、机械费、试运转费和安装所需的辅助设施的费用。

（9）脚手架工程费：指施工需要的各种脚手架搭、拆、运输费用以及脚手架购置费的摊销（或租赁）费用。

3. 其他项目费

$$其他项目费=暂列金额+计日工+总承包服务费$$

（1）暂列金额：指建设单位在工程量清单中暂定的，并包括在工程合同价款中的一笔款项，用于合同签订时尚未确定或者不可预见的所需材料、工程设备、服务的采购，

读书笔记

读书笔记

施工中可能发生的工程价款调整及发生的索赔、现场签证确认等的费用。

（2）计日工：指在施工过程中，施工企业完成建设单位提出的施工图纸以外的零星项目或工作所需的费用。

（3）总承包服务费：指总承包人为配合、协调建设单位进行的专业工程发包，对建设单位自行采购的材料、工程设备等进行保管及施工现场管理、竣工资料汇总整理等服务所需的费用。

4．规费

与按费用构成要素划分的规费定义相同。

5．税金

与按费用构成要素划分的税金定义相同。

综上所述，装饰工程报价＝分部分项工程费＋措施项目费＋其他项目费＋规费＋税金。

任务1.5　装饰工程计价的特点及计价模式

1.5.1　计价的单件性

每一项工程都有特定的专门用途，对其结构形式、空间分割、设备配置和内外装饰等都有具体的要求。每项工程内容和实物形态千差万别，即使是用途相同的装饰工程也必须单独计算造价。

1.5.2　计价的多次性

建设项目建设周期长、规模大、造价高，使得工程计价需要在决策、设计、施工、竣工、验收阶段多次计价。建设项目全过程多次计价是一个由粗到细、逐步深化并逐步接近实际造价的过程。

1.5.3　计价的组合性

工程造价的计算是通过逐步计算组合而成的。即通过计算各分项工程的价格并汇总得到相应的分部工程价格，再汇总各分部工程价格得到相应的单位工程价格，再汇总各单位工程价格得到相应的单项工程价格，最后汇总各单项工程价格得到建设项目总造价。因此，建设项目造价的计算过程和计算顺序为分项工程费用→分部工程费用→单位工程造价→单项工程造价→建设项目总造价。

1.5.4　计价的多样性

工程造价具有多次性计价的特点，不同建设阶段的计价各有不同的计价依据，对造价的精度要求也不同，由此决定了计价的多样性。如投资估算的计算方法有单位生产能力估算法、生产能力指数法、设备系数法等，概算、预算造价的计算方法有单价法和实物法等，计价时应以具体情况选择。

读书笔记

1.5.5 计价的复杂性

工程造价的影响因素较多，组成要素复杂，使得计价依据也较为复杂，种类繁多。工程计价一方面要依据工程建设方案或设计文件；另一方面要反映建设市场的各种资源价格水平，同时，必须遵循现行的工程造价管理规定、计价标准、计价规范、计价程序。

1.5.6 装饰工程计价模式

由于建筑产品的特殊性，与一般工业产品价格的计价方法相比，应该采取特殊的计价方式，即采用定额计价模式和工程量清单计价模式。

1. 定额计价模式

定额计价的基本方式是“单位估价法”，根据是全国统一基础定额。国家对定额中的人工、材料、机械等消耗的“量”统一控制，而它们的单“价”则由当地造价管理部门定期发布的市场信息价作为计价的参考，以确定工程造价。即根据国家或地方颁布的统一预算定额规定的消耗量及其单价、配套的取费标准与材料预算价格。先计算出相应的工程量，套用相应的定额单价而计算出定额直接费，再在直接费的基础之上计算各种相关费用及利润、税金，最后汇总形成建筑产品的造价。因此其基本计算公式如下：

建筑装饰工程造价 = [$\sum$（工程量 × 定额单价）×（1 +各种费用的费率+利润率）] ×（1 +税金率）

（1）预算定额的直接套用。当分项工程项目的实际设计要求、材料做法等与预算定额表中相应子目的工作内容一致或基本一致时，可以直接套用该相应定额子目的“人材机”消耗量、定额基价，计算出分项工程的直接工程费及分项工程的综合用工量、各种材料用量、各种机械台班用量。

（2）装饰工程预算定额的调差和换算。由于定额子目的制定与实际应用有个时间差，加之新材料、新工艺的诞生，以及“人、材、机”的市场价格波动，这就导致了部分分项工程的项目特征与定额子目内容不能完全匹配，从而无法直接套用定额。这就必须对原装饰工程预算定额进行调差与换算，也就是在“原定额基价”基础上经过调整，继而得到新的基价，称之为“新基价”。有了“新基价”，再乘以分项工程的工程量，就可以得到调整后的工程直接费。

2. 工程量清单计价模式

工程量清单计价模式是 2003 年提出的一种过程造价确定模式。这种计价模式在行业内称为“四统一”，即项目编码、项目名称、计量单位、工程量计算规则统一，是招标人公开提供工程量清单，投标人在招标报价时根据自身情况自主报价。该模式由于施工企业在投标中必须报出合理价格才能中标，所以，对施工企业的技术、管理、劳动效率和市场竞争力等方面会有积极的推动作用。

工程量清单计价模式的造价计算是“综合单价”法，即招标方给出工程量清单，投标方根据工程量清单组合分部分项工程的综合单价，并计算分部分项工程的费用、税金及最后汇总形成总造价。因此，其基本计算公式如下：

$$建筑装饰工程造价=\left[\sum（工程量\times综合单价）+措施项目费+其他项目费+规费\right]\times（1+税金率）$$

综上可知，定额计价模式是采用的单位估价法，工程量清单计价模式是采用综合单价法。

1.5.7　任务练习

学生工作页

项目名称	装饰工程计量与计价概述		
课题名称	装饰工程计量与计价基础知识		
学生姓名		所在班级	
所学专业		完成任务时间	
指导老师		任务完成日期	

一、任务描述

复习装饰工程计量与计价基础知识。

二、任务解答

1．单项选择题

（1）下列为单位工程的是（　　）。

A．学校　B．教学楼　C．教学楼装修部分　D．教学楼的门窗工程

（2）下列为单项工程的是（　　）。

A．教学楼　B．教学楼建筑工程部分

C．教学楼水电部分　D．教学楼的基础部分

（3）下列为分部工程的是（　　）。

A．楼地面工程　B．墙面抹灰工程　C．天棚面层　D．楼梯栏杆

（4）下列为分项工程的是（　　）。

A．门窗工程　B．天棚刮腻子工程　C．墙柱面工程　D．楼地面工程

（5）单项工程组成中最基本的构成要素是（　　）。

A．分部工程　B．子项目工程　C．附加工程　D．分项工程

（6）下面属于分部工程的是（　　）。

A．将军红花岗岩地面　B．水磨石地面

C．墙柱面工程　D．涂料墙面

（7）（　　）是由施工方编制完成的。

A．投资估算　B．设计概算　C．施工图预算　D．竣工决算

（8）（　　）是由设计单位编制完成的。

A．投资估算　B．设计概算　C．施工图预算　D．竣工决算

（9）两算对比是施工图预算和（　　）进行对比。

A．投资估算　B．设计概算　C．施工预算　D．竣工决算

（10）建设工程（　　）是我国长期以来在工程价格形成中采用的计价模式，是国家通过颁发统一的估价指标、概算定额。

A．定额计价模式　B．工程量清单计价模式

C．施工图预算　D．投资估算

2．多项选择题

（1）建筑装饰工程的作用有（　　）。

A．保护建筑主体结构，延长建筑物的使用寿命

B．保证建筑物具备某些特殊使用功能

C．进一步强化建筑物的空间布局

D．强化建筑物的意识和气氛

E．实现美化城市的目的

（2）装饰工程的规模应该按照其装饰的工程项目规模进行划分，一个工程项目由大到小可划分为（　　）。
A．建设项目　B．单项工程　C．分部工程　D．单位工程
E．分项工程
（3）下列工程属于建设项目的有（　　）。
A．学校　B．综合楼　C．宿舍楼　D．工厂
E．办公楼
（4）建设项目计价的特点有（　　）。
A．单件性计价　B．多次性计价　C．按构成的分部分项工程计价
D．按单项工程计价　E．按综合单价计价
（5）根据装饰工程设计和施工的进展阶段不同，装饰工程的预算可分为（　　）。
A．投资估算　B．设计概算　C．施工图预算
D．施工预算　E．竣工结（决）算
3．简答题
（1）举例说明建设项目是如何划分的。

（2）简述工程造价的含义。

（3）简述装饰工程计价的特点。

（4）简述建设工程计价的类型。

三、体会与总结

四、指导老师评价意见

指导老师签字：
日期：

项目 2　楼地面装饰工程

读书笔记

知识目标

1．掌握楼地面工程常见构造及施工工艺，理解楼地面工程计量规则。

2．掌握楼地面工程计价的基础知识，熟悉楼地面工程常用定额。

能力目标

1．能够正确识读装饰工程施工图，并能够根据楼地面工程量计量规则正确计算相应的清单、计价工程量，并能够根据设计要求、平面图、构造图及相关工艺等列出项目清单。

2．能够根据楼地面工程计价规范、计价定额、工程实践，正确套用定额，并能够熟练进行定额换算。

3．能够根据楼地面工程清单项目特征进行科学组价，计算清单项目的综合单价及综合价。懂得经济发展一定建立在科学、诚信、公平、公正的基础上。

任务 2.1　楼地面装饰工程概述

2.1.1　装饰工程楼地面简介

楼地面是指底层地面和楼层地面的总称，是构成房屋建筑各水平结构层的面层。其包括承受荷载的结构层和满足功能需求的装饰面层。装饰工程楼地面通常是指在水泥地面、混凝土地面、砖地面及灰土垫层等各种基层表面的饰面层。

常见楼地面类型简介如下：

（1）整体式楼地面。整体面层包括水泥混凝土（含细石混凝土）面层、水泥砂浆面层、水磨石面层、水泥基硬化耐磨面层、防油渗面层、不发火（防爆的）面层、自流平面层、薄涂型地面涂料面层、橡胶面层、地面辐射供暖的整体面层等。整体式装饰工程楼地面常见构造做法如图 2-1、图 2-2 所示。

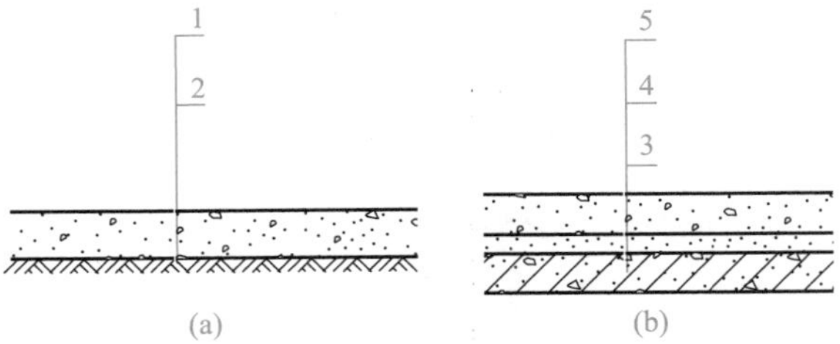

图 2-1　水泥混凝土面层构造做法

（a）地面工程；（b）楼面工程

1—混凝土面层兼垫层；2—基土；3—楼面混凝土结构层；4—水泥砂浆找平层；5—细石混凝土面层

读书笔记

（2）板块式楼地面。板块面层包括砖面层、大理石面层和花岗岩面层、预制板块面层、料石面层、玻璃面层、橡塑板面层、活动地板面层、钢板面层、地毯面层等。

①砖面层是指采用陶瓷马赛克、缸砖、陶瓷地砖和水泥花砖在水泥砂浆、沥青胶结材料或胶粘剂结合层上铺设而成的面层。

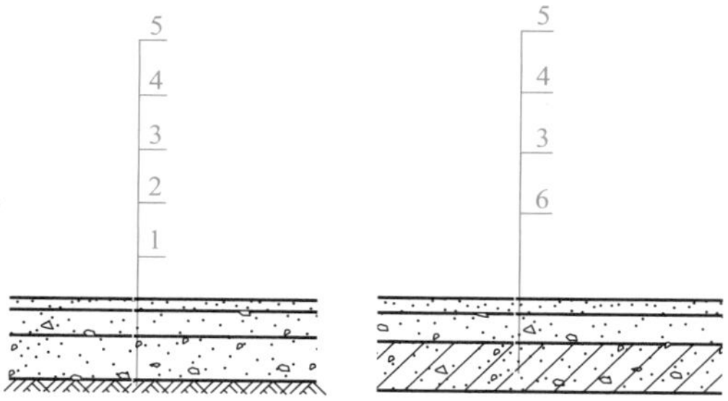

图 2-2　水泥砂浆面层构造做法

1—基土层；2—混凝土垫层；3—细石混凝土找平层；4—素水泥浆；5—水泥砂浆面层；6—混凝土楼板结构层

②大理石面层和花岗岩面层是指采用各种规格型号的天然石材板材、合成花岗岩（又名人造大理石）在水泥砂浆结合层上铺设而成的面层。大理石面层和花岗岩面层适用家庭装饰、高等级的公共场所、民用建筑及耐化学反应的工业建筑中的生产车间等建筑地面工程。

③预制板块面层是指采用各种规格型号的混凝土预制板块、水磨石预制板块在水泥砂浆结合层上铺设而成。

④料石面层采用天然条石和块石，应在结合层上铺设。采用块石做面层应铺设在基土或砂垫层上；采用条石做面层应铺设在砂、水泥砂浆或沥青胶结料结合层上。

⑤橡塑板面层是指采用橡塑板材焊接或橡塑板卷材以胶粘剂在水泥类基层上采用实铺法或空铺法铺设而成。橡塑板面层适用对室内环境具有减振要求及儿童和老人活动的公共活动场所，如宾馆、图书馆、幼儿园、老年活动中心、计算机房等。

⑥活动地板面层是指采用特制的活动地板块，配以横梁、橡胶垫条和可供调节高度的金属支架组装成的架空活动地板，在水泥类基层或面层上铺设而成。活动地板适用于管线比较集中及一些对防尘、导电要求较高的机房、办公场所、电化教室、会议室等的建筑地面。

⑦玻璃面层地面是指地面采用安全玻璃板材（钢化玻璃、夹层玻璃等）固定于钢骨架或其他骨架上。

⑧地毯面层采用地毯块材或卷材，在水泥类或板块类面层（或基层）上铺设而成。地毯面层适用室内环境具有较高安静要求，供儿童、老人公共活动的场所，以及一些高级装修要求的房间，如会议场所、高级宾馆、礼堂、娱乐场所等。

砖面层地面常见做法构造如图 2-3 ～图 2-5 所示。

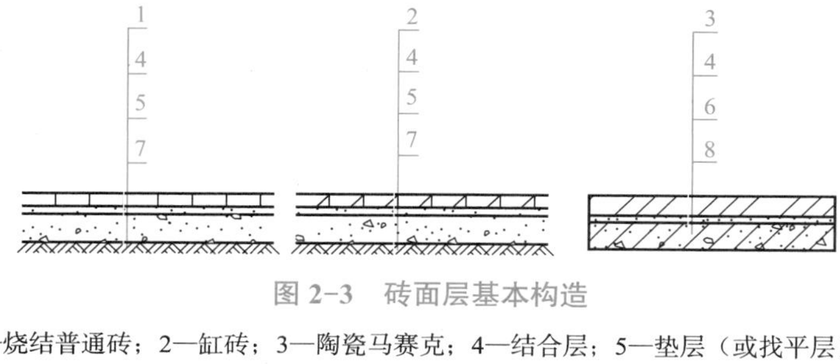

图 2-3　砖面层基本构造

1—烧结普通砖；2—缸砖；3—陶瓷马赛克；4—结合层；5—垫层（或找平层）；6—找平层；7—基土；8—楼层结构层

读书笔记

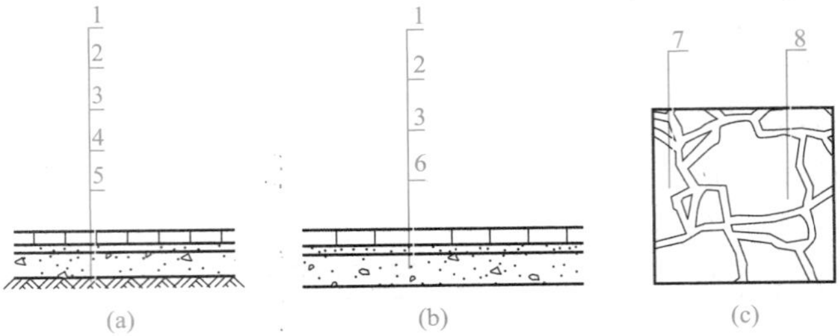

图 2-4　石材面层基本构造

（a）地面构造一；（b）地面构造二；（c）面层

1—大理石（碎拼大理石）、花岗岩面层；2—水泥砂或水泥砂浆结合层；3—找平层；4—垫层；5—素土夯实；6—结构层（钢筋混凝土楼板）；7—碎拼大理石；8—水泥砂浆或水泥石粒浆填缝

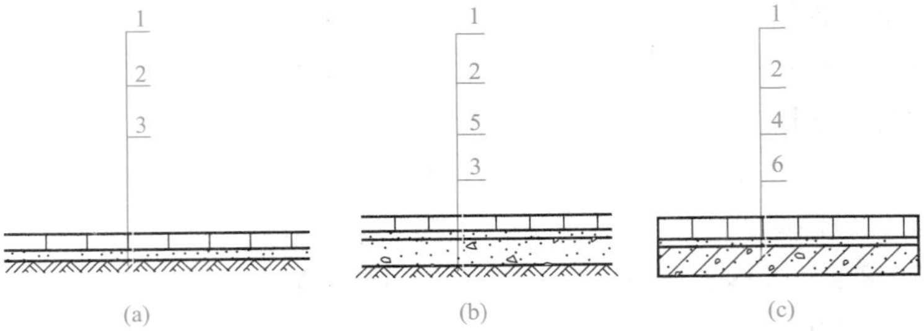

图 2-5　预制板块面层构造做法示意

（a）地面构造之一；（b）地面构造之二；（c）楼面构造

1—预制板块面层；2—结合层；3—素土夯实；4—找平层；5—混凝土或灰土垫层；6—结合层（楼层钢筋混凝土楼板）

玻璃面层地面常见构造做法如图 2-6 所示。

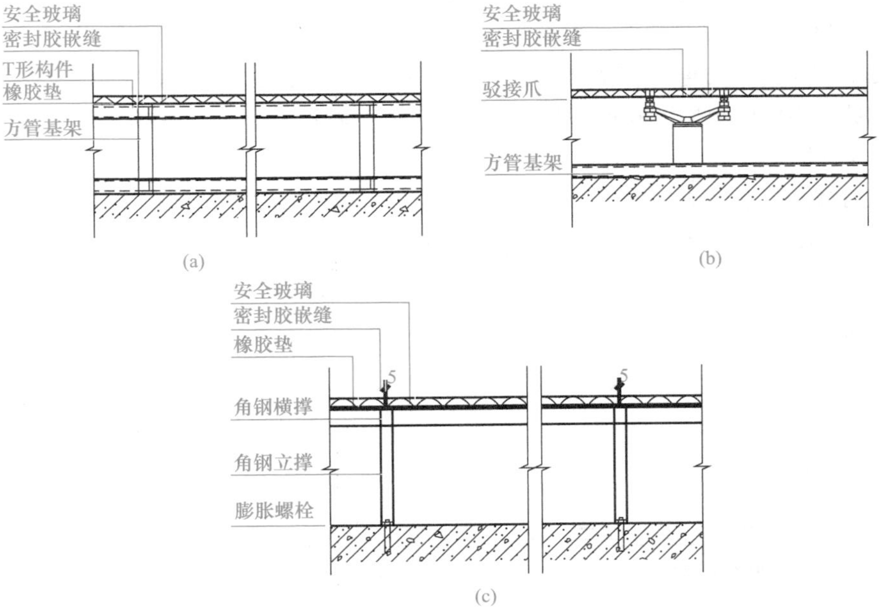

图 2-6　玻璃面层构造做法

（a）钢架搁置玻璃构造；（b）钢架接驳固定构造；（c）钢架粘贴玻璃构造

地毯面层地面常见做法构造如图 2-7 所示。

（3）木、竹楼地面。木、竹面层包括实木地板面层、实木集成地板面层、竹地板面层、实木复合地板面层、浸渍纸层压木质地板面层、软木类地板面层等。实木、实木集成、竹地板采用条材、块材或拼花，以空铺或实铺方式在基层上铺设。实木、实木集成地板面层可分为“免刨免漆类”和“原木无漆类”两类产品，竹地板均为免刨免漆类成品。木地板铺设方式如图 2-8、图 2-9 所示。

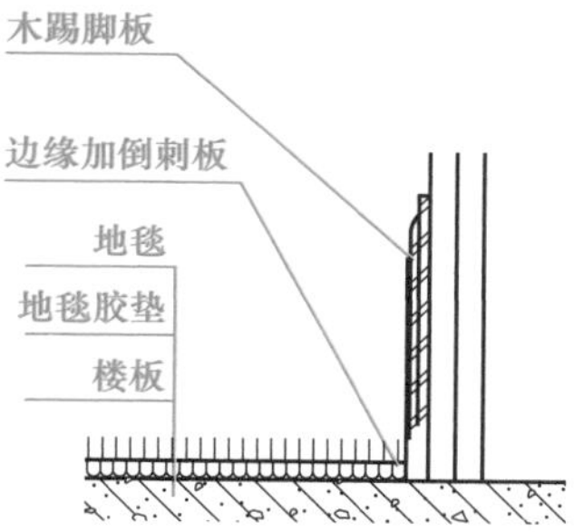

图 2-7　地毯面层基本构造做法

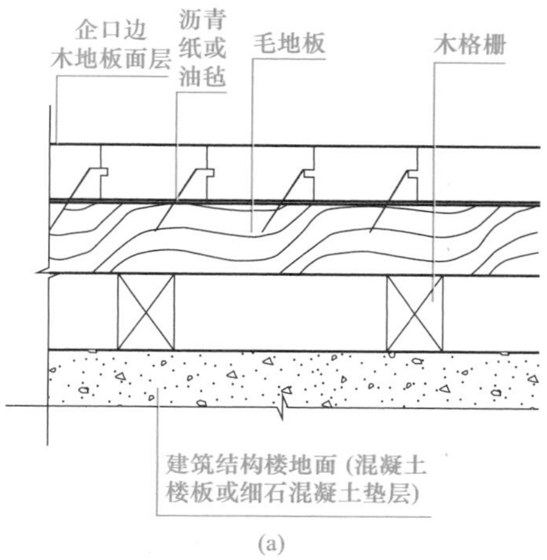

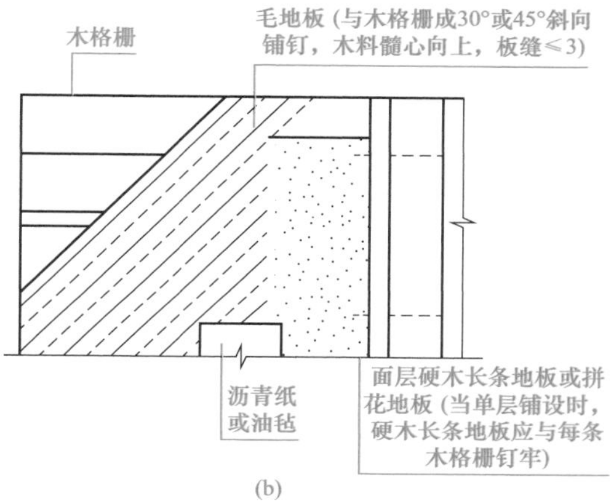

图 2-8　空铺式木地板的铺设方式（面层为单层或双层木地板）

（a）剖面构造示意；（b）平面分层示意

（4）踢脚线。踢脚线，又称为踢脚板或地脚线，是楼地面和墙面相交处的一个重要构造节点。踢脚板的作用，一是保护、遮盖楼地面与墙面的接缝，更好地使墙体和地面之间结合牢固，减少墙体变形，避免外力碰撞造成破坏；二是装饰，在居室设计中，踢脚线起着视觉的平衡作用。

常见踢脚线材料有水泥砂浆、石材、块料、塑料板、木质、金属、防静电。石材、块料踢脚线常用的施工方法有 1 ∶ 1 或 1 ∶ 2.5 水泥砂浆粘贴、干粉型胶粘剂粘贴，成品木质踢脚线一般用固定件（钉子、螺钉、卡件等）固定。

2.1.2　楼地面工程识图

楼地面工程量计量与计价的施工图依据主要有装饰施工图中的设计说明、材料做法表（表 2-1、表 2-2）、地面铺装图（图 2-10）、节点详图（图 2-11）。楼地面饰面图纸识读应通过设计说明、地面铺装图、节点详图、材料表并结合原始建筑平面图获取以下必要的内容：

（1）建筑物的开间尺寸和进深尺寸，结构墙、柱等构件尺寸；

读书笔记

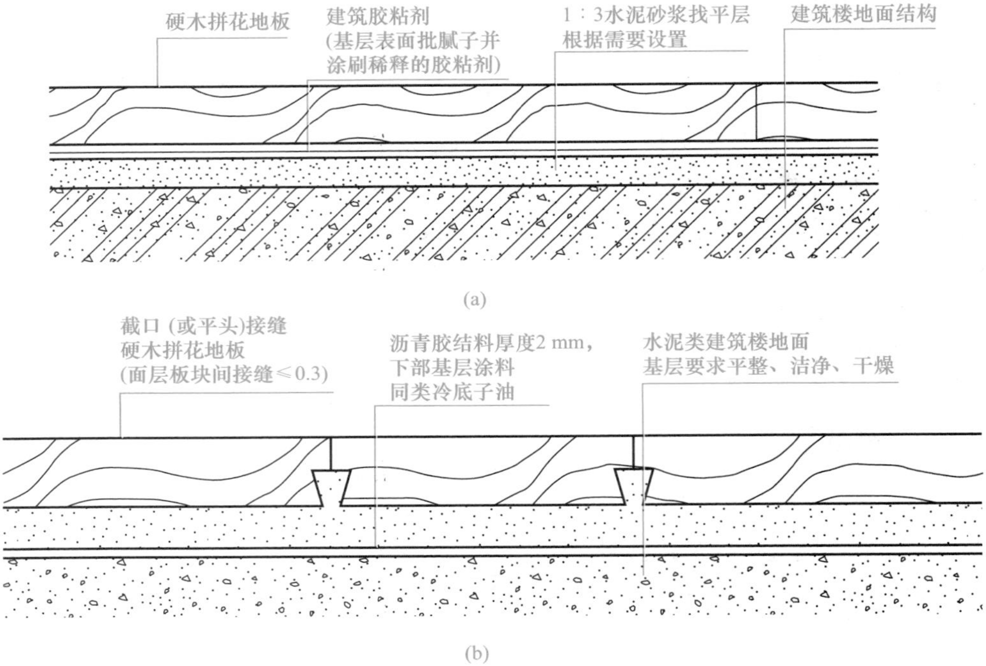

图 2-9　木地板实铺方式示意

（a）胶粘铺贴硬木地板；（b）改性沥青胶结料粘结硬木地板

（2）地面的造型、各功能空间地面的铺装形式、构造方式、材料名称及规格；

（3）地面标高、地面材料拼花造型及各个部分尺寸；

（4）装修要求、构造详图和施工工艺等。

表 2-1　材料表

范例	材料说明	备注	燃烧性能
PT	—	—	—
PT01	白色乳胶漆	—	A 级
PT02	深色亚光钢琴漆	卫生间	A 级
ST	—	—	—
ST01	大理石	门槛石	A 级
ST02	大理石	—	A 级

表 2-2　材料做法表

名称	用料及分层做法	备注	燃烧性能
石材地面	1. 石材（石材六面养护）铺设密拼 2. 10 mm 厚 1 ∶ 2.5 水泥砂浆粘结层 3. 30 mm 厚 1 ∶ 3 干硬性水泥砂浆结合层 4. 素水泥浆一道 5. 原建筑混凝土楼板	—	A 级

续表

名称	用料及分层做法	备注	燃烧性能
实木地板	1. 15 mm 厚木地板 2. 地板防腐处理 3. 地板防潮膜 4. 1 ：3 水泥砂浆找平层 5. 原建筑混凝土楼板	—	B2 级

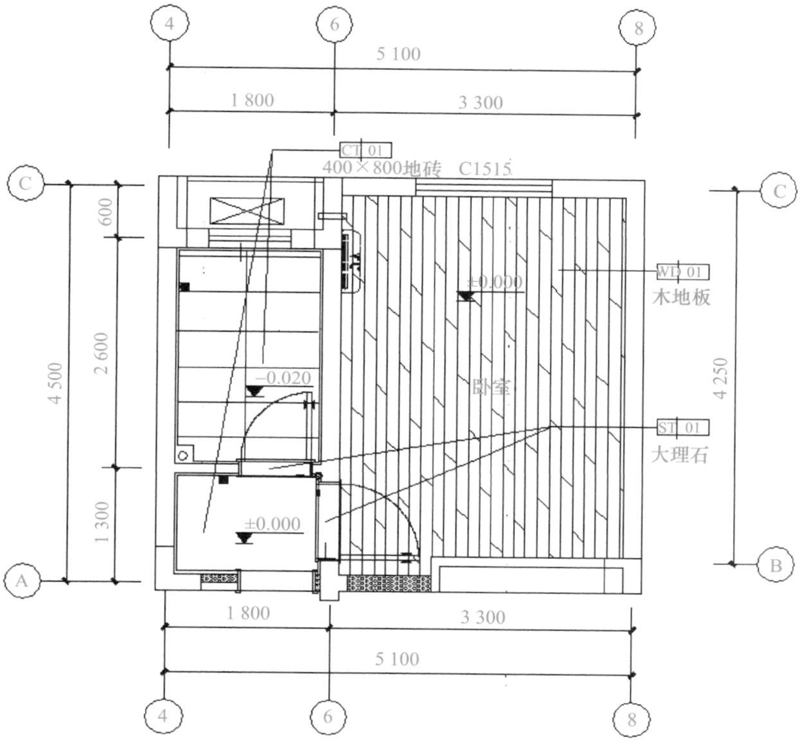

图 2-10　地面铺装示例

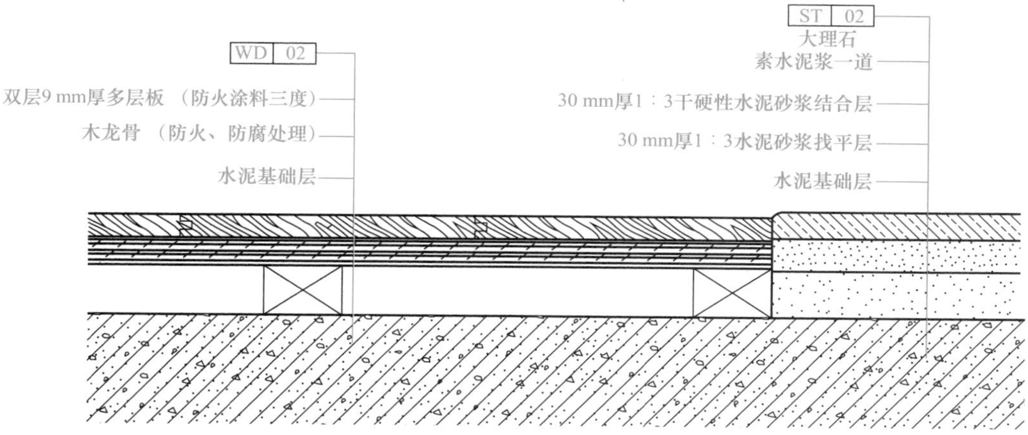

图 2-11　节点详图示例

读书笔记

2.1.3 任务练习

学生工作页

项目名称	楼地面装饰工程		
课题名称	楼地面装饰工程概述		
学生姓名		所在班级	
所学专业		完成任务时间	
指导老师		任务完成日期	

一、任务描述

1. 复习楼地面装饰工程的常见楼地面类型。
2. 复习常见楼地面工程的构造。
3. 复习常见楼地面工程的施工工艺。

二、任务解答

1．请写出常见楼地面类型。

____

2．请写出 1 ～ 2 种地砖楼面层常见的构造分层做法。

____

3．请写出 1 ～ 2 种大理石楼地面常见的构造分层做法。

____

4．请写出实木地板铺装施工的一般工序。

____

三、体会与总结

四、指导老师评价意见

指导老师签字：
日期：

任务 2.2　楼地面工程计量与计价

读书笔记

2.2.1　楼地面装饰工程常见项目工程量清单计算规范

《房屋建筑与装饰工程工程量计算规范》（GB 50854—2013）中把楼地面装饰工程划分为整体面层及找平层、块料面层、橡塑面层、其他材料面层、踢脚线、楼梯面层、台阶装饰、零星装饰八个子分部，并规范了每个子分部清单项目的项目编码、项目名称、项目特征、计量单位、工程量计算规则、工作内容。楼地面工程常用分项的工程量计算规范见表 2–3。

楼地面装饰工程量计算规范清单项目更多内容详见知识链接，可通过手机 QQ、微信扫描右侧二维码获取。

《房屋建筑与装饰工程工程量计算规范》（GB 50854—2013）节选

2.2.2　《江苏省建筑与装饰工程计价定额》（2014）中楼地面工程量计算规则节选

（1）地面垫层按室内主墙间净面积乘以设计厚度以立方米计算，应扣除凸出地面的构筑物、设备基础、室内铁道、地沟等所占体积，不扣除柱、垛、间壁墙、附墙烟囱及面积在 0.3 m^2 以内孔洞所占体积，但门洞、空圈、暖气包槽、壁龛的开口部分也不增加。

（2）整体及块料楼地面计价工程量计算规则同清单计算规则。

（3）楼梯块料面层，按展开实铺面积以平方米计算，踏步板、踢脚板、休息平台、踢脚线、堵头工程量应合并计算。楼梯井宽在 200 mm 以内者不扣除，超过 200 mm 者，应扣除其面积，楼梯间与走廊连接的，应算至楼梯梁的外侧。

（4）台阶（包括踏步及最上一步踏步口外延 300 mm）整体面层按水平投影面积以平方米计算，块料面层，按展开（包括两侧）实铺面积以平方米计算。

（5）水泥砂浆踢脚线按延长米计算，其洞口、门口长度不予扣除，但洞口、门口、垛、附墙烟囱等侧壁也不增加；块料面层踢脚线按图示尺寸以实贴延长米计算，门洞扣除，侧壁另加。

（6）多色简单、复杂图案镶贴石材块料面板，按镶贴图案的矩形面积计算。成品拼花石材铺贴按设计图案的面积计算。计算简单、复杂图案之外的面积，扣除简单、复杂图案面积时，也按矩形面积扣除。

（7）楼地面铺设木地板、地毯以实铺面积计算。楼梯地毯压棍安装以套计算。

（8）栏杆、扶手、扶手下托板均按扶手的延长米计算，楼梯踏步部分的栏杆与扶手应按水平投影长度乘以系数 1.18。

2.2.3　楼地面工程计价说明及定额节选

（1）本书楼地面工程计价定额选自《江苏省建筑与装饰工程计价定额》(2014），主要适应江苏省工程市场计价的需要，是建设各方计价的依据之一。

①《江苏省建筑与装饰工程计价定额》(2014）中有关楼地面常用计价定额的规定：

表 2-3　常用楼地面分项工程量计算规范

子分部	项目编码	项目名称	项目特征	计量单位	工程量计算规则	工作内容
整体面层及找平层	011101001	水泥砂浆楼地面	1. 找平层厚度、砂浆配合比 2. 素水泥浆遍数 3. 面层厚度、砂浆配合比 4. 面层做法要求	m^2	按设计图示尺寸以面积计算。扣除凸出地面构筑物、设备基础、室内管道、地沟等所占面积，不扣除间壁墙和≤ 0.3 m^2 柱、垛、附墙烟囱及孔洞所占面积。门洞、空圈、暖气包槽、壁龛的开口部分不增加面积	1. 基层清理 2. 抹找平层 3. 抹面层 4. 材料运输
	011101006	平面砂浆找平层	找平层厚度、砂浆配合比		按设计图示尺寸以面积计算	1. 基层清理 2. 抹找平层 3. 材料运输
块料面层	011102001	石材楼地面	1. 找平层厚度、砂浆配合比 2. 结合层厚度、砂浆配合比 3. 面层材料品种、规格、颜色 4. 嵌缝材料种类 5. 防护层材料种类 6. 酸洗、打蜡要求		按设计图示尺寸以面积计算。门洞、空圈、暖气包槽、壁龛的开口部分并入相应的工程量内	1. 基层清理 2. 抹找平层 3. 面层铺设、磨边 4. 嵌缝 5. 刷防护材料 6. 酸洗、打蜡 7. 材料运输
	011102003	块料楼地面				
其他材料面层	011104002	竹、木（复合）地板	1. 龙骨材料种类、规格、铺设间距 2. 基层材料种类、规格 3. 面层材料品种、规格、颜色 4. 防护材料种类			1. 基层清理 2. 龙骨铺设 3. 基层铺设 4. 面层铺贴 5. 刷防护材料 6. 材料运输
踢脚线	011105001	水泥砂浆踢脚线	1. 踢脚线高度 2. 底层厚度、砂浆配合比 3. 面层厚度、砂浆配合比	1. m^2 2. m	1. 以平方米计量，按设计图示长度乘高度以面积计算 2. 以米计量，按延长米计算	1. 基层清理 2. 底层和面层抹灰 3. 材料运输
	011105002	石材踢脚线	1. 踢脚线高度 2. 粘贴层厚度、材料种类 3. 面层材料品种、规格、颜色 4. 防护材料种类			1. 基层清理 2. 底层抹灰 3. 面层铺贴、磨边 4. 擦缝 5. 磨光、酸洗、打蜡 6. 刷防护材料 7. 材料运输
	011105003	块料踢脚线				

续表

子分部	项目编码	项目名称	项目特征	计量单位	工程量计算规则	工作内容
踢脚线	011105005	木质踢脚线	1. 踢脚线高度 2. 基层材料种类、规格 3. 面层材料品种、规格、颜色	1. m^2 2. m	1. 以平方米计量，按设计图示长度乘高度以面积计算 2. 以米计量，按延长米计算	1. 基层清理 2. 基层铺贴 3. 面层铺贴 4. 材料运输
楼梯面层	011106001	石材楼梯面层	1. 找平层厚度、砂浆配合比 2. 粘结层厚度、材料种类 3. 面层材料品种、规格、颜色 4. 防滑条材料种类、规格 5. 勾缝材料种类 6. 防护材料种类 7. 酸洗、打蜡要求	m^2	按设计图示尺寸以楼梯（包括踏步、休息平台及≤ 500 mm 的楼梯井）水平投影面积计算。楼梯与楼地面相连时，算至梯口梁内侧边沿；无梯口梁者，算至最上一层踏步边沿加 300 mm	1. 基层清理 2. 抹找平层 3. 面层铺贴、磨边 4. 贴嵌防滑条 5. 勾缝 6. 刷防护材料 7. 酸洗、打蜡 8. 材料运输
台阶面	011107001	石材台阶面	1. 找平层厚度、砂浆配合比 2. 粘结材料种类 3. 面层材料品种、规格、颜色 4. 勾缝材料种类 5. 防滑条材料种类、规格 6. 防护材料种类		按设计图示尺寸以台阶（包括最上层踏步边沿加 300 mm）水平投影面积计算	1. 基层清理 2. 抹找平层 3. 面层铺贴 4. 贴嵌防滑条 5. 勾缝 6. 刷防护材料 7. 材料运输
	011107002	块料台阶面				
	011107003	拼碎块料台阶面				

注：1. 水泥砂浆面层处理是拉毛还是提浆压光应在面层做法要求中描述。
2. 平面砂浆找平层只适用于仅做找平层的平面抹灰。
3. 间壁墙指墙厚≤ 120 mm 的墙。
4. 楼地面混凝土垫层另按混凝土分部垫层项目编码列项，除混凝土外的其他材料垫层按规范砌筑分部垫层列项。
5. 石材、块料与粘结材料的结合面刷防渗材料的种类在防护层材料种类中描述。
6. 本表工作内容中的磨边指施工现场磨边，后面章节工作内容中涉及的磨边含义同此。

读书笔记

a. 楼地面工程中各种混凝土、砂浆强度等级、抹灰厚度，设计与定额规定不同时，可以换算。

b. 石材块料面板镶贴不分品种、拼色，均执行相应子目。包括镶贴一道墙四周的镶边线（阴、阳角处含 45°），设计有两条或两条以上镶边者，按相应子目人工乘以系数 1.10（工程量按镶边工程量计算），矩形分色镶贴的小方块仍按定额执行。

c. 石材块料面板镶贴及切割费用已包含在定额内，但石材磨边未包含在内。设计磨边者，按相应子目执行。

d. 踢脚线高度按 150 mm 编制，如设计高度不同时，整体面层不调整，块料面层按比例调整，其他不变。

e. 楼梯、台阶不包括防滑条，设计用防滑条，按相应子目执行。螺旋形、圆弧形楼梯贴块料面层按相应子目的人工乘以系数 1.20，块料面层材料乘以系数 1.10，其他不变。现场锯割石材块料面板粘贴在螺旋形、圆弧形楼梯面，按实际情况处理。

②各分项工程定额的工作内容。

a. 水泥砂浆楼地面定额中工作内容包含清理基层、调运砂浆、抹平、压光、养护等；

b. 石材块料面层定额中工作内容包含清理基层、锯板磨边、贴石材、擦缝、清理净面、调制水泥浆、胶粘剂、刷素水泥浆等；

c. 木龙骨工作内容包含埋铁件、龙骨、横撑制作、安装、铺油毡、刷防腐油等；

d. 木地板面层工作内容包括清理基层、刷胶铺设地板、打磨抛光、净面等；

e. 水泥砂浆楼梯面工作内容包括清理基层、调运砂浆、抹平、压光、养护等；

f. 石材、地砖楼梯面层工作内容包括清理基层、锯板磨边、贴块料、擦缝、清理净面、调制水泥浆、胶粘剂、刷素水泥浆等；

g. 缸砖、凹凸假麻石楼梯面工作内容包括清理基层、锯板磨边、贴块料、清理净面、调制水泥砂浆等；

h. 地毯楼梯面工作内容包括清理基层表面、地毯放样、剪裁、拼接、钉压条、刷胶、铺毯修边、清扫地毯、打眼、下楔、安装固定等。

楼地面装饰工程定额工程量计价说明及计算规则更多内容详见知识链接，可通过手机 QQ、微信扫描二维码获取。

《江苏省建筑与装饰工程计价定额》（2014）

（2）《江苏省建筑与装饰工程计价定额》（2014）楼地面工程项目分为垫层、找平层、整体面层、块料面层、木地板（栏杆、扶手）、散水（斜坡、明沟）六个子分部，每个子分部各分项常用做法都有相应的定额子目。楼地面工程常用定额子目见表 2-4。

表 2-4　楼地面工程常用定额子目

分项工程	定额编号	定额名称
水泥砂浆找平层	13-15	在混凝土或硬基层上抹 20 mm 厚水泥砂浆
	13-16	在填充材料上抹 20 mm 厚水泥砂浆
	13-17	抹 20 mm 厚水泥砂浆厚度每增（减）5 mm
水泥砂浆面层	13-22	20 mm 厚水泥砂浆楼地面
	13-23	水泥砂浆楼地面厚度每增减 5 mm
石材楼地面、台阶	13-44	干硬性水泥砂浆贴石材块料面板楼地面
	13-45	干硬性水泥砂浆贴石材块料面板楼梯
	13-46	干硬性水泥砂浆贴石材块料面板台阶
	13-47	水泥砂浆贴石材块料面板楼地面
	13-48	水泥砂浆贴石材块料面板楼梯
	13-49	水泥砂浆贴石材块料面板台阶
块料楼地面	13-81	干硬性水泥砂浆粘贴单块 0.4 m^2 以内地砖楼地面
	13-82	干硬性水泥砂浆粘贴单块 0.4 m^2 以外地砖楼地面
	13-83	水泥砂浆粘贴单块 0.4 m^2 以内地砖楼地面
	13-84	干粉型胶粘剂粘贴单块 0.4 m^2 以内地砖楼地面
	13-85	水泥砂浆粘贴单块 0.4 m^2 以外地砖楼地面
	13-86	干粉型胶粘剂粘贴单块 0.4 m^2 以外地砖楼地面
木地板	13-112	铺设木楞
	13-113	铺设木楞水泥砂浆 1 ： 3 坞龙骨
	13-114	铺设木楞水泥砂浆 1 ： 3 坞龙骨
	13-114	铺设木楞及毛地板水泥砂浆 1 ： 3 坞龙骨
	13-115	平口硬木地板
	13-116	企口硬木地板
	13-117	免刨免漆地板
	13-118	木地板压口钉铜条
	13-119	悬浮安装复合木地板
	13-120	拼装复合木地板
	13-121	平口硬木拼花地板粘贴在水泥地面上
	13-122	企口硬木拼花地板粘贴在水泥地面上

分项工程	定额编号	定额名称
木地板	13-123	平口硬木拼花地板粘贴在毛地板上
	13-124	企口硬木拼花地板粘贴在毛地板上
	13-125	硬木地板砖
	13-126	旧木板上机械磨光
踢脚线	13-27	水泥砂浆踢脚线
	13-50	水泥砂浆贴石材块料面板踢脚线
	13-51	干粉型胶粘剂贴石材块料面板踢脚线
	13-94	干粉型胶粘剂贴成品地砖踢脚线
	13-95	水泥砂浆贴同质地砖踢脚线
	13-96	干粉型胶粘剂贴同质地砖踢脚线
	13-99	橡塑块料踢脚板
	13-100	粘贴塑料板踢脚线
	13-127	硬木踢脚线制作安装
	13-128	成品铝塑板踢脚线
	13-129	成品不锈钢踢脚线
	13-130	成品木踢脚线
楼梯面	13-45	干硬性水泥砂浆贴石材块料楼梯面
	13-48	水泥砂浆贴石材块料楼梯面
	13-68	水泥砂浆贴缸砖楼梯面（不勾缝）
	13-79	凹凸假麻石楼梯面
	13-90	水泥砂浆贴单块 0.1 m^2 以内地砖楼梯面
	13-91	水泥砂浆贴单块 0.4 m^2 以内地砖楼梯面
	13-92	水泥砂浆贴单块 0.4 m^2 以外地砖楼梯面
	13-139	楼梯地毯面层带胶垫满铺
	13-140	楼梯地毯面层不带胶垫满铺
	13-141	楼梯地毯面层不满铺
	13-142	楼梯地毯压棍安装

（3）《江苏省建筑与装饰工程计价定额》(2014）中楼地面工程计价定额子目节选见表 2-5 ～表 2-11。

表 2-5　水泥砂浆楼地面计价定额

工作内容：清理基层、调运砂浆、抹平、压实　　　　计量单位：10 m^2

定额编号					13-15		13-17	
项目			单位	单价	20 mm 厚水泥砂浆找平（混凝土或硬基层上）		水泥砂浆找平厚度每增减 5 mm	
					数量	合计	数量	合计
综合单价			元		130.68		28.51	
其中	人工费		元		54.94		10.66	
	材料费		元		48.69		12.22	
	机械费		元		4.91		1.23	
	管理费		元		14.96		2.97	
	利润		元		7.18		1.43	
二类工			工日	82.00	0.67	54.94	0.13	10.66
材料	80010123	水泥砂浆 1 ：3	m^3	239.65	0.202	48.41	0.051	14.06
	31150101	水	m^3	4.70	0.06	0.28	—	—
机械	99050503	灰浆搅拌机 拌筒容量 200 L	台班	122.64	0.04	4.91	0.01	1.23

表 2-6　石材块料面层计价定额（一）

工作内容：清理基层、锯板磨边、贴石材、擦缝、清理净面、调制水泥浆、胶粘剂、刷素水泥浆

单位：10 m²

定额编号					13-44	
项目			单位	单价	干硬性水泥砂浆铺贴石材楼地面	
					数量	合计
综合单价				元	3 107.15	
其中	人工费			元	323.00	
	材料费			元	2 651.01	
	机械费			元	9.95	
	管理费			元	83.24	
	利润			元	39.95	
一类工			工日	85.00	3.80	323.00
材料	07112130	石材块料面板	m²	250.00	10.20	2 550.00
	04010611	水泥 42.5 级	kg	0.31	45.97	14.25
	80010161	干硬性水泥砂浆	m³	223.76	0.303	67.80
	80110303	素水泥浆	m³	472.71	0.01	4.73
	04010701	白水泥	kg	0.70	1.00	0.70
	03652403	合金钢切割锯片	片	80.00	0.042	3.36
	05250502	锯（木）屑	m³	55.00	0.06	3.30
	31110301	棉纱头	kg	6.50	0.10	0.65
	31150101	水	m³	4.70	0.26	1.22
		其他材料费				5.00
机械	99050503	灰浆搅拌机 拌筒容量 200 L	台班	122.64	0.061	7.48
	99230127	石料切割机	台班	14.69	0.168	2.47

注：当地面遇到弧形贴面时，其弧形部分的石材损耗可按实调整，并按弧形图示尺寸每 10 m 另外增加：切割人工 0.60 工日，合金钢切割锯片 0.14 片，石料切割机 0.60 台班。

表 2-6 石材块料面层计价定额（二）

工作内容：清理基层、锯板磨边、贴石材、擦缝、清理净面、调制水泥浆、胶粘剂、刷素水泥浆

计量单位：10 m^2

定额编号					13-47	
项目			单位	单价	水泥砂浆铺贴石材块料面板	
					数量	合计
综合单价				元	3 096.69	
其中	人工费			元	323.00	
	材料费			元	2 642.35	
	机械费			元	8.63	
	管理费			元	82.91	
	利润			元	39.80	
一类工			工日	85.00	3.80	323.00
材料	07112130	石材块料面板	m^2	250.00	10.20	2 550.00
	80010121	水泥砂浆 1 ∶ 1	kg	308.42	0.081	24.98
	80010125	水泥砂浆 1 ∶ 3	m^3	239.65	0.202	48.41
	80110303	素水泥浆	m^3	472.71	0.01	4.73
	04010701	白水泥	kg	0.70	1.00	0.70
	03652403	合金钢切割锯片	片	80.00	0.042	3.36
	05250502	锯（木）屑	m^3	55.00	0.06	3.30
	31110301	棉纱头	kg	6.50	0.10	0.65
	31150101	水	m^3	4.70	0.26	1.22
		其他材料费				5.00
机械	99050503	灰浆搅拌机 拌筒容量 200 L	台班	122.64	0.05	6.13
	99230127	石料切割机	台班	14.69	0.17	2.50

注：当地面遇到弧形贴面时，其弧形部分的石材损耗可按实调整，并按弧形图示尺寸每 10 米另外增加：切割人工 0.60 工日，合金钢切割锯片 0.14 片，石料切割机 0.60 台班。

表 2–7　水泥砂浆贴石材块料楼梯、台阶面计价定额

工作内容：清理基层、锯板磨边、贴石材、擦缝、清理净面、调制水泥浆、胶粘剂、刷素水泥浆　　　计量单位：10 m^2

定额编号					13–48		13–49	
项目			单位	单价	水泥砂浆贴石材块料楼梯面		水泥砂浆贴石材块料台阶面	
					数量	合计	数量	合计
综合单价			元		3 497.12		3 219.50	
其中	人工费		元		551.65		403.75	
	材料费		元		2 723.51		2 648.51	
	机械费		元		13.03		13.03	
	管理费		元		141.17		104.20	
	利润		元		67.76		50.01	
一类工			工日	85.00	6.49	551.65	4.75	403.75
材料	07112130	石材块料面板	m^2	250.00	10.50	2 625.00	10.20	2 550.00
	80010121	水泥砂浆 1 ： 1	m^3	308.42	0.081	24.98	0.081	24.98
	80010125	水泥砂浆 1 ： 3	m^3	239.65	0.202	48.41	0.202	48.41
	80110303	素水泥浆	m^3	472.71	0.01	4.73	0.01	4.73
	04010701	白水泥	kg	0.70	1.00	0.70	1.00	0.70
	31110301	棉纱头	kg	6.50	0.10	0.65	0.10	0.65
	05250502	锯（木）屑	m^3	55.00	0.06	3.30	0.06	3.30
	036552403	合金钢切割锯片	片	80.00	0.119	9.52	0.119	9.52
	31150101	水	m^3	4.70	0.26	1.22	0.26	1.22
		其他材料费	元			5.00		5.00
机械	99050503	灰浆搅拌机 拌筒容量 200 L	台班	122.64	0.05	6.13	0.05	6.13
	99230127	石料切割机	台班	14.69	0.47	6.90	0.47	6.90

注：当地面遇到弧形贴面时，其弧形部分的石材损耗可按实调整，并按弧形图示尺寸每 10 m 另外增加：切割人工 0.60 工日，合金钢切割锯片 0.14 片，石料切割机 0.60 台班。

表 2-8　水泥砂浆拼贴多色简单图案拼贴计价定额（一）

工作内容：1. 调制水泥浆、刷素水泥浆
2. 清理基层、放样、预拼、锯板磨边、镶贴、擦缝、清理表面

计量单位：10 m²

定额编号					13-55	
项目			单位	单价	水泥砂浆贴石材块料面板	
					数量	合计
综合单价				元	3 516.56	
其中	人工费			元	449.65	
	材料费			元	2 867.99	
	机械费			元	23.76	
	管理费			元	118.35	
	利润			元	56.81	
一类工			工日	85.00	5.29	449.65
材料	07112130	石材块料面板	m^2	250.00	11.00	2 750.00
	80010121	水泥砂浆 1 ： 1	m^3	308.42	0.081	24.98
	80010125	水泥砂浆 1 ： 3	m^3	239.65	0.202	48.41
	80110303	素水泥浆	m^3	472.71	0.01	4.73
	04010701	白水泥	kg	0.70	1.00	0.70
	31110301	棉纱头	kg	6.50	0.10	0.65
	05250502	锯（木）屑	m^3	55.00	0.06	3.30
	03652403	合金钢切割锯片	片	80.00	0.30	24.00
	31150101	水	m^3	4.70	0.26	1.22
		其他材料费	元			10.00
机械	99050503	灰浆搅拌机 拌筒容量 200 L	台班	122.64	0.05	6.13
	99230127	石料切割机	台班	14.69	1.20	17.63

注：多色复杂图案（弧线型）镶贴时，其人工乘以系数 1.20，其弧形部分的石材损耗可按实调整。

表 2-8　水泥砂浆拼贴绝简单图案拼贴计价定额（二）

工作内容：清理调制水泥浆、刷素水泥浆、贴面层、补缝、清理净面

计量单位：10 m^2

定额编号					13-58	
项目			单位	单价	现场拼碎石材水泥砂浆铺贴	
					数量	合计
综合单价				元	1 456.92	
其中	人工费			元	431.80	
	材料费			元	854.77	
	机械费			元	7.73	
	管理费			元	109.88	
	利润			元	52.74	
一类工			工日	85.00	5.08	431.80
材料	07112130	碎石材块料面板	m^2	80.00	9.60	768.00
	80010121	水泥砂浆 1 ： 2	m^3	308.42	0.102	3.31
	80010125	水泥砂浆 1 ： 3	m^3	239.65	0.303	72.61
	80110303	素水泥浆	m^3	472.71	0.01	4.73
	04010701	白水泥	kg	0.70	1.00	0.70
	31110301	棉纱头	kg	6.50	0.10	0.65
	31150101	水	m^3	4.70	0.26	1.22
		其他材料费				5.00
机械	99050503	灰浆搅拌机 拌筒容量 200 L	台班	122.64	0.05	6.13

表 2-8　水泥砂浆拼贴绝简单图案拼贴计价定额（三）

工作内容：清理基层、贴石材块料、修整、清理净面、调制水泥砂浆或胶粘剂

计量单位：10 m²

定额编号					13-62	
项目			单位	单价	石材楼地面、台阶水泥砂浆铺贴	
					数量	合计
综合单价				元	3 503.30	
其中	人工费			元	628.15	
	材料费			元	2 634.34	
	机械费			元	6.13	
	管理费			元	158.17	
	利润			元	76.11	
一类工			工日	85.00	7.39	628.15
材料	07112133	石材块料 600×400×120	m^2	250.00	10.20	2 550.00
	80010121	水泥砂浆 1 ： 1	m^3	308.42	0.081	24.98
	80010125	水泥砂浆 1 ： 3	m^3	239.65	0.202	48.41
	80110303	素水泥浆	m^3	472.71	0.10	0.65
	31150101	水	m^3	4.70	0.26	1.22
		其他材料费				5.00
机械	99050503	灰浆搅拌机 拌筒容量 200 L	台班	122.64	0.05	6.13

注：石材块料地面以成品镶贴为准，若为现场五面剁斧，地面斩凿，现场加工后镶贴，人工乘以系数 1.65，其他不变。

表 2-9 地砖面层计价定额

工作内容：清理基层、贴石材块料、修整、清理净面、调制水泥砂浆或胶粘剂

计量单位：10 m²

定额编号					13-81		13-82	
项目			单位	单价	楼地面单块地砖 0.4 m^2 以内干硬性水泥砂浆铺贴		楼地面单块地砖 0.4 m^2 以外干硬性水泥砂浆铺贴	
					数量	合计	数量	合计
综合单价				元	1 007.70		999.21	
其中	人工费			元	281.35		275.40	
	材料费			元	609.81		609.65	
	机械费			元	9.08		8.95	
	管理费			元	72.61		71.09	
	利润			元	34.85		34.12	
一类工			工日	85.00	3.31	281.35	3.24	275.40
材料	06650101	同质地砖	m^2	50.00	10.20	510.00	10.20	510.00
	04010611	水泥 42.5 级	kg	0.31	45.97	14.25	45.97	14.25
	80010161	干硬性水泥砂	m^3	223.76	0.303	67.80	0.303	67.80
	80110303	素水泥浆	m^3	472.71	0.01	4.73	0.01	4.73
	04010701	白水泥	kg	0.70	1.00	0.70	1.00	0.70
	03652403	合金钢切割锯片	片	80.00	0.027	2.16	0.025	2.00
	05250502	锯（木）屑	m^3	55.00	0.06	3.30	0.06	3.30
	31110301	棉纱头	kg	6.50	0.10	0.65	0.10	0.65
	31150101	水	m^3	4.70	0.26	1.22	0.26	1.22
		其他材料费	元			5.00		5.00
机械	99050503	灰浆搅拌机 拌筒容量 200 L	台班	122.64	0.061	7.48	0.061	7.48
	99230127	石料切割机	台班	14.69	0.109	1.60	0..10	1.47

注：设计弧形贴面时，其弧形部分的石材损耗可按实调整，并按弧形图示长度每 10 m 另外增加：切割人工 0.6 工日，合金钢切割锯片 0.14 片，石料切割机 0.60 台班。

表 2-10　铺设木地板计价定额（一）

工作内容：埋铁件、龙骨、横撑制作、安装、铺油毡、刷防腐油等　　　　计量单位：10 m^2

定额编号					13-114	
项目			单位	单价	铺设木楞及毛地板水泥砂浆 1 ∶ 3 坞龙骨	
					数量	合计
综合单价				元	1 313.92	
其中	人工费			元	154.70	
	材料费			元	1 058.51	
	机械费			元	31.73	
	管理费			元	46.61	
	利润			元	22.37	
一类工			工日	85.00	1.82	154.70
材料	05030600	普通木成材	m^3	1600	0.135	216.00
	07411001	毛地板 δ25	m^2	70.00	10.50	735.00
	80010125	水泥砂浆 1 ∶ 3	m^3	239.65	0.368	88.19
	12060334	防腐油	kg	6.00	2.84	17.04
	31150101	水	m^3	4.70	0.06	0.28
		其他材料	元			2.00
机械	99210103	木工圆锯机 直径 500 mm	台班	27.63	0.078	2.16
	99050503	灰浆搅拌机 拌筒容量 200 L	台班	122.64	0.10	12.26
		其他机械费	元			17.31

注：1．木楞 0.082 m^3，横撑 0.033 m^3，木垫块 0.02 m^3，设计与定额不符，按比例调整用量，不设木垫块应扣除。
2．木楞与混凝土楼板用膨胀螺栓连接，按设计用量另增膨胀螺栓、电锤 0.4 台班。
3．坞龙骨水泥砂浆厚度为 50 mm，设计与定额不符，砂浆用量按比例调整。
4．如使用细木工板单价换算，其他不变。
5．木楞中距 400 mm，横撑中距 800 mm。

表 2-10　铺设木地板计价定额（二）

工作内容：清理基层、刷胶铺设地板、打磨抛光、净面

计量单位：10 m^2

定额编号					13-115	
项目			单位	单价	硬木地板（平口）	
					数量	合计
综合单价				元	1 695.66	
其中	人工费			元	303.45	
	材料费			元	1 276.52	
	机械费			元	2.49	
	管理费			元	76.49	
	利润			元	36.71	
一类工			工日	85.00	3.57	303.45
材料	07410302	条形平口硬木地板	m^2	120.00	10.50	1 260.00
	03511405	地板钉 40 mm	kg	10.00	1.587	15.87
	31110301	棉纱头	kg	6.50	0.10	0.65
机械	99210103	木工圆锯机 直径 500 mm	台班	27.63	0.09	2.49

表 2-11　抹灰砂浆配合比表

计量单位：m^3

编码				80010123		80010125		80010161		80110303	
项目		单位	单价	水泥砂浆				干硬性水泥砂浆		素水泥浆	
				比例							
				1 : 2		1 : 3					
基价		元		数量	合计	数量	合计	数量	合计	数量	合计
				275.64		239.65		223.76		472.71	
材料	水泥 42.5 级	kg	0.31	557.00	172.67	408.00	126.48	359.00	111.29	1 517.00	470.27
	中砂	t	69.37	1.464	101.56	1.611	111.76	1.611	111.76		
	水	m^3	4.70	0.30	1.41	0.30	1.41	0.15	0.71	0.52	2.44

2.2.4 任务练习

学生工作页

项目名称	楼地面装饰工程		
课题名称	楼地面工程计量与计价基础知识		
学生姓名		所在班级	
所学专业		完成任务时间	
指导老师		任务完成日期	

一、任务描述

1. 复习楼地面装饰工程的计量规则。
2. 复习楼地面装饰工程的计价基本规定。
3. 理解楼地面装饰工程常用的计价定额子目中各部分含义。

二、任务解答

1．不定项选择题

（1）以下楼地面做法属于整体面层的有（　　）。

A．水泥混凝土面层　　B．水泥砂浆面层　　C．自流平面层　　D．玻璃面层

（2）楼地面工程整体面层水泥砂浆楼地面不正确的计量是（　　）。

A．按设计图示尺寸以面积计算　　B．按设计图示尺寸以实际面积计算

C．应扣除地沟等所占面积　　D．暖气包槽的开口部分合并计入面积

（3）计算装饰工程楼地面块料面层工程量时，应扣除（　　）。

A．凸出地面的设备基础　　B．间壁墙

C．0.3 m^2 以内附墙烟囱　　D．0.3 m^2 以内柱

（4）关于楼梯装饰工程计算规则正确的说法是（　　）。

A．按设计图示尺寸以楼梯水平投影面积计算

B．踏步、休息平台应单独另行计算

C．踏步应单独另行计算，休息平台不应单独另行计算

D．踏步、休息平台不单独另行计算

E．休息平台应单独另行计算，而踏步不应单独计算

（5）以下石材镶贴计算项目执行石材零星项目清单的有（　　）。

A．楼梯侧边　　B．台阶牵边

C．不大于 0.5 m^2 的少量分散楼地面　　D．拼碎块料台阶面

（6）《江苏省建筑与装饰工程计价定额》（2014）中踢脚线高度是按（　　）mm 编制的，如设计高度不同时，材料按比例调整，其他不变。

A．100　　B．120　　C．150　　D．200

（7）《江苏省建筑与装饰工程计价定额》（2014）中关于块料面层踢脚线工程量计算规则说法正确的有（　　）。

A．按延长米计算　　B．按设计图示长度乘以高度以平方米计算

C．洞口、门口长度不予扣除　　D．洞口、门口、垛等侧壁不增加

2．解释定额子目 13-81“干硬性水泥砂浆铺贴 0.4 m^2 以内楼地面单块地砖”中各项材料在本项施工中的作用。

____

3．解释定额子目 13-114“铺设木楞及毛地板水泥砂浆 1 ∶ 3 坞龙骨”中各项材料在本项施工中的作用。

____

续表

项目名称	楼地面装饰工程
三、体会与总结	
四、指导老师评价意见 指导老师签字： 日期：	

任务 2.3　楼地面工程计量与计价案例

2.3.1　任务一

1. 任务要求

某三类建筑工程室外台阶尺寸及做法如图 2–12、图 2–13 所示，石材成品镶贴。参照本书中的计价定额及《江苏省建筑与装饰工程计价定额》（2014）中简易计税方式的规定，试编制该台阶项目的清单并计算其清单综合单价（材料价格按定额表中价格计算）。

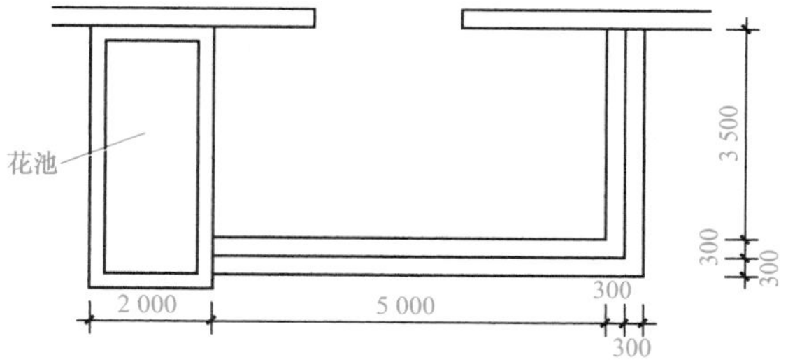

图 2–12　台阶平面图

2. 任务解决

（1）信息收集及做法分析。本分项工程为铺贴花岗岩台阶。清单工程量计算规则是按设计图示尺寸以台阶（包括最上层踏步边沿加 300 mm）水平投影面积以平方米计算，定额中计价工程量计算规则是按展开（包括两侧）实铺面积以平方米计算。工程做法是：素水泥浆一道，再用 20 mm 厚 1 ∶ 2 水泥砂浆粘贴花岗岩。《江苏省建筑与装饰工程计价定额》（2014）中简易计税方式是指营业税改增值税后，采用简易计税方式的建设工程费用组成中，分部分项工程费、措施项目费、其他项目费的组成，均与《江苏省建设工程费用定额》（2014 年）原规定一致，包含增值税可抵扣进项税额。

《江苏省建设工程费用定额》（2014 年）及营改增后调整内容详见右侧二维码，可通过手机微信、QQ 扫描二维码查看。

《江苏省建设工程费用定额》（2014 年）

《江苏省建设工程费用定额》（2014 年）营改增后调整内容

读书笔记

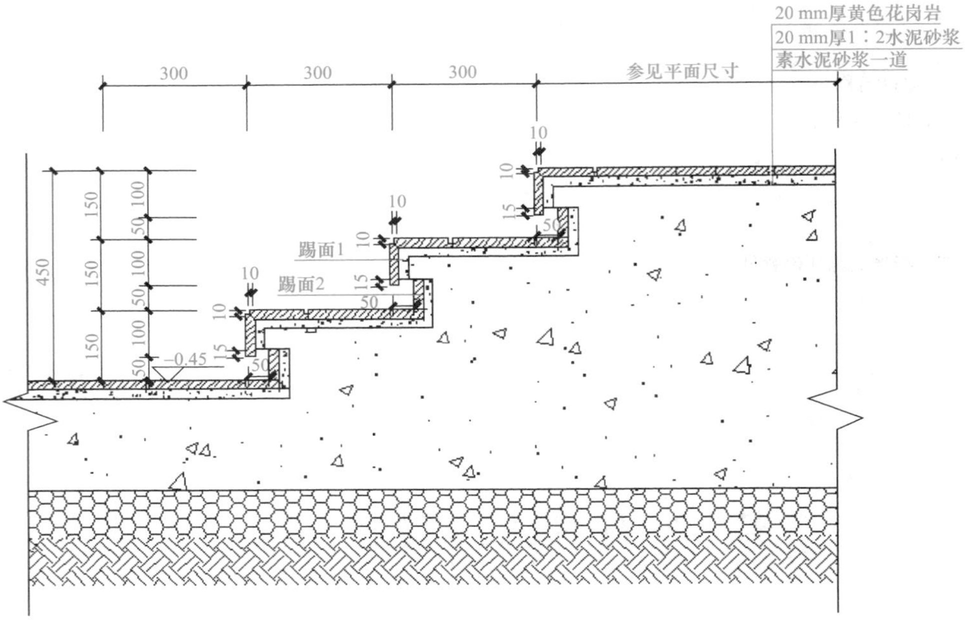

图 2-13　台阶面层做法示意

（2）清单工程量计算（表 2-12）。

表 2-12　清单工程量计算

计算项目	部位	计量单位	计算式	工程量
石材台阶面层	室外台阶	m^2	5.6×（0.3×3）+3.2×（0.3×3）=7.92（m^2）	7.92

（3）计价工程量计算（表 2-13）。

表 2-13　计价工程量计算

计算项目	部位	计量单位	计算式	工程量
石材台阶面层	室外台阶	m^2	台阶踏步面：（5.6+4.1−0.01×2−0.36）×0.36 <水平踏步面净宽> +（5.3+3.8−0.01×2−0.36）×0.36 <水平踏步面净宽> +（5+3.5−0.01×2−0.29）×0.29 <最上层踏步边沿加300 mm，此处扣去踏步口交界面退进的10 mm> =8.870（m^2） 台阶踢面： 踢面 1：［（5.6+4.1）+（5.3+3.8）+（5+3.5）］×0.09 <踢面净高> =2.457（m^2） 踢面 2：［（5.6+4.1−0.05×2）+（5.3+3.8−0.05×2）+（5+3.5−0.05×2）］×0.065 <踢面净高> =1.755（m^2）	13.08

（4）清单编制（表 2-14）。

表 2-14　清单编制

项目编码	项目名称	项目特征	计量单位	工程量
011107001001	石材台阶面	1. 粘结材料种类：素水泥浆一道，20 厚 1 ：2 水泥砂浆 2. 面层材料品种、规格、颜色：20 厚黄色花岗岩	m^2	7.92

（5）清单综合单价计算。

定额 13-62 换算：材料中 1 ∶ 1 水泥砂浆删除，材料费减少 24.98 元；1 ∶ 3 水泥砂浆换成 1 ∶ 2 水泥砂浆，材料费增加：（275.64−239.65）×0.202=7.27（元）。

定额单价：3 503.30−24.98+7.27=3 485.59（元 /m^2）

该台阶清单工程综合单价：3 485.59×1.308/7.92=575.65（元 /m^2）

2.3.2 任务二

1．任务要求

某样板房单独装饰工程，局部室内地面铺装图如图 2-10 所示，门槛石及卧室木地板做法如图 2-11 所示，墙厚为 200 mm 和 100 mm，门洞宽度为 900 mm。请结合本书中的计价定额、《江苏省建筑与装饰工程计价定额》（2014）中一般计税方法的相关规定、当地当时市场价格、工程实践经验等因素，试编制该工程地砖铺贴、石材铺贴、木地板铺设的清单并计算其清单综合价。

2．任务解决

（1）信息收集及做法分析。本楼面分项工程有铺贴 400 mm×800 mm 地砖、铺贴大理石、铺设实木地板，对应清单项目为块料楼地面，石材楼地面，竹、木（复合）地板，根据节点详图获知实木地板、大理石的工程做法（构造做法如图 2-14、图 2-15 所示）。

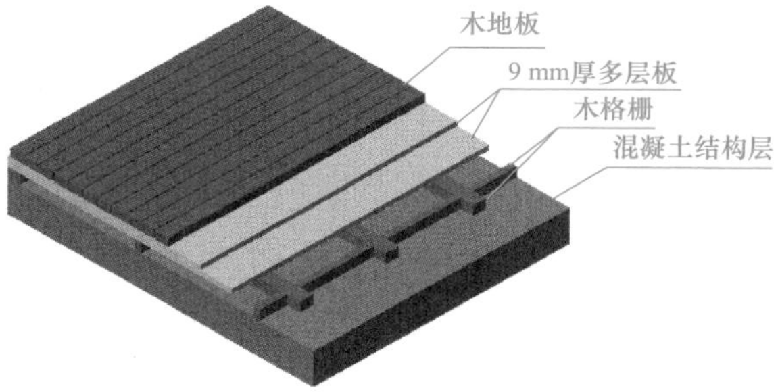

图 2-14　实木地板地面构造做法

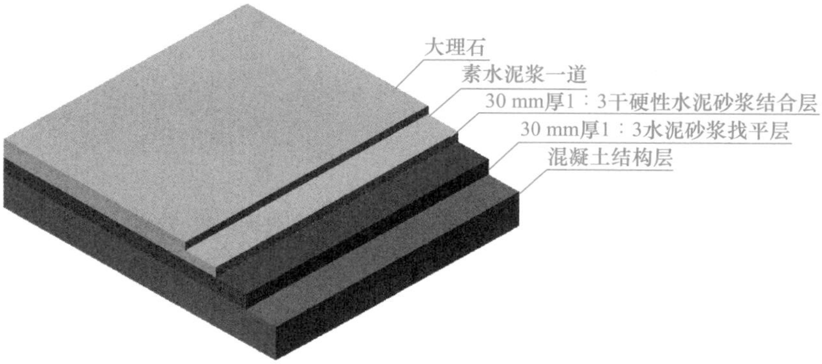

图 2-15　大理石地面构造做法

读书笔记

未标明做法结合本工程已有地面做法及常用施工工艺选用。实木地板铺设在现行施工中有木楞和横撑分上下两层铺设的做法，或地面通过自流平处理后不再设木楞的做法等，具体工艺需要结合施工方案确定。本任务中根据传统施工工艺铺设，设定木龙骨楞木中距 400 mm、横撑中距 800 mm，木材耗用量根据定额含量不做调整。地砖粘贴同大理石地面施工：找平层为 30 mm 厚 1 ： 3 水泥砂浆找平，结合层为 30 mm 厚 1 ： 3 干硬性水泥砂浆、素水泥浆一道。

《江苏省建筑与装饰工程计价定额》（2014）中按一般计税方法计价时，单独装饰工程管理费按 43%、利润按 15% 计算。通过查询获取当时当地人工、材料、机械信息价、市场价格（具体价格见表 2–15）。

表 2–15　资源价格表

序号	资源名称	单位	不含税市场价 / 元
1	二类工	工日	108
2	一类工	工日	139
3	大理石	m^2	700
4	400 mm×800 mm 地砖	m^2	85
5	水泥 42.5 级	kg	0.47
6	中砂	t	134.51
7	水	m^3	4.3
8	白水泥	kg	0.73
9	棉纱头	kg	6.16
10	锯（木）屑	m^3	52.16
11	普通木成材	m^3	1 415.04
12	9 mm 多层板	m^2	28.45
13	M10×80 膨胀螺栓	套	1.52
14	防腐油	kg	5.69
15	硬木地板 15 mm 平口	m^2	362.07
16	地板钉	kg	9.48
17	合金切割锯片	片	68.68
18	灰浆搅拌机 拌筒容量 200 L	台班	108.53
19	石材切割机	台班	13.23
20	电锤	台班	7.38
21	木工圆锯机 直径 500 mm	台班	24.45

（2）清单及计价工程量计算（表 2-16）。

表 2-16　清单及计价工程计算

计算项目	部位	计量单位	计算式	工程量
大理石地面	门槛石	m^2	0.1×0.9+0.2×0.9=0.27（m^2）	0.27
木地板	卧室	m^2	（3.3−0.2）×（4.25−0.1−0.05）+（4.5−4.25−0.1+0.05）×1.0=12.91（m^2）	12.91
400 mm×800 mm 地砖	其他房间	m^2	（1.8−0.2）×（2.6+1.3−0.2−0.1）=5.76（m^2）	5.76

（3）清单编制（表 2-17）。

表 2-17　清单编制

项目编码	项目名称	项目特征	计量单位	工程量
011102001001	石材楼地面	1. 找平层厚度、砂浆配合比：30 mm 厚 1 ： 3 水泥砂浆 2. 结合层厚度、砂浆配合比：30 mm 厚 1 ： 3 干硬性水泥砂浆、素水泥浆一道 3. 面层材料品种、规格、颜色：大理石（详细要求根据设计选样） 4. 嵌缝材料种类：白水泥	m^2	0.27
011102003001	块料楼地面	1. 找平层厚度、砂浆配合比：30 mm 厚 1 ： 3 水泥砂浆 2. 结合层厚度、砂浆配合比：30 mm 厚 1 ： 3 干硬性水泥砂浆、素水泥浆一道 3. 面层材料品种、规格、颜色：400 mm×800 mm 地砖（详细要求根据设计选样） 4. 嵌缝材料种类：白水泥	m^2	5.76
011104002001	竹、木（复合）地板	1. 龙骨材料种类、规格、铺设间距：60 mm×50 mm 楞木中距 400 mm，50 mm×50 mm 横撑中距 800 mm 2. 基层材料种类、规格：双层 9 mm 厚多层板 3. 面层材料品种、规格、颜色：实木地板（详细要求根据设计选样）	m^2	12.91

（4）清单综合单价计算。

①石材楼地面综合单价计算（表 2-18）。

读书笔记

表 2-18　石材楼地面综合单价计算

项目编码	011102001001			项目名称		石材楼地面		计量单位	m^2	工程量	0.27
清单综合单价组成明细											
定额编号	定额子目名称	定额单位	数量	单价 / 元				合价 / 元			
				人工费	材料费	机械费	管理费和利润	人工费	材料费	机械费	管理费和利润
13-15	20 mm 厚水泥砂浆找平（在混凝土或硬基层上）	10 m^2	0.1	72.36	83.03	4.34	44.49	7.24	8.30	0.43	4.45
13-17×2	水泥砂浆找平层厚度每增减 5 mm	10 m^2	0.1	28.08	41.79	2.17	17.55	2.81	4.18	0.22	1.76
13-44	干硬性水泥砂浆粘贴石材块料面板	10 m^2	0.1	528.20	7 298.63	14.80	314.94	52.82	729.86	1.48	31.49
小计								62.87	742.34	2.13	37.7
清单项目综合单价								845.04			

定额 13-15 单价费用计算过程如下：

a．人工费：108×0.67=72.36（元）

b．材料费：

（a）查表 2-11 抹灰砂浆配合比表，根据市场价乘以每立方米 1 ：3 砂浆配合比中材料的用量计算出 1 ：3 水泥砂浆单价：

水泥：0.47×408.00=191.76（元）

中砂：134.51×1.611=216.696（元）

水：4.3×0.30=1.29（元）

191.76+216.696+1.29=409.746（元 /m^3）

（b）材料费计算

1 ：3 水泥砂浆费：409.746×0.202=82.769（元）

水：4.30×0.06=0.258（元）

合计：82.769+0.258=83.027（元）

c．机械费：108.53×0.04=4.341（元）

d．管理费：（72.36+4.341）×43%=32.98（元）

e．利润：（72.36+4.341）×15%=11.51（元）

定额 13-17×2 单价费用计算过程如下：

a．人工费：108×0.13×2=28.08（元）

b．材料费：409.746×0.051×2=41.794（元）

c．机械费：108.53×0.01×2=2.171（元）

d．管理费：（28.08+2.171）×43%=13.01（元）

e．利润：（28.08+2.171）×15%=4.54（元）

定额 13-44 单价费用计算过程如下：

a．人工费：139×3.8=528.20（元）

b．材料费：

（a）查表 2-11 抹灰砂浆配合比表，根据市场价乘以干硬性水泥砂浆配合比中材料用量计算干硬性水泥砂浆每立方米单价。

水泥：0.47×359.00=168.73（元）

读书笔记

中砂：134.51×1.611=216.696（元）

水：4.3×0.15=0.645（元）

168.73+216.696+0.645=386.07（元 /m^3）

查表 2-11 抹灰砂浆配合比表，根据市场价乘以素水泥浆配合比中材料用量计算每立方米素水泥浆单价。

水泥：0.47×1 517.00=712.99（元）

水：4.3×0.52=2.236（元）

712.99+2.236=715.226（元 /m^3）

（b）材料费计算。

大理石：700×10.20=7 140（元）

干硬性水泥砂浆：386.07×0.303=116.98（元）

水泥 32.5 级：0.47×45.97=21.61（元）

素水泥浆：715.226×0.01=7.15（元）

白水泥：0.73×1.00=0.73（元）

棉纱头：6.16×0.10=0.616（元）

合金切割锯片：68.68×0.042=2.88（元）

锯（木）屑：52.16×0.06=3.13（元）

水：4.30×0.26=1.118（元）

其他材料费：5/1.13 ＜其他材料费定额基价为含税单价，现行一般销售商品的增值税率为 13%。除税价 = 含税价 /（1+ 增值税税率）＞ =4.42（元）

合计：7 140+116.98+21.61+7.15+0.73+0.616+2.88+3.13+1.118+4.42=7 298.63（元）

c．机械费：

灰浆搅拌机 拌筒容量 200 L：108.53×0.061=6.62（元）

石材切割机：13.23×0.618=8.18（元）

合计：6.62+8.18=14.80（元）

d．管理费：（528.20+14.80）×43%=233.49（元）

e．利润：（528.20+14.80）×15%=81.45（元）

②块料楼地面综合单价计算（表 2-19）。

表 2-19 块料楼地面综合单价计算

项目编码		011102003001		项目名称		块料楼地面		计量单位	m^2	工程量	5.76
清单综合单价组成明细											
定额编号	定额子目名称	定额单位	数量	单价 / 元				综合价 / 元			
				人工费	材料费	机械费	管理费和利润	人工费	材料费	机械费	管理费和利润
13-15	20 mm 厚水泥砂浆找平（在混凝土或硬基层上）	10 m^2	0.1	72.36	83.03	4.34	44.49	7.24	8.30	0.43	4.45
13-17×2	水泥砂浆找平层厚度每增减 5 mm	10 m^2	0.1	28.08	41.79	2.17	17.55	2.81	4.18	0.22	1.76
13-81	干硬性水泥砂浆粘贴单块 0.4 m^2 以内地砖楼地面	10 m^2	0.1	460.09	1 024.60	8.06	271.53	46.01	102.46	0.81	27.15
小计								56.06	114.94	1.46	33.36
清单项目综合单价								205.82			

定额 13-81 单价费用计算过程如下：

a. 人工费：139×3.31=460.09（元）

b. 材料费：

（a）查表 2-11 抹灰砂浆配合比表，根据市场价乘以干硬性水泥砂浆配合比中材料用量计算干硬性水泥砂浆每立方米单价。

水泥：0.47×359.00=168.73（元）

中砂：134.51×1.611=216.696（元）

水：4.3×0.15=0.645（元）

168.73+216.696+0.645=386.07（元）

（b）查表 2-11 抹灰砂浆配合比表，根据市场价乘以素水泥浆配合比中材料用量计算每立方米素水泥浆单价。

水泥：0.47×1 517.00=712.99（元）

水：4.3×0.52=2.236（元）

712.99+2.236=715.226（元 /m^3）

（c）材料费计算。

400 mm×800 mm 地砖：85×10.20=867（元）

干硬性水泥砂浆：386.07×0.303=116.98（元）

水泥 42.5 级：0.47×45.97=21.61（元）

素水泥浆：715.226×0.01=7.15（元）

白水泥：0.73×1.00=0.73（元）

棉纱头：6.16×0.10=0.616（元）

合金切割锯片：68.68×0.027=1.85（元）

锯（木）屑：52.16×0.06=3.13（元）

水：4.30×0.26=1.118（元）

其他材料费：5/1.13（其他材料费定额基价为含税单价，现行一般销售商品的增值税率为 13%）。除税价 = 含税价 /（1+ 增值税率）=4.42（元）

合计：867+116.98+21.61+7.15+0.73+0.616+1.85+3.13+1.118+4.42=1 024.60（元）

c. 机械费：

灰浆搅拌机 拌筒容量 200 L：108.53×0.061=6.62（元）

石材切割机：13.23×0.109=1.44（元）

合计：6.62+1.44=8.06（元）

d. 管理费：（460.09+8.06）×43%=201.30（元）

e. 利润：（528.20+8.84）×15%=70.22（元）

③竹、木（复合）地板综合单价计算（表 2-20）。

表 2-20　竹、木（复合）地板综合单价计算

<table>
<tr><td>项目编码</td><td colspan="2">011104002001</td><td colspan="2">项目名称</td><td colspan="2">竹、木（复合）地板</td><td colspan="2">计量单位</td><td>m^2</td><td>工程量</td><td>12.91</td></tr>
<tr><td colspan="12">清单综合单价组成明细</td></tr>
<tr><td rowspan="2">定额编号</td><td rowspan="2">定额子目名称</td><td rowspan="2">定额单位</td><td rowspan="2">数量</td><td colspan="4">单价 / 元</td><td colspan="4">合价 / 元</td></tr>
<tr><td>人工费</td><td>材料费</td><td>机械费</td><td>管理费和利润</td><td>人工费</td><td>材料费</td><td>机械费</td><td>管理费和利润</td></tr>
<tr><td>13-114 换</td><td>铺设木楞及毛地板</td><td>10 m^2</td><td>0.1</td><td>252.98</td><td>958.67</td><td>22.17</td><td>159.58</td><td>25.30</td><td>95.87</td><td>2.22</td><td>15.96</td></tr>
<tr><td>13-115</td><td>硬木地板(平口)</td><td>10 m^2</td><td>0.1</td><td>496.23</td><td>3 817.40</td><td>2.20</td><td>289.08</td><td>49.62</td><td>381.74</td><td>0.22</td><td>28.91</td></tr>
<tr><td colspan="8">小计</td><td>74.92</td><td>477.61</td><td>2.44</td><td>44.87</td></tr>
<tr><td colspan="8">清单项目综合单价</td><td colspan="4">599.84</td></tr>
</table>

读书笔记

定额 13–114 单价费用计算过程如下：

a．人工费：139×1.82=252.98（元）

b．材料费：

普通木成材：1 415.05×0.135=191.03（元）

9 mm 多层板（替换毛地板）：28.45×10.50×2（双层）=597.45（元）

M10×80 膨胀螺栓（龙骨与混凝土楼板采用 M10×80 膨胀螺栓连接，间距 400～450 mm，常用量 10～12 套 /m^2，本案例按 10 套 /m^2 计算。）：1.52×100=152（元）

防腐油：5.69×2.84=16.16（元）

水：0.06×4.3=0.26（元）

其他材料费 2/1.13=1.77（元）

合计：191.03+597.45+152+16.16+0.26+1.77=958.67（元）

c．机械费：

电锤：7.38×0.4=2.95（元）

木工圆锯机 直径 500 mm：24.45×0.078=1.91（元）

其他机械费：17.31（元）

合计：2.95+1.91+17.31=22.17（元）

d．管理费：（252.98+22.17）×43%=118.31（元）

e．利润：（252.98+22.17）×15%=41.27（元）

定额 13–115 单价费用计算过程如下：

a．人工费：139×3.57=496.23（元）

b．材料费：

条形平口硬木地板：362.07×10.50=3 801.74（元）

地板钉：1.587×9.48=15.04（元）

棉纱头：6.16×0.10=0.616（元）

合计：3 801.74+15.04+0.616 =3 817.40（元）

c．机械费：

木工圆锯机 直径 500 mm：24.45×0.09=2.20（元）

d．管理费：（496.23+2.20）×43%=214.32（元）

e．利润：（496.23+2.20）×15%=74.76（元）

（5）填写分部分项工程量清单与计价表（表 2–21）。

表 2-21　分部分项工程量清单与计价表

项目编码	项目名称	项目特征	计量单位	工程量	金额 / 元		
					综合单价	合价	其中 暂估价
011102001001	石材楼地面	1．找平层厚度、砂浆配合比：30 mm 厚 1 ：3 水泥砂浆 2．结合层厚度、砂浆配合比：30 mm 厚 1 ：3 干硬性水泥砂浆、素水泥浆一道 3．面层材料品种、规格、颜色：大理石（详细要求根据设计选样） 4．嵌缝材料种类：白水泥	m^2	0.27	845.04	228.16	
011102003001	块料楼地面	1．找平层厚度、砂浆配合比：30 mm 厚 1 ：3 水泥砂浆 2．结合层厚度、砂浆配合比：30 mm 厚 1 ：3 干硬性水泥砂浆、素水泥浆一道 3．面层材料品种、规格、颜色：400 mm×800 mm 地砖（详细要求根据设计选样） 4．嵌缝材料种类：白水泥	m^2	5.76	205.82	1 185.52	
011104002001	竹、木（复合）地板	1．龙骨材料种类、规格、铺设间距：60 mm×50 mm 楞木中距 400 mm，50 mm×50 mm 横撑中距 800 mm 2．基层材料种类、规格：双层 9 mm 厚多层板 3．面层材料品种、规格、颜色：实木地板（详细要求根据设计选样）	m^2	12.91	599.84	7 743.93	

读书笔记

2.3.3 任务实践

某家庭室内楼梯建筑平面图、剖面图如图 2-16、图 2-17 所示，面层做法：30 mm 厚 1 ： 3 水泥砂浆粘贴大理石，板材厚度为 20 mm，面层构造示意如图 2-18 所示，请结合本书中的计价定额、当地当时市场价格、工程实践经验等因素，编制该楼梯面层装饰的清单并计算清单综合价。

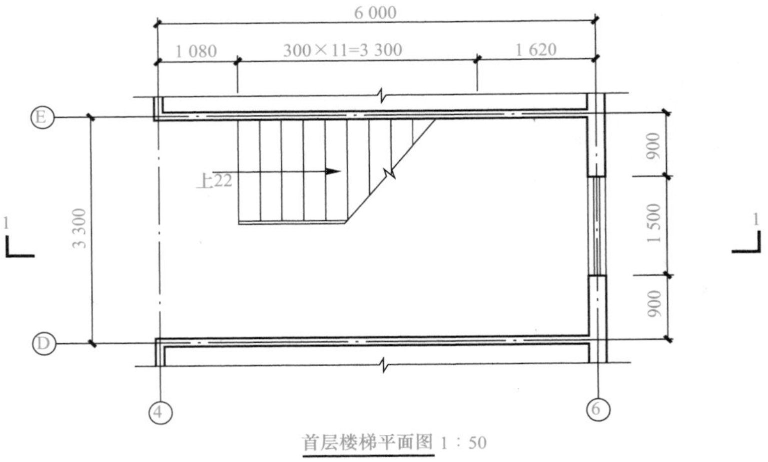

图 2-16 楼梯建筑平面图

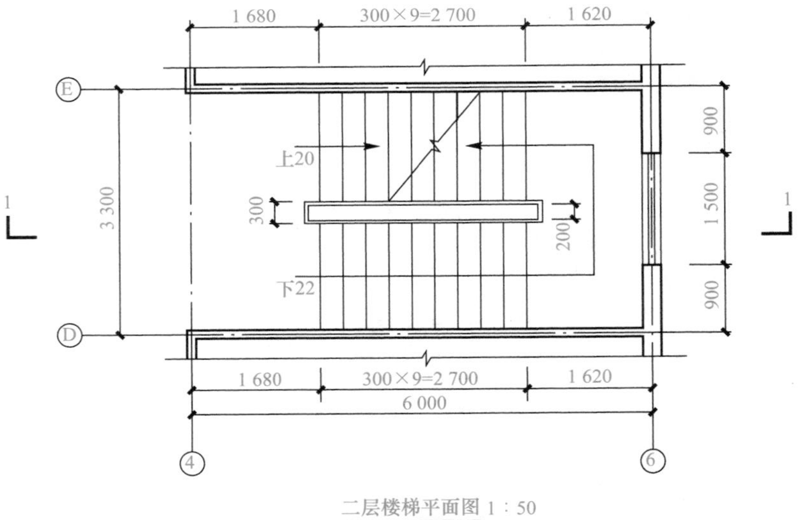

图 2-17 楼梯剖面图

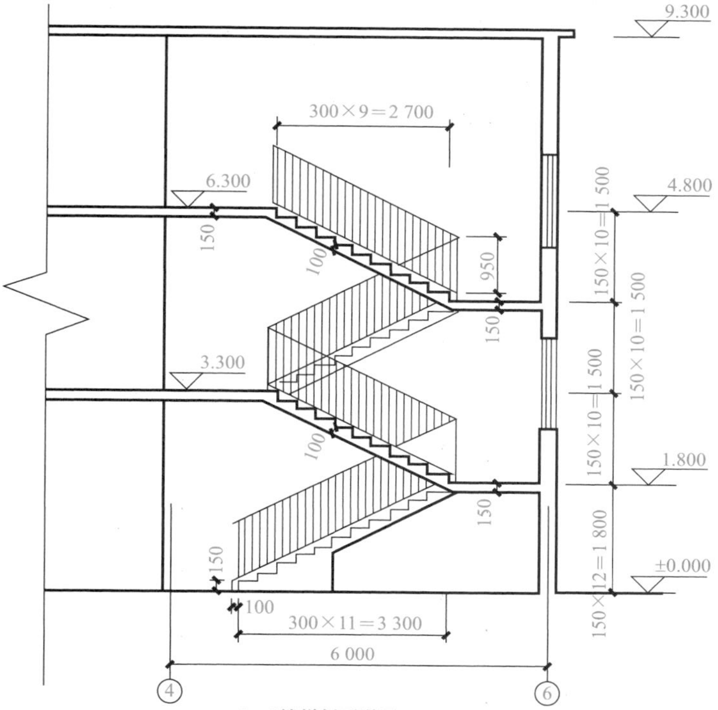

1—1楼梯剖面详图 1:50

图 2-17　楼梯剖面图（续）

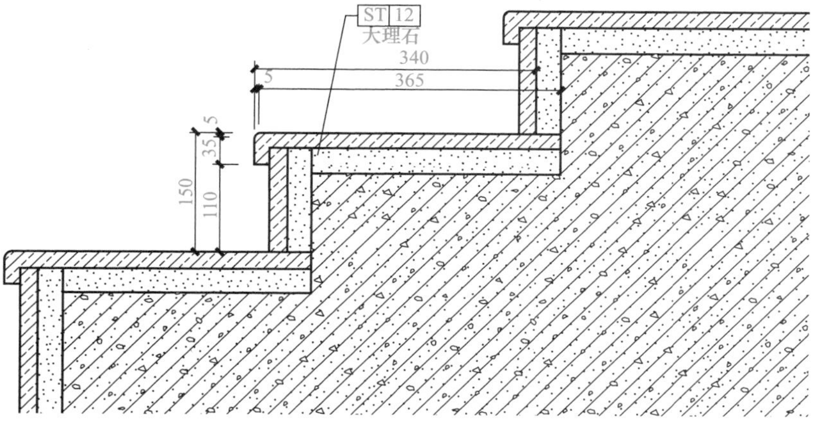

图 2-18　楼梯面层构造示意

2.3.4 任务练习

学生工作页

项目名称	楼地面装饰工程		
课题名称	编制楼梯面层装饰的清单与综合价		
学生姓名		所在班级	
所学专业		完成任务时间	
指导老师		任务完成日期	

一、任务描述

详见 2.3.3 任务实践中的任务要求。

二、任务解答

1．信息收集及做法分析

____

____

____

____

____

____

2．清单工程量计算

计算项目	部位	计算单位	计算式	工程量

3．计价工程量计算

计算项目	部位	计算单位	计算式	工程量

4．清单编制

项目编码	项目名称	项目特征	计量单位	工程量

5．清单综合单价计算

项目编码		项目名称			计量单位			工程量			
清单综合单价组成明细											
定额编号	定额子目名称	定额单位	数量	单价 / 元				综合价 / 元			
				人工费	材料费	机械费	管理费和利润	人工费	材料费	机械费	管理费和利润
小计											
清单项目综合单价											

定额单价计算过程：

____

____

____

____

____

____

____

____

6．清单综合价

项目编号	项目名称	项目特征	计量单位	工程量	金额 / 元		
					综合单价	合价	其中
							暂估价

三、体会与总结

四、指导老师评价意见

指导老师签字：

日期：

项目3　墙、柱面装饰工程

读书笔记

知识目标

1. 掌握墙、柱面工程常见构造及施工工艺，理解墙、柱面工程计量规则。

2. 掌握墙、柱面工程计价的基础知识，熟悉墙、柱面工程常用定额。

能力目标

1. 能够正确识读装饰工程施工图，并能够根据墙、柱面工程计量规则正确计算清单、计价工程量，并根据设计要求、施工图、构造及相关工艺列出项目清单。

2. 能够根据墙、柱面工程计价规范、计价定额、工程实践，正确套用定额，并能熟练进行定额换算。

3. 能够根据墙、柱面工程清单项目特征正确进行组价，计算清单项目的综合单价及综合价。

4. 能够用专业知识和工匠精神，以诚信、严谨、公平的态度进行工程计量与计价。

任务3.1　墙、柱面装饰工程概述

3.1.1　装饰工程墙柱面简介

墙、柱面工程是在墙柱结构上进行表层装饰的工程，墙面装修按材料和施工方法不同可分为抹灰、贴面、涂刷和裱糊四类。抹灰可分为一般抹灰和装饰抹灰。在《全国统一建筑装饰装修工程消耗量定额》中，墙、柱面工程主要包括（墙面、柱面、零星）抹灰、镶贴块料、墙饰面；柱（梁）饰面、隔断、隔墙、幕墙等工程。

1. 抹灰工程

抹灰类饰面是指采用水泥砂浆、混合砂浆、石膏砂浆或水泥石碴浆等做成的各种饰面抹灰层。

一般抹灰通常采用分层的构造做法，普通抹灰由底层、中层、面层组成；高级抹灰由底层、数层中层和面层组成，如图3-1所示。

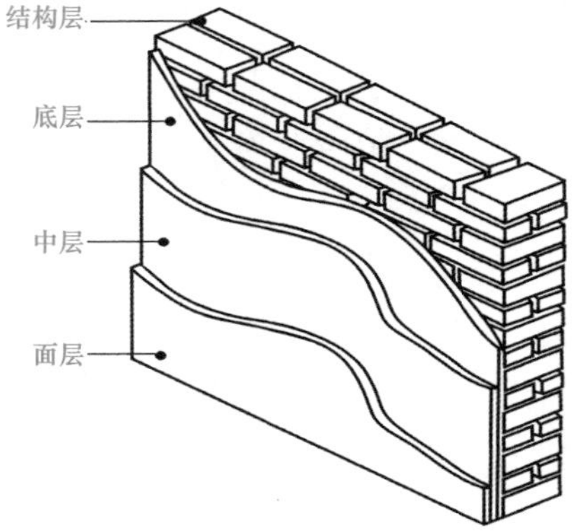

图3-1　抹灰类墙面示意

（1）水泥砂浆：底层采用水泥砂浆或水泥石

灰混合砂浆，中层和面层为水泥砂浆的抹灰种类。

（2）混合砂浆：底层、面层均采用混合砂浆抹灰的种类。

（3）石灰砂浆：底层砂浆种类可以是石灰砂浆、石灰草筋浆、石灰麻刀浆、混合砂浆。

①中层砂浆种类可以是石灰砂浆、石灰麻刀浆、混合砂浆等。

②面层砂浆种类可以是纸筋灰浆或石膏浆。中层和面层为水泥砂浆的抹灰种类。

（4）其他砂浆：包括石膏砂浆、TC 胶砂浆、水泥珍珠岩砂浆及石英砂浆搓沙墙面等。

（5）水刷石：用 1 ∶ 2.5 水泥砂浆找平，上抹 1 ∶ 1.5 ～ 1 ∶ 2 水泥白石子浆，待达到一定强度后，用人工或机械将表面的浮水泥浆刷掉，使白石子外露 1 mm 左右。

（6）干粘石：在 1 ∶ 2.5 水泥砂浆找平上抹水泥浆 2 ～ 3 mm，再将洗净的白石子粘上。

（7）剁假石：用 1 ∶ 2.5 水泥砂浆找平，上抹 1 ∶ 1.5 水泥白石子浆（或 1 ∶ 1.25 水泥石屑浆），待达到一定强度后，用斧沿垂直方向斩剁修整。

（8）水磨石：用 1 ∶ 3 水泥砂浆找平，上抹 1 ∶ 1.5 ～ 1 ∶ 2.5 水泥白石子浆，待达到一定强度后，用人工或机械磨光，然后清洗、打蜡、擦光。

（9）拉毛：可分为水泥浆拉毛和石灰浆拉毛两种。

①水泥浆拉毛：用水泥石灰砂浆找平，上抹 1 ∶ 1 ∶ 2 水泥石灰砂浆，随即用棕刷蘸上砂浆往墙上垂直拍拉，或用铁抹子贴在墙面上立即抽回，如此往复抽拉，就可在表面拉出像山峰形的水泥毛刺儿。

②石灰浆拉毛：也是用水泥石灰砂浆找平，再用麻刀石灰浆罩面拉毛。

2．喷涂、辊涂、弹涂

（1）喷涂：用挤压式砂浆泵或喷斗将砂浆或涂料、油漆喷成雾状涂在墙体表面、木材面和金属面上形成装饰层。

（2）辊涂：先将砂浆抹或喷在墙体表面，然后用辊子滚出花纹，再喷罩甲基硅酸钠疏水剂。

（3）弹涂：利用弹涂器将不同色彩的聚合物、水泥浆，弹在已涂刷的水泥涂层上或水泥砂浆基层上，形成 3 ～ 5 mm 扁花点的施工工艺。

3．镶贴块料面层

镶贴块料面层就是将各种块体饰面材料用胶粘剂，依照设计图纸镶贴在各种基层上。用于镶贴的块体饰面材料有很多，主要有大理石、花岗石、各种面砖及陶瓷马赛克等；所用胶粘剂主要有水泥浆、聚酯类水泥浆及各种特殊胶粘剂等。

（1）大理石。大理石板材是由大理岩经开采、机械加工而成的建筑装饰材料，应用极为广泛。大理石有各种颜色，但硬度不大，抗风化性差，主要用于室内装修。

①挂贴大理石板。挂贴法（图 3-2）又称为镶贴法，先在墙柱基面上预埋铁件，固定钢筋网，同时在石板的上下部位钻孔打眼，穿上铜丝与钢筋网扎结。用木楔调节石板与基面之间的缝隙宽度，待一排石板的石面调整平整并固定好后，用 1 ∶ 2 或 1 ∶ 2.5

读书笔记

读书笔记

水泥砂浆分层灌缝，待面层全部挂贴完成后，用白水泥浆嵌缝，最后洁面、打蜡、抛光。

②粘贴大理石板。粘贴法是在清洁基面后用 1 ∶ 3 水泥砂浆打底，然后抹 1 ∶ 2.5 水泥砂浆中层，再用胶粘剂涂刷大理石背面，按设计分块要求将其镶贴到砂浆面上，整平洁面，最后用白水泥嵌缝，去污、打蜡、抛光。

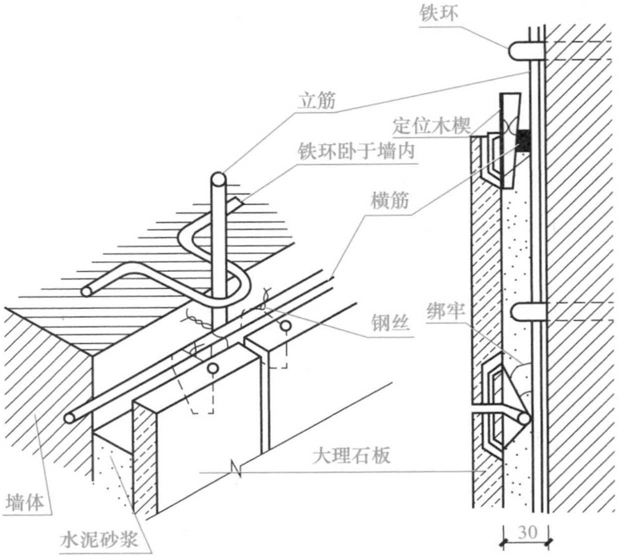

图 3-2　挂贴大理石板示意

③干挂大理石板。干挂法（图 3-3）不用水泥砂浆，而是在基层墙面上按设计要求设置膨胀螺栓，将不锈钢角钢固定在基面上，然后用不锈钢连接螺栓和插棍将打有空洞的石板和角钢连接起来进行固定，整平面板后，洁面、嵌缝、抛光即成。这种方法多用于大型板材。

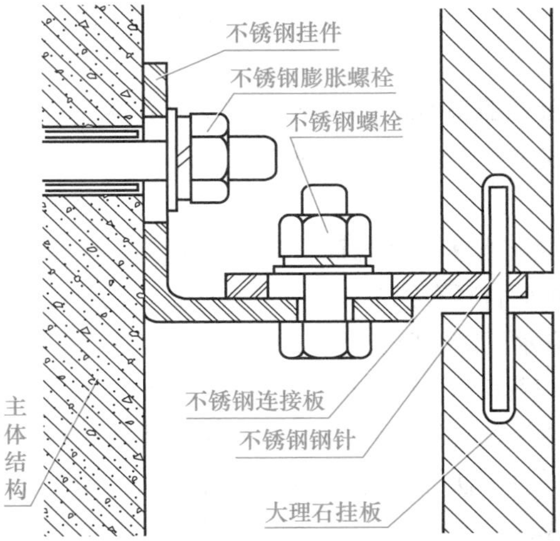

图 3-3　干挂大理石板示意

（2）花岗石。花岗石是由花岗岩经开采、加工而成的装饰材料。由于其耐冻性、耐磨性均较好，具有良好的抗风化性能，因此，常用于建筑物的勒脚及墙身部位，磨光的花岗石板材常用于室内外墙面、地面的装饰。

（3）建筑陶瓷。凡用于装饰墙面、铺设地面、安装上下水管、装备卫生间等的各种陶瓷材料与制品，均称为建筑陶瓷。常用的建筑陶瓷如下：

①瓷砖。瓷砖适用建筑物室内装饰。常用于室内墙面，主要有浴室、厨房、试验室、医院、精密仪器车间等的墙面及工作台、墙裙等处，也可用来砌筑水池、水槽、卫生设施等。它是用颜色洁白的瓷土或耐火黏土经焙烧而成的，表面光洁平整，不易沾污，耐水性、耐湿性好。

②陶瓷马赛克。陶瓷马赛克主要用于墙面及地面。品种有挂釉和不挂釉两种，目前常用不挂釉产品。这种砖质地坚硬、经久耐用、色泽多样、耐酸、耐碱、耐火、耐磨、不渗水、易清洗。陶瓷马赛克是由不同形状小块，拼成一定要求的图案，单块形状有矩形、方形、菱形、不规则多边形等。

③面砖。面砖采用品质均匀而耐火度较高的黏土制成，砖的表面有平滑的、粗糙的、带线条或图案的，正面有上釉与不上釉的，背面多带有凹凸不平的条纹，便于与砂浆牢固粘贴，常用于大型公共建筑，如展览馆、宾馆、饭店、影剧院及商店等饰面。

4. 饰面

饰面是指以金属或木质材料为骨架或框架，在其表面用装饰面板所形成的墙面和柱面。它与以砖墙柱和混凝土墙柱为基层进行的表面装饰有所区别。

（1）不锈钢饰面。不锈钢饰面是指将不锈钢钢板研压、抛光、蚀刻而成的装饰薄板。不锈钢钢板根据其反光率的大小可分为镜面板、亚光板和浮雕板三种。

①圆柱不锈钢饰面。

a. 木龙骨圆柱。这种圆柱是用不易变形的木方做成柱骨架，用三合板做柱面基层，整平光面后，在其上安装不锈钢面板。

b. 钢龙骨圆柱。用角钢做立杆，用扁钢做横撑焊接成圆形骨架，将不锈钢饰面板用螺钉与其连接而成。

②方柱圆形面不锈钢饰面。这种饰面以木龙骨做柱芯，再在其上用支撑和龙骨固定为圆柱面而成，如图 3-4 所示。

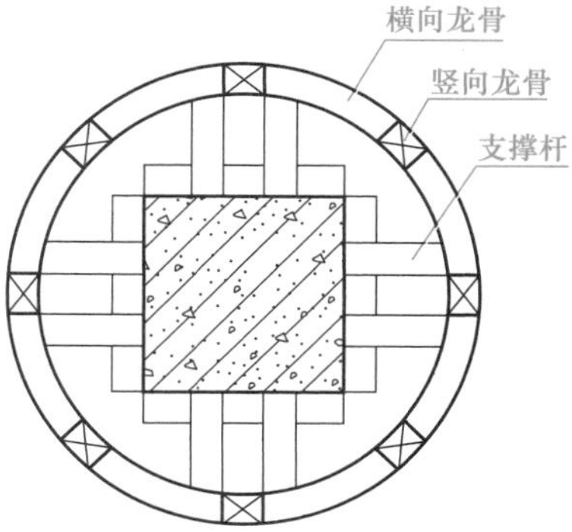

图 3-4　方柱圆形面不锈钢饰面示意

（2）铝合金玻璃幕墙。玻璃幕墙是以玻璃板片做墙面板材，与金属构件组成大面积玻璃围护墙体，连接固定在建筑物主体结构上，形成一种特殊的外墙装饰墙面。它除具有光亮、华丽的装饰效果外，还具有隔声、隔热、保温、气密、防火等性能。

铝合金玻璃幕墙是以铝合金型材为骨架，框内镶以功能性玻璃，以此作为建筑物的饰面及维护墙体的整体构造。玻璃幕墙按外观形式可分为明框式、隐框式和半隐框式三种。明框式是指玻璃安装好后，骨架外露。隐

读书笔记

框式是指玻璃直接与骨架连接，即用高强度胶粘剂将玻璃粘到铝合金封框上，而不是镶嵌在凹槽内，骨架不外露，这种类型的玻璃幕墙在立面上看不见骨架和窗框，使玻璃幕墙外观更显得简洁、明快。半隐框式可分为竖隐横不隐（玻璃安放在横挡的玻璃镶嵌槽内，槽外加铝合金压板）和横隐竖不隐（玻璃安放在立柱镶嵌槽内，外加铝合金压板）。

（3）硬木板条墙面及硬木条吸声墙面。

①硬木板条墙面是以硬木薄板作为饰面板镶拼而成的。

②硬木条吸声墙面，也称为灰板条钢板网隔声墙面，它是用宽度为 20 ～ 40 mm、厚度为 5 ～ 10 mm 的木板条间隔 8 ～ 12 mm 铺钉在木龙骨上（内衬油毡和玻璃棉），然后将钢板网片铺钉在木板条上，经整平固紧后抹 1 ∶ 1 ∶ 4 混合砂浆。

③石膏板隔声墙面，其实际上是一种镶嵌石膏板的墙面，它是在基层墙（一般为砖墙）面上剔洞埋木砖，按照石膏板宽做成木框架与木砖连接，然后在木框架上嵌以石膏板钉上木压条而成的。

（4）丝绒饰面与胶合板饰面。

①丝绒饰面。丝绒饰面是指用纺织物品（平绒、墙毡等）包饰的墙面。其是在基层墙面上预埋木砖，经粘贴油毡防潮处理后钉上木骨架，在骨架上满铺胶合板并嵌好拼接缝，然后用压条包铺好丝绒布而成的。

②胶合板饰面墙。胶合板饰面墙是轻质薄层木饰面板的一种最简单的墙面装饰。其是在基层墙面上剔洞埋木砖，粘贴油毡，装订木骨架，铺钉胶合板，并安装压顶条和踢脚板而成的。

（5）镜面玻璃和激光玻璃墙面。这两种墙面均可安装在木基层面上或粘贴在砂浆层面上。

①木基层安装法是在砖基层上剔洞埋木砖，粘贴油毡，安装木骨架，钉装胶合板，然后用不锈钢压条将玻璃饰面钉压在木骨架上并用玻璃胶嵌缝收边而成的。

②砂浆面粘贴法是将基面打扫干净后，涂刷 108 胶素水泥浆一道，接着抹 20 mm 厚 1 ∶ 2.5 水泥砂浆罩面；待水泥砂浆罩面干燥后，用双面强力弹性胶带将玻璃饰面沿周边粘贴到砂浆面上，随即将铝合金压条涂上 XY–508 胶紧压住饰面边框，使之粘贴在砂浆面上，并在交角处铺钉钢钉以加强紧固。

另外，墙面还有镁铝曲板柱面、电化铝板和铝合金装饰板墙面、石膏板隔墙及玻璃砖隔断等。

3.1.2　墙、柱面工程识图

墙、柱面工程计量计价的图纸依据主要是装饰施工图中的墙、柱面立面图（图 3–5）、节点详图（图 3–6）。墙、柱面饰面图纸识读应通过设计说明，墙、柱面立面图，节点详图，材料表并结合原始建筑平面图获取以下必要的内容：

（1）结构墙、柱等构件尺寸、墙面标高；

（2）墙面装饰的造型形式、构造方式、墙面所用材料名称及规格；

（3）施工工艺和详图尺寸、装修要求等文字说明。

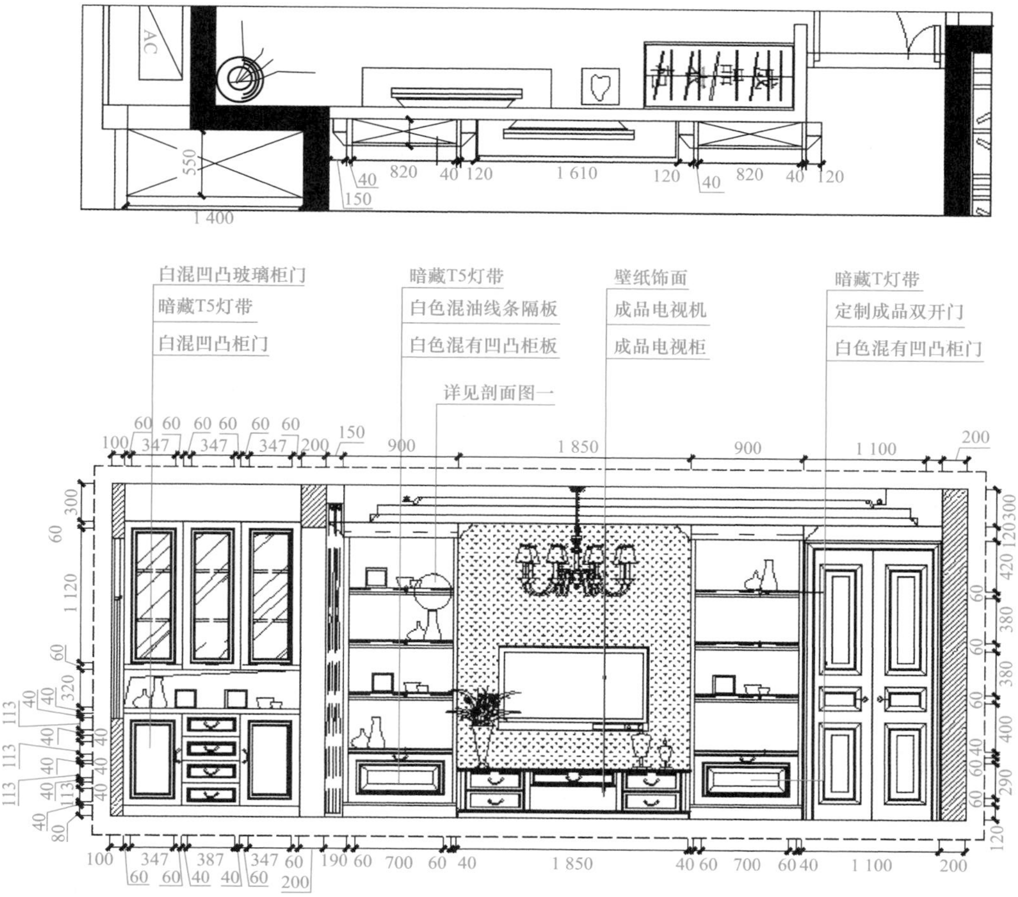

图 3-5　客厅电视背景墙立面

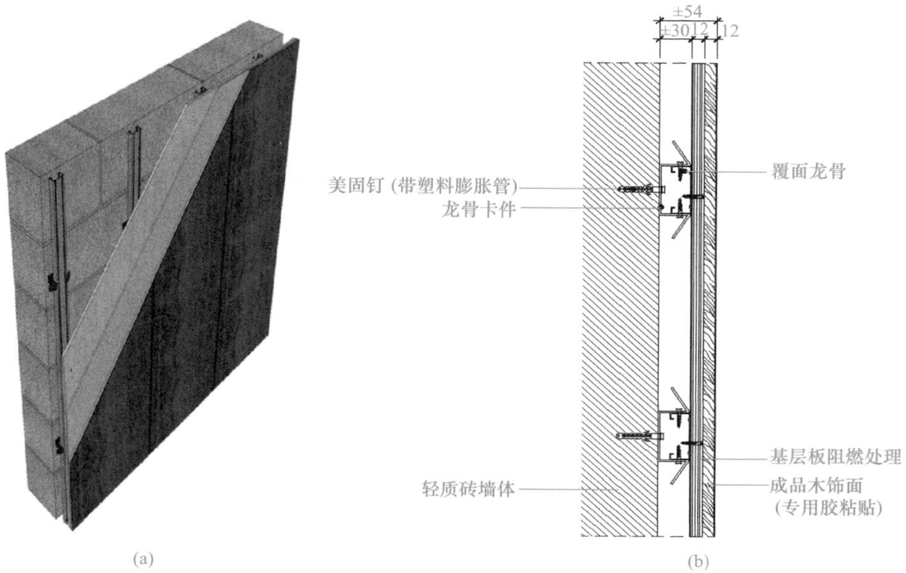

图 3-6　木饰面墙节点图

3.1.3 任务练习

学生工作页

项目名称	墙、柱面装饰工程		
课题名称	墙、柱面装饰工程概述		
学生姓名		所在班级	
所学专业		完成任务时间	
指导老师		任务完成日期	

一、任务描述

1. 复习墙、柱面装饰工程的常见墙柱面类型。
2. 复习常见墙、柱面工程的构造。
3. 复习常见墙、柱面工程的施工工艺。

二、任务解答

1. 请写出常见墙、柱面类型。

____

____

____

____

2. 请写出木饰面墙常见的构造分层做法。

____

____

____

____

3. 请写出干挂大理石墙面常见的构造分层做法。

____

____

____

____

4. 请写出湿挂石材施工的一般工序。

____

____

____

____

三、体会与总结

四、指导老师评价意见

指导老师签字：

日期：

读书笔记

任务 3.2　墙、柱面装饰工程计量与计价

3.2.1　墙、柱面装饰工程项目工程量清单计算规范

《房屋建筑与装饰工程工程量计算规范》（GB 50854—2013）中把墙、柱面装饰工程划分为墙面抹灰、柱（梁）面抹灰、零星抹灰、墙面块料面层、柱（梁）面镶贴块料、镶贴零星块料、墙饰面、柱（梁）饰面、幕墙工程、隔断 10 个子分部，并规范了每个子分部中清单项目的项目编码、项目名称、项目特征、计量单位、工程量计算规则、工作内容。墙、柱面工程量清单计算规范见表 3-1。

3.2.2　《江苏省建筑与装饰工程计价定额》（2014）中墙、柱面工程计量计算规则

1. 内墙面抹灰

（1）内墙面抹灰面积应扣除门窗洞口和空圈所占的面积，不扣除踢脚线、挂镜线、0.3 m^2 以内的孔洞和墙与构件交接处的面积；但其洞口侧壁和顶面抹灰也不增加。垛的侧面抹灰面积应并入内墙面工程量内计算。内墙面抹灰长度，以主墙间的图示净长计算，其高度按实际抹灰高度确定，不扣除间壁所占的面积。

（2）石灰砂浆、混合砂浆粉刷中已包括水泥护角线，不另行计算。

（3）柱和单梁的抹灰按结构展开面积计算，柱与梁或梁与梁接头的面积不予扣除。砖墙中平墙面的混凝土柱、梁等的抹灰（包括侧壁）应并入墙面抹灰工程量内计算。凸出墙面的混凝土柱、梁面（包括侧壁）抹灰工程量应单独计算，按相应子目执行。

（4）厕所、浴室隔断抹灰工程量，按单面垂直投影面积乘以系数 2.3 计算。

2. 外墙面抹灰

（1）外墙面抹灰面积按外墙面的垂直投影面积计算，应扣除门窗洞口和空圈所占的面积，不扣除 0.3 m^2 以内的孔洞面积。但门窗洞口、空圈的侧壁、顶面及垛等抹灰，应按结构展开面积并入墙面抹灰中计算。外墙面不同品种砂浆抹灰，应分别计算按相应子目执行。

（2）外墙窗间墙与窗下墙均抹灰，以展开面积计算。

（3）挑檐、天沟、腰线、扶手、单独门窗套、窗台线、压顶等，均以结构尺寸展开面积计算。窗台线与腰线连接时，并入腰线内计算。

（4）外窗台抹灰长度，如设计图纸无规定时，可按窗洞口宽度两边共加 20 cm 计算。窗台展开宽度一砖墙按 36 cm 计算，每增加半砖宽则累增 12 cm。单独圈梁抹灰（包括门、窗洞口顶部）、附着在混凝土梁上的混凝土装饰线条抹灰均以展开面积以平方米计算。

表 3–1　墙、柱面分项清单计算规范

<table>
<tr><th>子分部</th><th>项目编码</th><th>项目名称</th><th>项目特征</th><th>计量单位</th><th>工程量计算规则</th><th>工程内容</th></tr>
<tr><td rowspan="4">墙面抹灰</td><td>011201001</td><td>墙面一般抹灰</td><td rowspan="2">1. 墙体类型
2. 底层厚度、砂浆配合比
3. 面层厚度、砂浆配合比
4. 装饰面材料种类
5. 分格缝宽度、材料种类</td><td rowspan="11">m^2</td><td rowspan="4">按设计图示尺寸以面积计算。扣除墙裙、门窗洞口及单个＞0.3 m^2 的孔洞面积，不扣除踢脚线、挂镜线和墙与构件交接处的面积，门窗洞口和孔洞的侧壁及顶面不增加面积。附墙柱、梁、垛、烟囱侧壁并入相应的墙面面积内。
1. 外墙抹灰面积按外墙垂直投影面积计算
2. 外墙裙抹灰面积按其长度乘以高度计算
3. 内墙抹灰面积按主墙间的净长乘以高度计算
（1）无墙裙的，高度按室内楼地面至天棚底面计算
（2）有墙裙的，高度按墙裙顶至天棚底面计算
（3）有吊顶天棚抹灰，高度算至天棚底
4. 内墙裙抹灰面按内墙净长乘以高度计算</td><td rowspan="2">1. 基层清理
2. 砂浆制作、运输
3. 底层抹灰
4. 抹面层
5. 抹装饰面
6. 勾分格缝</td></tr>
<tr><td>011201002</td><td>墙面装饰抹灰</td></tr>
<tr><td>011201003</td><td>墙面勾缝</td><td>1. 勾缝类型
2. 勾缝材料种类</td><td>1. 基层清理
2. 砂浆制作、运输
3. 勾缝</td></tr>
<tr><td>011201004</td><td>立面砂浆找平层</td><td>1. 基层类型
2. 找平层砂浆厚度、配合比</td><td>1. 基层清理
2. 砂浆制作、运输
3. 抹灰找平</td></tr>
<tr><td rowspan="4">柱（梁）面抹灰</td><td>011202001</td><td>柱、梁面一般抹灰</td><td rowspan="2">1. 柱（梁）体类型
2. 底层厚度、砂浆配合比
3. 面层厚度、砂浆配合比
4. 装饰面材料种类
5. 分格缝宽度、材料种类</td><td rowspan="3">1. 柱面抹灰：按设计图示柱断面周长乘高度以面积计算
2. 梁面抹灰：按设计图示梁断面周长乘长度以面积计算</td><td rowspan="2">1. 基层清理
2. 砂浆制作、运输
3. 底层抹灰
4. 抹面层
5. 勾分格缝</td></tr>
<tr><td>011202002</td><td>柱、梁面装饰抹灰</td></tr>
<tr><td>011202003</td><td>柱、梁面砂浆找平</td><td>1. 柱（梁）体类型
2. 找平的砂浆厚度、配合比</td><td>1. 基层清理
2. 砂浆制作、运输
3. 抹灰找平</td></tr>
<tr><td>011202004</td><td>柱面勾缝</td><td>1. 勾缝类型
2. 勾缝材料种类</td><td>按设计图示柱断面周长乘高度以面积计算</td><td>1. 基层清理
2. 砂浆制作、运输
3. 勾缝</td></tr>
<tr><td rowspan="3">零星抹灰</td><td>011203001</td><td>零星项目一般抹灰</td><td rowspan="2">1. 基层类型、部位
2. 底层厚度、砂浆配合比
3. 面层厚度、砂浆配合比
4. 装饰面材料种类
5. 分格缝宽度、材料种类</td><td rowspan="3">按设计图示尺寸以面积计算</td><td rowspan="2">1. 基层清理
2. 砂浆制作、运输
3. 底层抹灰
4. 抹面层
5. 抹装饰面
6. 勾分格缝</td></tr>
<tr><td>011203002</td><td>零星项目装饰抹灰</td></tr>
<tr><td>011203003</td><td>零星项目砂浆找平</td><td>1. 基层类型、部位
2. 找平的砂浆厚度、配合比</td><td>1. 基层清理
2. 砂浆制作、运输
3. 抹灰找平</td></tr>
</table>

续表

子分部	项目编码	项目名称	项目特征	计量单位	工程量计算规则	工程内容
墙面块料面层	011204001	石材墙面	1. 墙体类型 2. 安装方式 3. 面层材料品种、规格、颜色 4. 缝宽、嵌缝材料种类 5. 防护材料种类 6. 磨光、酸洗、打蜡要求	m^2	按镶贴表面积计算	1. 基层清理 2. 砂浆制作、运输 3. 粘结层铺贴 4. 面层安装 5. 嵌缝 6. 刷防护材料 7. 磨光、酸洗、打蜡
	011204002	碎拼石材墙面				
	011204003	块料墙面				
	011204004	干挂石材钢骨架	1. 骨架种类、规格 2. 防锈漆品种遍数	t	按设计图示以质量计算	1. 骨架制作、运输、安装 2. 刷漆
柱（梁）面镶贴块料	011205001	石材柱面	1. 柱截面类型、尺寸 2. 安装方式 3. 面层材料品种、规格、颜色 4. 缝宽、嵌缝材料种类 5. 防护材料种类 6. 磨光、酸洗、打蜡要求	m^2	按镶贴表面积计算	1. 基层清理 2. 砂浆制作、运输 3. 粘结层铺贴 4. 面层安装 5. 嵌缝 6. 刷防护材料 7. 磨光、酸洗、打蜡
	011205002	块料柱面				
	011205003	拼碎块柱面				
	011205004	石材梁面	1. 安装方式 2. 面层材料品种、规格、颜色 3. 缝宽、嵌缝材料种类 4. 防护材料种类 5. 磨光、酸洗、打蜡要求			
	011205005	块料梁面				
镶贴零星块料	011206001	石材零星项目	1. 基层类型、部位 2. 安装方式 3. 面层材料品种、规格、颜色 4. 缝宽、嵌缝材料种类 5. 防护材料种类 6. 磨光、酸洗、打蜡要求		按镶贴表面积计算	1. 基层清理 2. 砂浆制作、运输 3. 面层安装 4. 嵌缝 5. 刷防护材料 6. 磨光、酸洗、打蜡
	011206002	块料零星项目				
	011206003	拼碎块零星项目				
墙饰面	011207001	墙面装饰板	1. 龙骨材料种类、规格、中距 2. 隔离层材料种类、规格 3. 基层材料种类、规格 4. 面层材料品种、规格、颜色 5. 压条材料种类、规格		按设计图示墙净长乘净高以面积计算。扣除门窗洞口及单个＞0.3 m^2 的孔洞所占面积	1. 基层清理 2. 龙骨制作、运输、安装 3. 钉隔离层 4. 基层铺钉 5. 面层铺贴
	011207002	墙面装饰浮雕	1. 基层类型 2. 浮雕材料种类 3. 浮雕样式		按设计图示尺寸以面积计算	1. 基层清理 2. 材料制作、运输 3. 安装成型

子分部	项目编码	项目名称	项目特征	计量单位	工程量计算规则	工程内容
柱（梁）饰面	011208001	柱（梁）面装饰	1．龙骨材料种类、规格、中距 2．隔离层材料种类 3．基层材料种类、规格 4．面层材料品种、规格、颜色 5．压条材料种类、规格	m^2	按设计图示饰面外围尺寸以面积计算。柱帽、柱墩并入相应柱饰面工程量内	1．清理基层 2．龙骨制作、运输、安装 3．钉隔离层 4．基层铺钉 5．面层铺贴
	011208002	成品装饰柱	1．柱截面、高度尺寸 2．柱材质	1．根 2．m	1．以根计量，按设计数量计算 2．以米计算，按设计长度计算	柱运输、固定、安装
幕墙工程	011209001	带骨架幕墙	1．骨架材料种类、规格、中距 2．面层材料品种、规格、颜色 3．面层固定方式 4．隔离带、框边封闭材料品种、规格 5．嵌缝、塞口材料种类	m^2	按设计图示框外围尺寸以面积计算。与幕墙同种材质的窗所占面积不扣除	1．骨架制作、运输、安装 2．面层安装 3．隔离带、框边封闭 4．嵌缝、塞口 5．清洗
	011209002	全玻（无框玻璃）幕墙	1．玻璃品种、规格、颜色 2．粘结塞口材料种类 3．固定方式		按设计图示尺寸以面积计算。带肋全玻幕墙按展开面积计算	1．幕墙安装 2．嵌缝、塞口 3．清洗
隔断	011210001	木隔断	1．骨架、边框材料种类、规格 2．隔板材料品种、规格、颜色 3．嵌缝、塞口材料品种 4．压条材料种类。		按设计图示框外围尺寸以面积计算。不扣除单个≤ 0.3 m^2 的孔洞所占面积；浴厕门的材质与隔断相同时，门的面积并入隔断面积内	1．骨架及边框制作、运输、安装 2．隔板制作、运输、安装 3．嵌缝、塞口 4．装钉压条
	011210002	金属隔断	1．骨架、边框材料种类、规格 2．隔板材料品种、规格、颜色 3．嵌缝、塞口材料品种			1．骨架及边框制作、运输、安装 2．隔板制作、运输、安装 3．嵌缝、塞口
	011210003	玻璃隔断	1．边框材料种类、规格 2．玻璃品种、规格、颜色 3．嵌缝、塞口材料品种		按设计图示框外围尺寸以面积计算。不扣除单个≤ 0.3 m^2 的孔洞所占面积	1．边框制作、运输、安装 2．玻璃制作、运输、安装 3．嵌缝、塞口
	011210004	塑料隔断	1．边框材料种类、规格 2．隔板材料品种、规格、颜色 3．嵌缝、塞口材料品种			1．骨架及边框制作、运输、安装 2．隔板制作、运输、安装 3．嵌缝、塞口
	011210005	成品隔断	1．隔断材料品种、规格、颜色 2．配件品种、规格	1．m^2 2．间	1．以平方米计量，按设计图示框外围尺寸以面积计算 2．以间计算，按设计间的数量计算	1．隔断运输、安装 2．嵌缝、塞口

续表

子分部	项目编码	项目名称	项目特征	计量单位	工程量计算规则	工程内容
隔断	011210006	其他隔断	1. 骨架、边框材料种类、规格 2. 隔板材料品种、规格、颜色 3. 嵌缝、塞口材料品种	m^2	按设计图示框外围尺寸以面积计算。不扣除单个≤ $0.3\ m^2$ 的孔洞所占面积	1. 骨架及边框安装 2. 隔板安装 3. 嵌缝、塞口

注：1. 立面砂浆找平项目适用于仅做找平层的立面抹灰。
2. 墙面抹石灰砂浆、水泥砂浆、混合砂浆、聚合物水泥砂浆、麻刀石灰浆、石膏灰浆等按本表中墙面一般抹灰列项；墙面水刷石、斩假石、干粘石、假面砖等按本表中墙面装饰抹灰列项。
3. 飘窗凸出外墙面增加的抹灰并入外墙工程量内。
4. 有吊顶天棚的内墙面抹灰，抹至吊顶以上部分在综合单价中考虑。
5. 砂浆找平项目适用于仅做找平层的柱（梁）面抹灰。
6. 柱（梁）面抹石灰砂浆、水泥砂浆、混合砂浆、聚合物水泥砂浆、麻刀石灰浆、石膏灰浆等按本表中柱（梁）面一般抹灰编码列项；柱（梁）面水刷石、斩假石、干粘石、假面砖等按本表中柱（梁）面装饰抹灰项目编码列表。
7. 零星项目抹石灰砂浆、水泥砂浆、混合砂浆、聚合物水泥砂浆、麻刀石灰浆、石膏灰浆等按本表中零星项目一般抹灰编码列项，水刷石、斩假石、干粘石、假面砖等按本表中零星项目装饰抹灰编码列表。
8. 墙、柱（梁）面≤ $0.5\ m^2$ 的少量分散的抹灰按本表中零星抹灰项目编码列表。
9. 在描述碎块项目的面层材料特征时可不用描述规格、颜色。
10. 石材、块料与黏结材料的结合面刷防渗材料的种类在防护层材料种类中描述。
11. 安装方式可描述为砂浆或胶粘剂粘贴、挂贴、干挂等，不论哪种安装方式，都要详细描述与组价相关的内容。
12. 在描述碎块项目的面层材料特征时可不用描述规格、颜色。
13. 石材、块料与黏结材料的接合面刷防渗材料的种类在防护层材料种类中描述。
14. 柱梁面干挂石材的钢骨架按墙面块料面层相应项目编码列项。
15. 在描述碎块项目的面层材料特征时可不用描述规格、颜色。
16. 石材、块料与黏结材料的接合面刷防渗材料的种类在防护材料种类中描述。
17. 零星项目干挂石材的钢骨架按墙面块料面层相应项目编码列项。
18. 墙柱面≤ $0.5\ m^2$ 的少量分散的镶贴块料面层按本表中零星项目执行。
19. 幕墙钢骨架按本表干挂石材钢骨架编码列表。

读书笔记

（5）阳台、雨篷抹灰按水平投影面积计算。定额中已包括顶面、底面、侧面及牛腿的全部抹灰面积。阳台栏杆、栏板、垂直遮阳板抹灰另列项目计算。栏板以单面垂直投影面积乘以系数 2.1。

（6）水平遮阳板顶面、侧面抹灰按其水平投影面积乘系数 1.5，板底面面积并入天棚抹灰内计算。

（7）勾缝按墙面垂直投影面积计算，应扣除墙裙、腰线和挑檐的抹灰面积，不扣除门窗套、零星抹灰和门、窗洞口等面积，但垛的侧面、门窗洞侧壁和顶面的面积也不增加。

3．挂、贴块料面层

（1）内、外墙面、柱梁面、零星项目镶贴块料面层均按块料面层的建筑尺寸（各块料面层＋粘贴砂浆厚度 =25 mm）面积计算。门、窗洞口面积扣除，侧壁、附垛贴面应并入墙面工程量内。内墙面腰线花砖按延长米计算。

（2）窗台、腰线、门窗套、天沟、挑檐、盥洗槽、池脚等块料面层镶贴，均以建筑尺寸的展开面积（包括砂浆及块料面层厚度）按零星项目计算。

（3）石材块料面板挂、贴均按面层的建筑尺寸（包括干挂空间、砂浆、板厚度）展开面积计算。

（4）石材圆柱面按石材面外围周长乘以柱高（应扣除柱墩、柱帽、腰线高度）以平方米计算。石材圆柱形柱墩、柱帽、腰线按石材圆柱面外围周长乘其高度以平方米计算。

4．墙、柱木装饰及柱包不锈钢镜面

（1）墙、墙裙、柱（梁）面：木装饰龙骨、衬板、面层及粘贴切片板按净面积计算，并扣除门、窗洞口及 0.3 m^2 以上的孔洞所占的面积，附墙垛及门、窗侧壁并入墙面工程量内计算。单独门、窗套按相应子目计算。柱、梁按展开宽度乘以净长计算。

（2）不锈钢镜面、各种装饰板面均按展开面积计算。若地面天棚面有柱帽、柱脚，则高度应从柱脚上表面至柱帽下表面计算。柱帽、柱脚按面层的展开面积以平方米计算，套柱帽、柱脚子目。

（3）幕墙以框外围面积计算。幕墙与建筑顶端、两端的封边按图示尺寸以平方米计算，自然层的水平隔离与建筑物的连接按延长米计算（连接层包括上、下镀锌钢板在内）。幕墙上下设计有窗者，计算幕墙面积时，窗面积不扣除，但每 10 m^2 窗面积另增加人工 5 个工日，增加的窗料及五金按实计算（幕墙上铝合金窗不再另外计算）。其中，全玻璃幕墙以结构外边按玻璃（带肋）展开面积计算，支座处隐藏部分玻璃合并计算。

5．隔断面积计算

隔断按设计图示框外围尺寸以面积计算。扣除单个 0.3 m^2 以上的孔洞所占面积。

（1）浴厕门的材质与隔断相同时，门的面积并入隔断面积内。

（2）全玻隔断的不锈钢边框工程量按展开面积计算，如有加强肋（指带玻璃肋）者，工程量按展开面积计算。

3.2.3 墙柱面工程计价

（1）本书墙、柱面工程计价定额的依据是《江苏省建筑与装饰工程计价定额》（2014）。主要适应江苏省工程市场计价的需要，是建设各方计价的依据之一。

在《江苏省建筑与装饰工程计价定额》（2014）中，墙、柱面计量与计价的规定如下：

①本章按中级抹灰考虑设计，砂浆品种、饰面材料规格如与定额取定不同，应按设计调整，但人工数量不变。

②外墙保温材料品种不同，可根据相应子目进行换算调整。地下室外墙粘贴保温板，可参照相应子目，材料可换算，其他不变。柱梁面粘贴复合保温板可参照墙面执行。

③本章均不包括抹灰脚手架费用，脚手架费用按相应子目执行。

④墙、柱的抹灰及镶贴块料面层所取定的砂浆品种、厚度可通过手机 QQ、微信扫描二维码查看。设计砂浆品种、厚度与定额不同均应调整。砂浆用量按比例调整。外墙面砖基层刮糙处理，如基层处理设计采用保温砂浆时，此部分砂浆作相应换算，其他不变。

抹灰分层厚度及砂浆种类

⑤在圆弧形墙面、梁面抹灰或镶贴块料面层（包括挂贴、干挂石材块料面板），按相应子目人工乘以系数 1.18（工程量按其弧形面积计算）。块料面层中带有弧边的石材损耗，应按实调整，每 10 m 弧形部分，贴切人工增加 0.6 工日，合金钢切割片 0.14 片，石料切割机 0.6 台班。

⑥石材块料面板均不包括磨边，设计要求磨边或墙、柱面贴石材装饰线条者，按相应子目执行。设计线条重叠数次，套相应“装饰线条”数次。

⑦外墙面窗间墙、窗下墙同时抹灰，按外墙抹灰相应子目执行，单独圈梁抹灰（包括门、窗洞口顶部）按腰线子目执行，附着在混凝土梁上的混凝土线条抹灰按混凝土装饰线条抹灰子目执行。但窗间墙单独抹灰或镶贴块料面层，按相应人工乘以系数 1.15。

⑧门窗洞口侧边、附墙垛等小面粘贴块料面层时，门窗洞口侧边、附墙垛等小面排版规格小于块料原规格并需要裁剪的块料面层项目，可套用柱、梁、零星项目。

⑨内外墙贴面砖的规格与定额取定规格不符，数量应按下式确定：

$$\text{实际数量}=\frac{10\ \text{m}^2\times（1+\text{相应损耗率}）}{（\text{砖长}+\text{灰缝宽}）\times（\text{砖宽}+\text{灰缝厚}）}$$

⑩高在 3.60 m 以内的围墙抹灰均按内墙面相应子目执行。

⑪ 石材块料面板上钻孔成槽由供应商完成的，扣除基价中人工的 10% 和其他机械费。本章斩假石已包括底、面抹灰。

本章混凝土墙、柱、梁面的抹灰底层已包括刷一道素水泥浆在内。设计刷两道，每增一道按相应子目执行。设计采用专业胶粘剂时，可套用相应干粉型胶粘剂粘贴子目，换算干粉型胶粘剂材料为相应专用胶粘剂。设计采用聚合物砂浆粉刷的，可套用相应子

读书笔记

读书笔记

目，材料换算，其他不变。

⑫ 外墙内表面的抹灰按内墙面抹灰子目执行；砌块墙面的抹灰按混凝土墙面相应子目执行。

⑬ 干挂石材及大规格面砖所用的干挂胶（AB 胶）每组的用量组成为 A 组 1.33 kg，B 组 0.67 kg。

⑭ 设计木墙裙的龙骨与定额间距、规格不同时，应按比例换算木龙骨含量。定额仅编制了一般项目中常用的骨架与面层，骨架、衬板、基层、面层均应分开计算。

⑮ 木饰面子目的木基层均未含防火材料，设计要求刷防火涂料，按相应子目执行。

⑯ 装饰面层中均未包括墙裙压顶线、压条、踢脚线、门窗贴脸等装饰线，设计有要求时，应按相应子目执行。

⑰ 幕墙材料品种、含量，设计要求与定额不同时应调整，但人工、机械不变。所有干挂石材、面砖、玻璃幕墙、金属板幕墙子目中不含钢骨架、预埋（后置）铁件的制作安装费，另按相应子目执行。

⑱ 不锈钢、铝单板等装饰板块折边加工费及成品铝单板折边面积应计入材料单价中，不另计算。

⑲ 网塑夹芯板之间设置加固方钢立柱、横梁应根据设计要求按相应子目执行。

⑳ 本定额未包括玻璃、石材的车边、磨边费用。石材车边、磨边按相应子目执行；玻璃车边费用按市场加工费另行计算。

㉑ 成品装饰面板现场安装，需做龙骨、基层板时，套用墙面相应子目。

（2）《江苏省建筑与装饰工程计价定额》（2014）墙柱面工程项目定额分为一般抹灰、装饰抹灰、镶贴块料面层及幕墙、木装修及其他四个部分，每个部分各分项常用做法的定额都有相应的子目。其中部分定额子目见表 3-2。

表 3-2　部分墙柱面定额子目

分项工程	定额编号	定额名称
石膏砂浆 内墙面	14-1	在砖墙基础上涂抹石膏砂浆（20 mm 厚）
	14-2	在混凝土墙基础上涂抹石膏砂浆（20 mm 厚）
	14-3	在加气混凝土墙轻质板墙上涂抹石膏砂浆（20 mm 厚）
石膏砂浆柱、梁面	14-4	在矩形砖柱上涂抹石膏砂浆（20 mm 厚）
	14-5	在多边形、圆形砖柱上涂抹石膏砂浆（20 mm 厚）
	14-6	在矩形混凝土柱、梁抹石膏砂浆（20 mm 厚）
	14-7	在多边形、圆形混凝土柱、梁抹石膏砂浆（20 mm 厚）
水泥砂浆　墙面	14-8	在砖墙外墙涂抹水泥砂浆
	14-9	在砖墙内墙涂抹水泥砂浆
	14-10	在混凝土墙外墙涂抹水泥砂浆
	14-11	在混凝土墙内墙涂抹水泥砂浆

续表

分项工程	定额编号	定额名称
水刷石	14-61	在墙面、墙裙涂抹水刷石
	14-62	在柱、梁面涂抹水刷石
	14-63	在挑檐、天沟、腰线、栏杆、扶手涂抹水刷石
干粘石	14-67	在墙面涂抹干粘石
	14-68	在柱、梁面涂抹干粘石
斩假石	14-73	在砖、混凝土墙面涂抹斩假石
	14-74	在柱、梁墙面涂抹斩假石
瓷砖的砂浆粘贴	14-80	在墙面涂抹砂浆粘贴
	14-81	在柱、梁、零星面用砂浆粘贴
	14-82	在墙面用砂浆粘贴
	14-83	在柱、梁、零星面用砂浆粘贴
	14-84	在墙面用砂浆粘贴
	14-85	在柱、梁、零星面用砂浆粘贴
瓷砖的干粉型胶粘剂粘贴	14-86	在墙面用干粉型胶粘剂粘贴
	14-87	在柱、梁、零星面用干粉型胶粘剂粘贴
	14-88	在墙面用干粉型胶粘剂粘贴
	14-89	在柱、梁、零星面用干粉型胶粘剂粘贴
陶瓷马赛克的砂浆粘贴	14-101	在墙面使用马赛克（砂浆粘贴）
	14-102	在柱、梁面使用马赛克（砂浆粘贴）
	14-103	在零星项目使用马赛克（砂浆粘贴）
石膏块料面板水泥砂浆粘贴石材块料面板	14-118	在混凝土墙面使用水泥砂浆粘贴石材块料面板
	14-119	在零星项目中使用水泥砂浆粘贴石材块料面板
石膏块料面板干粉型粘贴石材块料面板	14-120	在墙面使用干粉型粘贴石材块料面板
	14-121	在零星项目中使用干粉型粘贴石材块料面板
石膏块料面板挂贴石材块料面板灌缝砂浆	14-122	在砖墙挂贴石材块料面板灌缝砂浆 50 mm 厚
	14-123	在混凝土墙挂贴石材块料面板灌缝砂浆 50 mm 厚
墙面、梁柱面木龙骨骨架（木龙骨基层）	14-168	在墙面安装木龙骨基层
	14-169	在方形柱梁面安装木龙骨基层
	14-170	在圆形柱梁面安装木龙骨基层
	14-171	在方形包圆形面使用木龙骨基层
	14-175	在柱帽、柱脚方柱（包圆形面）使用木龙骨基层
墙面、梁柱面木龙骨骨架（隔断木龙骨）	14-176	断面为 40 mm×50 mm 的隔断木龙骨
	14-177	断面为 40 mm×50 mm 的隔断木龙骨

续表

分项工程	定额编号	定额名称
墙面、梁柱面木龙骨骨架（隔断木龙骨）	14-178	断面为 50 mm×70 mm 的隔断木龙骨
	14-179	断面为 50 mm×70 mm 的隔断木龙骨
金属龙骨隔墙轻钢龙骨	14-180	隔墙轻钢龙骨
金属龙骨墙卡式轻钢龙骨	14-181	附墙卡式轻钢龙骨
金属龙骨铝合金龙骨	14-182	铝合金龙骨
墙、柱梁面夹板基层墙面细木工板基层	14-184	墙面细木工板基层钉在木楔上
	14-185	墙面细木工板基层钉在龙骨上
墙、柱梁面夹板基层柱、梁面细木工板基层	14-186	梁、柱面细木工板基层钉在木楔上
	14-287	梁、柱面细木工板基层钉在龙骨上
墙、柱、梁面各种面层胶合板面钉在木龙骨或夹板上	14-189	墙面胶合板面钉在木龙骨或夹板上
	14-190	梁、柱胶合板面钉在木龙骨或夹板上
	14-191	圆柱胶合板面钉在木龙骨或夹板上
	14-192	柱帽、柱脚及其他胶合面板钉在木龙骨或夹板上
墙、柱、梁各种面层木质切片板粘贴在夹板基层上	14-193	墙面木制切片板粘贴在夹板基层上
	14-194	梁、柱胶合板面钉在木龙骨或夹板上
	14-195	圆柱胶合板面钉在木龙骨或夹板上
	14-196	柱帽、柱脚及其他胶合面板钉在木龙骨或夹板上
墙、柱、梁各种面层成品多层木质饰面板	14-197	成品多层木制饰面板安装墙面
墙、柱、梁各种面层成品多层复合装饰面板	14-198	成品多层复合装饰面板安装墙面
墙、柱、梁各种面层不锈钢镜面板	14-199	墙面不锈钢镜面板
	14-200	梁、柱不锈钢镜面板
	14-201	圆柱不锈钢镜面板
	14-202	柱帽、柱脚及其他不锈钢镜面板
墙、柱、梁各种面层粘贴在夹板基层上	14-203	装饰板粘贴在夹板基层上
	14-204	铝塑板粘贴在夹板基层上
墙、柱、梁各种面层粘贴切片皮	14-205	粘贴切片皮

（3）《江苏省建筑与装饰工程计价定额》（2014）中墙柱面工程计价定额子目节选见表 3-3 ～表 3-11。

表 3-3　石膏砂浆（一）

工作内容：1. 清理、修补、湿润基层表面、调运砂浆、清扫落地灰。
　　　　　2. 抹灰找平、洒水湿润、罩面压光。

计量单位：10 m^2

定额编号					14-1		14-2		14-3	
项目			单位	单价	内墙面					
					砖墙基层		混凝土墙基层		加气混凝土墙轻质板墙	
					石膏砂浆 20 mm 厚					
					数量	合计	数量	合计	数量	合计
综合单价			元		270.42		248.19		248.32	
其中	人工费		元		119.72		119.72		119.72	
	材料费		元		100.01		78.97		79.10	
	机械费		元		4.66		3.80		3.80	
	管理费		元		31.10		30.88		30.88	
	利润		元		14.93		14.82		14.82	
二类工			工日	82.00	1.46	119.72	1.46	119.72	1.46	119.72
材料	80011117	石膏砂浆干粉	t	410.00	0.242	99.22	0.191	78.31	0.191	78.31
	31150101	水	m^3	4.70	0.169	0.79	0.141	0.66	0.168	0.79
机械	99050503	灰浆搅拌机 拌筒容量 200 L	台班	122.64	0.038	4.66	0.031	3.80	0.031	3.80

注：厚度不同，材料按比例调整，其他不变。

表 3–3　石膏砂浆（二）

工作内容：1．清理、修补、湿润基层表面、调运砂浆、清扫落地灰。
　　　　　2．抹灰找平、洒水湿润、罩面压光。

计量单位：10 m^2

定额编号					14–4		14–5		14–6		14–7	
项目			单位	单价	柱、梁面							
					砖柱				混凝土柱、梁			
					矩形		多边形、圆形		矩形		多边形、圆形	
					石膏砂浆 20 mm 厚							
					数量	合计	数量	合计	数量	合计	数量	合计
综合单价				元	346.29		419.31		325.32		398.35	
其中	人工费			元	168.92		222.22		168.92		222.22	
	材料费			元	86.81		86.81		70.72		70.72	
	机械费			元	20.48		20.48		16.92		16.92	
	管理费			元	47.35		60.68		46.46		59.79	
	利润			元	22.73		29.12		22.30		28.70	
二类工			工日	82.00	2.06	168.92	2.71	222.22	2.06	168.92	2.71	222.22
材料	80011117	石膏砂浆干粉	t	410.00	0.21	86.10	0.21	86.10	0.171	70.11	0.171	70.11
	31150101	水	m^3	4.70	0.152	0.71	0.152	0.71	0.13	0.61	0.13	0.61
机械	99050503	灰浆搅拌机 拌筒容量 200 L	台班	122.64	0.167	20.48	0.167	20.48	0.138	16.92	0.138	16.92
注：同前。												

表 3-4 水泥砂浆（一）

工作内容：1. 清理、修补、湿润基层表面、调运砂浆、清扫落地灰。
2. 刷浆、抹灰找平、洒水湿润、罩面压光。

计量单位：10 m^2

定额编号					14-8		14-9		14-10		14-11	
项目			单位	单价	抹水泥砂浆							
					砖墙外墙		砖墙内墙		混凝土墙外墙		混凝土墙内墙	
					数量	合计	数量	合计	数量	合计	数量	合计
综合单价				元	254.64		226.13		268.38		239.86	
其中	人工费			元	136.12		119.72		145.96		129.56	
	材料费			元	60.43		54.72		60.85		55.14	
	机械费			元	5.64		5.40		5.32		5.27	
	管理费			元	35.44		31.28		37.87		33.71	
	利润			元	17.01		15.01		18.18		16.18	
二类工			工日	82.00	1.66	136.12	1.46	119.72	1.78	145.96	1.58	129.56
材料	80010124	水泥砂浆 1 ∶ 2.5	m^3	265.07	0.086	22.80	0.082	21.74	0.086	22.80	0.082	21.74
	80010125	水泥砂浆 1 ∶ 3	m^3	239.65	0.142	34.03	0.136	32.59	0.135	32.35	0.129	30.91
	80110313	901 胶素水泥浆	m^3	525.21					0.004	2.10	0.004	2.10
	05030600	普通木成材	m^3	1 600.00	0.002	3.20			0.002	3.20		
	31150101	水	m^3	4.70	0.086	0.40	0.084	0.39	0.085	0.40	0.083	0.39
机械	99050503	灰浆搅拌机 拌筒容量 200 L	台班	122.64	0.046	5.64	0.044	5.40	0.045	5.52	0.043	5.27

注：同前。

表 3-4　水泥砂浆（二）

工作内容：1. 清理、修补、湿润基层表面、调运砂浆、清扫落地灰。
2. 刷浆、抹灰找平、洒水湿润、罩面压光。

计量单位：10 m^2

定额编号					14–20		14–21		14–22		14–23	
项目			单位	单价	柱、梁面抹水泥砂浆							
					砖柱多边形、圆形		砖柱矩形		混凝土柱、梁多边形、圆形		混凝土柱、梁矩形	
					数量	合计	数量	合计	数量	合计	数量	合计
综合单价				元	369.64		296.62		382.25		311.48	
其中	人工费			元	222.22		168.92		231.24		179.58	
	材料费			元	57.47		57.47		57.89		57.89	
	机械费			元	5.64		5.64		5.52		5.52	
	管理费			元	56.97		43.64		59.19		46.28	
	利润			元	27.34		20.95		28.41		22.21	
二类工			工日	82.00	2.71	222.22	2.06	168.92	2.82	231.24	2.19	179.58
材料	80010124	水泥砂浆 1 ： 2.5	m^3	265.07	0.086	22.80	0.086	22.80	0.086	22.80	0.082	22.80
	80010125	水泥砂浆 1 ： 3	m^3	239.65	0.143	34.27	0.143	34.27	0.136	32.59	0.136	32.59
	80110313	901 胶素水泥浆	m^3	525.21					0.004	2.10	0.004	2.10
	31150101	水	m^3	4.70	0.086	0.40	0.086	0.40	0.085	0.40	0.085	0.40
机械	99050503	灰浆搅拌机 拌筒容量 200 L	台班	122.64	0.046	5.64	0.046	5.64	0.045	5.52	0.045	5.52

表 3–5 瓷砖（一）

工作内容：1. 清理修补基层表面、打底抹灰、砂浆找平。
2. 送料、抹结合层、排版、切割、贴砖、擦缝、清洁面层。

计量单位：10 m^2

定额编号					14–80		14–81	
项目			单位	单价	单块面积 0.06 m^2 以内墙砖			
					砂浆粘贴			
					墙面		柱、梁、零星面	
					数量	合计	数量	合计
综合单价				元	2 621.93		2 807.09	
其中	人工费			元	373.15		472.60	
	材料费			元	2101.66		2150.47	
	机械费			元	6.61		6.69	
	管理费			元	94.94		119.82	
	利润			元	45.57		57.51	
一类工			工日	85.00	4.39	373.15	5.56	472.60
材料	06612143	墙面砖 200 mm×300 mm	m^2	200.00	10.25	2 050.00	10.50	2 100.00
	80050126	混合砂浆 1 ∶ 0.1 ∶ 2.5	m^3	261.36	0.061	15.94	0.061	15.94
	80010125	水泥砂浆 1 ∶ 3	m^3	239.65	0.136	32.59	0.13	31.15
	80110313	901 胶素水泥浆	m^3	525.21	0.002	1.05	0.002	1.05
	80110303	素水泥浆	m^3	472.71	（0.051）	（24.11）	（0.054）	（25.53）
	04010701	白水泥	kg	0.70	1.50	1.05	1.65	1.16
	31110301	棉纱头	kg	6.50	0.10	0.65	0.10	0.65
	31150101	水	m^3	4.70	0.081	0.38	0.11	0.52
机械	99050503	灰浆搅拌机 拌筒容量 200 L	台班	122.64	0.04	4.91	0.039	4.78
	99230127	石料切割机	台班	14.69	0.116	1.70	0.13	1.91

注：1. 墙面砖规格与定额不同，其数量、单价均应换算。
2. 贴面砂浆用素水泥浆，基价中应扣除混合砂浆、增加括号内的价格。

表 3-5 瓷硅（二）

工作内容：同前。　　　　计量单位：10 m^2

定额编号					14-82		14-83		14-84		14-85	
项目			单位	单价	单块面积 0.18 m^2 以内墙砖				单块面积 0.18 m^2 以上墙砖			
					砂浆粘贴							
					墙面		柱、梁、零星面		墙面		柱、梁、零星面	
					数量	合计	数量	合计	数量	合计	数量	合计
综合单价				元	3 185.90		3 397.57		3 423.48		3 520.04	
其中	人工费			元	410.55		520.20		509.15		532.95	
	材料费			元	2 614.16		2 675.47		2 716.66		2 780.47	
	机械费			元	6.78		6.88		6.78		6.88	
	管理费			元	104.33		131.77		128.98		134.96	
	利润			元	50.08		63.25		61.91		64.78	
一类工			工日	85.00	4.83	410.55	6.12	520.20	5.99	509.15	6.27	532.95
材料	06612145	墙面砖 300 mm×450 mm	m^2	250.00	10.25	2 562.50	10.50	2 625.00				
	06612147	墙面砖 300 mm×600 mm	m^2	260.00					10.25	2 665.00	10.50	2 730.00
	80050126	混合砂浆 1 ： 0.1 ： 2.5	m^3	261.36	0.061	15.94	0.061	15.94	0.061	15.94	0.061	15.94
	80010125	水泥砂浆 1 ： 3	m^3	239.65	0.136	32.59	0.13	31.15	0.136	32.59	0.13	31.15
	80110303	素水泥浆	m^3	472.71	（0.051）	（24.11）	（0.054）	（25.53）	（0.051）	（24.11）	（0.054）	（25.53）
	80110313	901 胶素水泥浆	m^3	525.21	0.002	1.05	0.002	1.05	0.002	1.05	0.002	1.05
	04010701	白水泥	kg	0.70	1.50	1.05	1.65	1.16	1.50	1.05	1.65	1.16
	31110301	棉纱头	kg	6.50	0.10	0.65	0.10	0.65	0.10	0.65	0.10	0.65
	31150101	水	m^3	4.70	0.081	0.38	0.11	0.52	0.081	0.38	0.11	0.52
机械	99050503	灰浆搅拌机 拌筒容量 200 L	台班	122.64	0.04	4.91	0.039	4.78	0.04	4.91	0.039	4.78
	99230127	石料切割机	台班	14.69	0.1276	1.87	0.143	2.10	0.1276	1.87	0.143	2.10

注：同前。

表 3–5　瓷硅（三）

工作内容：同前。

计量单位：10 m^2

<table>
<tr><td colspan="3">定额编号</td><td></td><td></td><td colspan="2">14–86</td><td colspan="2">14–87</td><td colspan="2">14–88</td><td colspan="2">14–89</td></tr>
<tr><td colspan="3" rowspan="4">项目</td><td rowspan="4">单位</td><td rowspan="4">单价</td><td colspan="4">单块面积 0.06 m^2 以内墙砖</td><td colspan="4">单块面积 0.18 m^2 以内墙砖</td></tr>
<tr><td colspan="8">干粉型胶粘剂粘贴</td></tr>
<tr><td colspan="2">墙面</td><td colspan="2">柱、梁、零星面</td><td colspan="2">墙面</td><td colspan="2">柱、梁、零星面</td></tr>
<tr><td>数量</td><td>合计</td><td>数量</td><td>合计</td><td>数量</td><td>合计</td><td>数量</td><td>合计</td></tr>
<tr><td colspan="3">综合单价</td><td colspan="2">元</td><td colspan="2">2 883.48</td><td colspan="2">3 091.39</td><td colspan="2">3 426.11</td><td colspan="2">3 650.39</td></tr>
<tr><td rowspan="5">其中</td><td colspan="2">人工费</td><td colspan="2">元</td><td colspan="2">419.90</td><td colspan="2">521.05</td><td colspan="2">441.15</td><td colspan="2">547.40</td></tr>
<tr><td colspan="2">材料费</td><td colspan="2">元</td><td colspan="2">2 299.16</td><td colspan="2">2 368.21</td><td colspan="2">2 812.45</td><td colspan="2">2 891.03</td></tr>
<tr><td colspan="2">机械费</td><td colspan="2">元</td><td colspan="2">6.61</td><td colspan="2">6.82</td><td colspan="2">6.78</td><td colspan="2">6.88</td></tr>
<tr><td colspan="2">管理费</td><td colspan="2">元</td><td colspan="2">106.63</td><td colspan="2">131.97</td><td colspan="2">111.98</td><td colspan="2">138.57</td></tr>
<tr><td colspan="2">利润</td><td colspan="2">元</td><td colspan="2">51.18</td><td colspan="2">63.34</td><td colspan="2">53.75</td><td colspan="2">66.51</td></tr>
<tr><td colspan="3">一类工</td><td>工日</td><td>85.00</td><td>4.94</td><td>419.90</td><td>6.13</td><td>521.05</td><td>5.19</td><td>441.15</td><td>6.44</td><td>547.40</td></tr>
<tr><td rowspan="9">材料</td><td>06612145</td><td>墙面砖 300 mm×450 mm</td><td>m^2</td><td>250.00</td><td></td><td></td><td></td><td></td><td>10.25</td><td>2 562.50</td><td>10.50</td><td>2 625.00</td></tr>
<tr><td>80010125</td><td>水泥砂浆 1 ： 3</td><td>m^3</td><td>239.65</td><td>0.133</td><td>31.87</td><td>0.139</td><td>33.31</td><td>0.136</td><td>32.59</td><td>0.13</td><td>31.15</td></tr>
<tr><td>06612143</td><td>墙面砖 200 mm×300 mm</td><td>m^2</td><td>200.00</td><td>10.25</td><td>2 050.00</td><td>10.50</td><td>2 100.00</td><td></td><td></td><td></td><td></td></tr>
<tr><td>80110303</td><td>素水泥浆</td><td>m^3</td><td>472.71</td><td>0.01</td><td>4.73</td><td>0.011</td><td>5.20</td><td>0.01</td><td>4.73</td><td>0.011</td><td>5.20</td></tr>
<tr><td>04010701</td><td>白水泥</td><td>kg</td><td>0.70</td><td>1.50</td><td>1.05</td><td>1.65</td><td>1.16</td><td>1.50</td><td>1.05</td><td>1.65</td><td>1.16</td></tr>
<tr><td>12410163</td><td>干粉型胶粘剂</td><td>kg</td><td>5.00</td><td>42.00</td><td>210.00</td><td>45.36</td><td>226.80</td><td>42.00</td><td>210.00</td><td>45.36</td><td>226.80</td></tr>
<tr><td>12413518</td><td>901 胶</td><td>kg</td><td>2.50</td><td>0.221</td><td>0.55</td><td>0.24</td><td>0.60</td><td>0.221</td><td>0.55</td><td>0.221</td><td>0.55</td></tr>
<tr><td>31110301</td><td>棉纱头</td><td>kg</td><td>6.50</td><td>0.10</td><td>0.65</td><td>0.108</td><td>0.70</td><td>0.10</td><td>0.65</td><td>0.10</td><td>0.65</td></tr>
<tr><td>31150101</td><td>水</td><td>m^3</td><td>4.70</td><td>0.067</td><td>0.31</td><td>0.094</td><td>0.44</td><td>0.081</td><td>0.38</td><td>0.11</td><td>0.52</td></tr>
<tr><td rowspan="2">机械</td><td>99050503</td><td>灰浆搅拌机 拌筒容量 200 L</td><td>台班</td><td>122.64</td><td>0.04</td><td>4.91</td><td>0.04</td><td>4.91</td><td>0.04</td><td>4.91</td><td>0.039</td><td>4.78</td></tr>
<tr><td>99230127</td><td>石料切割机</td><td>台班</td><td>14.69</td><td>0.116</td><td>1.70</td><td>0.13</td><td>1.91</td><td>0.1276</td><td>1.87</td><td>0.143</td><td>2.10</td></tr>
<tr><td colspan="13">注：墙面砖规格与定额不同，其数量、单价均应换算。</td></tr>
</table>

表 3-6　陶瓷马赛克

工作内容：1. 清理修补基层、刷浆打底、砂浆找平。
2. 选料、抹结合层、排版、裁切、贴砖、擦缝、清洁面层。

计量单位：10 m^2

定额编号					14-101		14-102		14-103	
项目			单位	单价	马赛克（砂浆粘贴）					
					墙面		柱、梁面		零星项目	
					数量	合计	数量	合计	数量	合计
综合单价				元	1 060.76		1 212.18		1 506.30	
其中	人工费			元	516.80		623.90		843.20	
	材料费			元	346.52		351.22		345.41	
	机械费			元	4.54		4.54		4.17	
	管理费			元	130.34		157.11		211.84	
	利润			元	62.56		75.41		101.68	
一类工			工日	85.00	6.08	516.80	7.34	623.90	9.92	843.20
材料	06670100	陶瓷马赛克	m^2	25.00	10.45	261.25	10.50	262.50	10.50	262.50
	80050124	混合砂浆 1 ∶ 1 ∶ 2	m^3	260.42	0.039	10.16	0.041	10.68	0.041	10.68
	80010125	水泥砂浆 1 ∶ 3	m^3	239.65	0.142	34.03	0.142	34.03	0.13	31.15
	80110313	901 胶素水泥浆	m^3	525.21	0.002	1.05	0.004	2.10	0.002	1.05
	80110303	素水泥浆	m^3	472.71	（0.039）	（18.44）	（0.041）	（19.38）	（0.041）	（19.38）
	04010701	白水泥	kg	0.70	2.50	1.75	2.50	1.75	2.50	1.75
	12413518	901 胶	kg	2.50	14.90	37.25	15.65	39.13	14.90	37.25
	31110301	棉纱头	kg	6.50	0.10	0.65	0.10	0.65	0.10	0.65
	31150101	水	m^3	4.70	0.08	0.38	0.08	0.38	0.08	0.38
机械	99050503	灰浆搅拌机 拌筒容量 200 L	台班	122.64	0.037	4.54	0.037	4.54	0.034	4.17

注：如用水泥浆粘贴时，扣除定额中混合砂浆，增加括号内价格。

表 3-7 石材块料面板（一）

工作内容：1. 清理基层、调运砂浆、打底刷浆。
2. 镶贴块料面层、砂浆勾缝（灌缝）。
3. 擦缝、清洁面层、养护。

计量单位：10 m^2

定额编号					14-118		14-119		14-120		14-121	
项目			单位	单价	水泥砂浆粘贴石材块料面板				干粉型粘贴石材块料面板			
					混凝土墙面		零星项目		墙面		零星项目	
					数量	合计	数量	合计	数量	合计	数量	合计
综合单价				元	3 468.57		3 507.39		3 695.36		3 820.22	
其中	人工费			元	552.50		577.15		522.75		578.85	
	材料费			元	2 701.76		2 706.82		2 970.05		3 017.55	
	机械费			元	7.21		7.21		6.67		7.04	
	管理费			元	139.93		146.09		132.36		146.47	
	利润			元	67.17		70.12		63.53		70.31	
一类工			工日	85.00	6.50	552.50	6.79	577.15	6.15	522.75	6.81	578.85
材料	07112130	石材块料面板	m^2	250.00	10.20	2 550.00	10.20	2 550.00	10.20	2 550.00	10.20	2 550.00
	80010124	水泥砂浆 1 ： 2.5	m^3	265.07	0.051	13.52	0.051	13.52				
	80010125	水泥砂浆 1 ： 3	m^3	239.65	0.153	36.67	0.157	37.63	0.133	31.87	0.148	35.47
	80110313	901 胶素水泥浆	m^3	525.21	0.004	2.10	0.002	1.05				
	04010701	白水泥	kg	0.70	1.50	1.05	1.70	1.19	1.50	1.05	1.70	1.19
	12410163	干粉型胶粘剂	kg	5.00					68.25	341.25	75.76	378.80
	03652403	合金钢切割锯片	片	80.00	0.27	21.60	0.27	21.60	0.269	21.52	0.299	23.92
	12410108	胶粘剂 YJ- Ⅲ	kg	11.50	4.20	48.30	4.66	53.59				
	12410161	BJ-302 胶粘剂	kg	8.93	1.58	14.11						
	31110301	棉纱头	kg	6.50	0.10	0.65	0.11	0.72	0.10	0.65	0.111	0.72
	31150101	水	m^3	4.70	0.07	0.33	0.078	0.37	0.059	0.28	0.063	0.30
		其他材料费	元			13.43		27.15		23.43		27.15
机械	99050503	灰浆搅拌机 拌筒容量 200 L	台班	122.64	0.042	5.15	0.042	5.15	0.034	4.17	0.037	4.54
	99230127	石料切割机	台班	14.69	0.14	2.06	0.14	2.06	0.17	2.50	0.17	2.50

表 3-7 石材块料面板（二）

工作内容：1. 清理、修补基层表面、刷浆、安装钢筋网、电焊固定。
2. 选料湿水、钻孔成槽、镶贴面层及阴阳角、穿线固定。
3. 板缝封堵、调运灌砂浆、面层清理、擦缝、养护。

计量单位：10 m^2

定额编号					14-122		14-123	
项目			单位	单价	挂贴石材块料面板灌缝砂浆 50 mm 厚			
					砖墙		混凝土墙	
					数量	合计	数量	合计
综合单价			元		3 639.12		3 712.99	
其中	人工费		元		557.60		570.35	
	材料费		元		2 850.90		2 899.88	
	机械费		元		17.74		23.16	
	管理费		元		143.84		148.38	
	利润		元		69.04		71.22	
一类工			工日	85.00	6.56	557.60	6.71	570.35
材料	07112130	石材块料面板	m^2	250.00	10.20	2 550.00	10.20	2 550.00
	80010124	水泥砂浆 1 ： 2.5	m^3	265.07	0.55	145.79	0.55	145.79
	80110313	901 胶素水泥浆	m^3	525.21			0.004	2.10
	04010701	白水泥	kg	0.70	1.50	1.05	1.50	1.05
	01010100	钢筋 综合	t	4 020.00	0.011	44.22	0.011	44.22
	01430500	铜丝	kg	63.00	0.78	49.14	0.78	49.14
	03070123	膨胀螺栓 M10×110	套	0.80			52.00	41.60
	03652403	合金钢切割锯片	片	80.00	0.42	33.60	0.42	33.60
	03633315	合金钢钻头 一字型	根	8.00			0.66	5.28
	03410205	电焊条 J422	kg	5.80	0.15	0.87	0.15	0.87
	31110301	棉纱头	kg	6.50	0.10	0.65	0.10	0.65
	31150101	水	m^3	4.70	0.14	0.66	0.14	0.66
		其他材料费	元			24.92		24.92
机械	99050503	灰浆搅拌机 拌筒容量 200 L	台班	122.64	0.11	13.49	0.11	13.49
	99230127	石料切割机	台班	14.69	0.17	2.50	0.17	2.50
	99250304	交流弧焊机 容量 30 kV · A	台班	90.97	0.015	1.36	0.015	1.36
	99170307	钢筋调直机 直径 40 mm	台班	33.63	0.005	0.17	0.005	0.17
	99170507	钢筋切断机 直径 40 mm	台班	43.93	0.005	0.22	0.005	0.22
	99192305	电锤 功率 520 W	台班	8.34			0.65	5.42

注：1. 挂贴石材的钢筋应按设计用量加 2% 损耗后进行调整。
2. 铁件制作安装按设计用量另套相应子目。

表 3-8　墙面、梁柱面木龙骨骨架（一）

工作内容：定位、下料、打眼剔洞、埋木砖、安装龙骨、刷防腐油。

计量单位：10 m^2

定额编号					14-168		14-169		14-170		14-171	
项目			单位	单价	木龙骨基层							
					墙面		方形柱梁面		圆形柱梁面		方柱包圆形面	
					数量	合计	数量	合计	数量	合计	数量	合计
综合单价				元	439.87		498.55		552.14		888.21	
其中	人工费			元	181.90		226.95		283.90		358.70	
	材料费			元	180.95		177.63		154.97		392.95	
	机械费			元	7.09		7.30		6.00		2.80	
	管理费			元	47.25		58.56		72.48		90.38	
	利润			元	22.68		28.11		34.79		43.38	
一类工			工日	85.00	2.14	181.90	2.67	226.95	3.34	283.90	4.22	358.70
材料	05030600	普通木成材	m^3	1 600.00	0.111	177.60	0.109	174.40	0.045	72.00	0.197	315.20
	05092103	细木工板 δ18 mm	m^2	38.00					1.23	46.74	1.56	59.28
	03070114	膨胀螺栓 M8×80	套	0.60					55.00	33.00	21.00	12.60
	12060334	防腐油	kg	6.00	0.30	1.80	0.30	1.80	0.30	1.80	0.30	1.80
	03510705	铁钉 70 mm	kg	4.20	0.37	1.55	0.34	1.43	0.34	1.43	0.97	4.07
机械	99192305	电锤 功率 520 W	台班	8.34	0.801	6.68	0.826	6.89	0.691	5.76	0.261	2.18
		其他机械费	元			0.41		0.41		0.24		0.62

注：1．墙面、墙裙木龙骨断面是按 24 mm×30 mm、间距 300 mm×300 mm 考虑的，设计断面、间距与定额不符时，应按比例调整。龙骨与墙面固定不用木砖改用木针时，定额中普通成材应扣除 0.04 m^3/10 m^2。

2．方形柱梁面、圆柱面、方柱包圆形木龙骨断面分别按 24 mm×30 mm、40 mm×45 mm、40 mm×50 mm 考虑的，设计规格与定额不符时，应按比例调整（未设计规格者按定额执行）。

3．定额中墙面、梁柱面木龙骨的损耗率为 5%。

表 3-8 墙面、梁柱面木龙骨骨架（二）

工作内容：同前。

计量单位：10 m²

定额编号					14-175	
项目			单位	单价	木龙骨基层	
					柱帽、柱脚方柱（包圆形面）	
					数量	合计
综合单价				元	852.93	
其中	人工费			元	443.70	
	材料费			元	241.09	
	机械费			元	2.90	
	管理费			元	111.65	
	利润			元	53.59	
一类工			工日	85.00	5.22	443.70
材料	05030600	普通木成材	m^3	1 600.00	0.10	160.00
	05092103	细木工板 δ18 mm	m^2	38.00	1.72	65.36
	03070114	膨胀螺栓 M8×80	套	0.60	20.90	12.54
	03510705	铁钉 70 mm	kg	4.20	0.76	3.19
机械	99210103	木工圆锯机 直径 500 mm	台班	27.63	0.026	0.72
	99192305	电锤 功率 520 W	台班	8.34	0.261	2.18

表 3-8　墙面、梁柱面木龙骨骨架（三）

工作内容：定位、弹线、下料、安装龙骨、刷防腐油。　　　　计量单位：10 m²

定额编号					14-176		14-177		14-178		14-179	
项目			单位	单价	隔断木龙骨							
					断面 40 mm×50 mm				断面 50 mm×70 mm			
					横纵间距 /mm						纵横间距 /mm	
					300		400				600	
					数量	合计	数量	合计	数量	合计	数量	合计
综合单价			元		393.19		314.45		522.39		395.76	
其中	人工费		元		96.05		81.60		137.70		119.85	
	材料费		元		256.18		197.40		328.18		226.20	
	机械费		元		3.96		3.84		4.06		3.92	
	管理费		元		25.00		21.36		35.44		30.94	
	利润		元		12.00		10.25		17.01		14.85	
一类工			工日	85.00	1.13	96.05	0.96	81.60	1.62	137.70	1.41	119.85
材料	05030600	普通木成材	m^3	1 600.00	0.144	230.40	0.108	172.80	0.189	302.40	0.126	201.60
	03070114	膨胀螺栓 M8×80	套	0.60	32.00	19.20	32.00	19.20	32.00	19.20	32.00	19.20
	03510705	铁钉 70 mm	kg	4.20	1.08	4.54	0.80	3.36	1.08	4.54	0.80	3.36
	12060334	防腐油	kg	6.00	0.34	2.04	0.34	2.04	0.34	2.04	0.34	2.04
机械	99192305	电锤 功率 520 W	台班	8.34	0.401	3.34	0.401	3.34	0.401	3.34	0.401	3.34
	99210103	木工圆锯机 直径 500 mm	台班	27.63					0.026	0.72	0.021	0.58
		其他机械费	元			0.62		0.50				

注：木龙骨设计断面、间距与定额不符时，材积应调整。断面按比例调整，调整材积 = 定额间距 / 设计间距 × 定额材积含量。

表 3-9 金属龙骨

工作内容：1. 轻钢龙骨：定位、弹线、下料、安装龙骨、刷防腐油。
2. 铝合金龙骨：定位、弹线、下料、埋螺栓、安装龙骨。

计量单位：10 m²

定额编号					14-180		14-181		14-182	
项目			单位	单价	隔墙轻钢龙骨		附墙卡式轻钢龙骨		铝合金龙骨	
					数量	合计	数量	合计	数量	合计
综合单价				元	651.34		744.96		1 036.62	
其中	人工费			元	77.35		70.55		91.80	
	材料费			元	535.10		638.64		896.62	
	机械费			元	7.50		7.06		10.39	
	管理费			元	21.21		19.40		25.55	
	利润			元	10.18		9.31		12.26	
二类工			工日	85.00	0.91	77.35	0.83	70.55	1.08	91.80
材料	08310141	U 形轻钢龙骨 38 mm×25 mm	m	11.00	14.14	155.54				
	08310144	U 形轻钢龙骨 75 mm×40 mm	m	10.00	27.56	275.60				
	08310142	U 形轻钢龙骨 50 mm×20 mm	m	11.00			37.76	415.36		
	03070114	膨胀螺栓 M8 mm×80 mm	套	0.60	25.00	15.00	25.00	15.00	51.00	30.60
	08310145	U 形轻钢龙骨 75 mm×50 mm	m	11.00	7.07	77.77				
	08310151	卡式轻钢龙骨 25 mm×20 mm	m	9.00			17.88	160.92		
	01530131	铝合金型材 76.3 mm×44.5 mm×1.5 mm	kg	21.50					40.28	866.02
	08310155	边龙骨 30 mm×20 mm	m	9.00			2.55	22.95		
	03512000	射钉	百个	21.00	0.15	3.15	0.15	3.15		
	01270101	型钢	kg	4.08			3.24	13.22		
	02070261	橡皮垫圈	百个	30.00	0.25	7.50	0.25	7.50		
	03010322	铝拉铆钉 LD-1	十个	0.30	1.80	0.54	1.80	0.54		
	99192305	电锤 功率 520 W	台班	8.34	0.311	2.59	0.311	2.59	0.638	5.32
	99230127	石料切割机	台班	14.69	0.3344	4.91	0.304	4.47	0.345	5.07

注：1. 竖龙骨间距按 400 mm，穿芯龙骨间距按 600 mm 考虑，设计间距不同，可换算含量，损耗按 6% 计算。
2. 卡式竖龙骨间距按 300 mm，横向卡式龙骨间距按 600 mm 考虑，设计间距不同，可换算含量，损耗按 6% 计算。
3. 定额中铝合金龙骨每 10 m² 含 40.28 m（包括 7% 损耗在内）考虑，设计规格、间距与定额不符时，应按比例调整，其他不变。

表 3-10　墙、柱梁面夹板基层

工作内容：定位、打眼剔洞、埋木楔、安装多层夹板、刷防腐油。

计量单位：10 m²

定额编号					14-184		14-185		14-186		14-187	
项目			单位	单价	墙面细木工板基层				柱、梁面细木工板基层			
					钉在木楔上		钉在龙骨上		钉在木楔上		钉在龙骨上	
					数量	合计	数量	合计	数量	合计	数量	合计
综合单价				元	742.80		539.94		801.59		554.78	
其中	人工费			元	164.05		101.15		204.00		110.50	
	材料费			元	508.33		401.03		512.03		402.83	
	机械费			元	7.09		0.24		7.36		0.41	
	管理费			元	42.79		25.35		52.84		27.73	
	利润			元	20.54		12.17		25.36		13.31	
一类工			工日	85.00	1.93	164.05	1.19	101.15	2.40	204.00	1.30	110.50
材料	32090101	周转木材	m^3	1 850.00	0.058	107.30			0.06	111.00		
	05092103	细木工板 δ18 mm	m^2	38.00	10.50	399.00	10.50	399.00	10.50	399.00	10.50	399.00
	12060334	防腐油	kg	6.00							0.30	1.80
	03510705	铁钉 70 mm	kg	4.20	0.34	1.43	0.34	1.43	0.34	1.43	0.34	1.43
		其他材料费	元			0.60		0.60		0.60		0.60
机械	99192305	电锤 功率 520 W	台班	8.34	0.801	6.68			0.826	6.89		
	99210103	木工圆锯机 直径 500 mm	台班	27.63					0.017	0.47		
		其他机械费	元			0.41		0.24				0.41

注：1. 在基层板上再做一层凸面夹板时，每 10 m² 另加夹板 10.5 m²、人工 1.90 工日，工程量按设计层数及设计面积计算。
2. 设计采用基层板，材料不同可换算。
3. 定额按钉在木龙骨上，设计钉在钢龙骨上，铁钉与自攻螺钉替换，人工乘以系数 1.05。

表 3-11 墙、柱梁面各种面层（一）

工作内容：清理基层、下料、刷胶、粘贴、铺钉面层、清理净面。

计量单位：10 m^2

定额编号					14-189		14-190		14-191		14-192	
项目			单位	单价	胶合板面钉在木龙骨或夹板上							
					墙面		柱、梁		圆柱		柱帽、柱脚及其他	
					数量	合计	数量	合计	数量	合计	数量	合计
综合单价				元	228.58		254.38		284.65		339.56	
其中	人工费			元	73.10		87.55		109.65		145.35	
	材料费			元	128.43		134.43		134.43		140.43	
	机械费			元	—		—		—		—	
	管理费			元	18.28		21.89		27.41		36.34	
	利润			元	8.77		10.51		13.16		17.44	
一类工			工日	85.00	0.86	73.10	1.03	87.55	1.29	109.65	1.71	145.35
材料	05050107	胶合板 2 440 mm×1 220 mm×3 mm	m^2	12.00	10.50	126.00	11.00	132.00	11.00	132.00	11.50	138.00
	12413544	聚醋酸乙烯乳液	kg	5.00	0.31	1.55	0.31	1.55	0.31	1.55	0.31	1.55
	03510705	铁钉 70 mm	kg	4.20	0.21	0.88	0.21	0.88	0.21	0.88	0.21	0.88

注：1. 设计采用胶合板不同材料可换算。
2. 在有凹凸基层夹板上钉（贴）胶合板面层，按相应子目执行，每 10 m^2 人工乘以系数 1.30、胶合板用量改为 11.00 m^2。

表 3-11　墙、柱梁面各种面层（二）

工作内容：同前　　　　　　　　　　　　　　　　　　　　计量单位：10 m^2

定额编号					14-193		14-194		14-195		14-196	
项目			单位	单价	木质切片板粘贴在夹板基层上							
					墙面		柱、梁		圆柱		柱帽、柱脚及其他	
					数量	合计	数量	合计	数量	合计	数量	合计
综合单价				元	418.74		458.02		477.82		496.13	
其中	人工费			元	102.00		124.10		138.55		145.35	
	材料费			元	279.00		288.00		288.00		297.00	
	机械费			元	—		—		—		—	
	管理费			元	25.50		31.03		34.64		36.34	
	利润			元	12.24		14.89		16.63		17.44	
一类工			工日	85.00	1.20	102.00	1.46	124.10	1.63	138.55	1.71	145.35
材料	05150102	普通切片板	m^2	18.00	10.50	189.00	11.00	198.00	11.00	198.00	11.50	207.00
	12413535	万能胶	kg	20.00	4.5	90.00	4.50	90.00	4.50	90.00	4.50	90.00

3.2.4 任务练习

学生工作页

项目名称	墙、柱面装饰工程		
课题名称	墙、柱面工程计量与计价基础知识		
学生姓名		所在班级	
所学专业		完成任务时间	
指导老师		任务完成日期	

一、任务描述

1. 复习墙、柱面装饰工程的计量规则。
2. 复习墙、柱面装饰工程的计价基本规定。
3. 理解墙、柱面装饰工程常用的计价定额子目中各部分含义。

二、任务解答

1．不定项选择题

（1）外墙、内墙抹灰的计算长度（　　）计算。

A．外墙按中心线，内墙按净长线

B．内墙按中心线，外墙按净长线

C．内、外墙按净长线

D．内、外墙按轴线

（2）下列按设计图示尺寸以延长米计算的是（　　）。

A．装饰线条抹灰

B．装饰抹灰分格嵌条

C．踢脚线

D．挂镜线

（3）柱面镶贴块料工程量按设计图示以（　　）计算。

A．柱体积

B．柱结构周长 × 高度

C．饰面外围尺寸 × 高度

D．长度

2．解释内墙面抹灰按规定应扣除哪些？

3．女儿墙内侧抹灰、镶贴块料面层时，定额对其有何规定？

4．墙饰面的龙骨、基层、面层工程量如何计算？

三、体会与总结

四、指导老师评价意见

指导老师签字：

日期：

任务 3.3　墙、柱面工程计量与计价案例

3.3.1　任务一

1. 任务要求

图 3–7、图 3–8 所示为某高校实习工厂平面图和立面示意，内墙面及独立柱：底层为现拌 1 ： 3 水泥砂浆，面层为 1 ： 2.5 水泥砂浆抹灰，腻子刮平、乳胶漆三遍；外墙弹性涂料两遍。外墙上 C–1 ： 1 500 mm×2 100 mm，C–2：2 400 mm×2 100 mm，均为铝合金双扇推拉窗（型材为 60 系列，框宽为 60 mm），M–1：1 500 mm×3 100 mm，M–2：1 000 mm×3 100 mm，铝合金平开门（型材框宽为 60 mm，居中立樘）。试计算墙柱面装饰工程量及分部分项工程费（本任务人工、材料、机械均按《江苏省建筑与装饰工程计价定额》中的价格，管理费费率和利润费率按营改增之前单独装饰工程的规定取 42%、15%）。

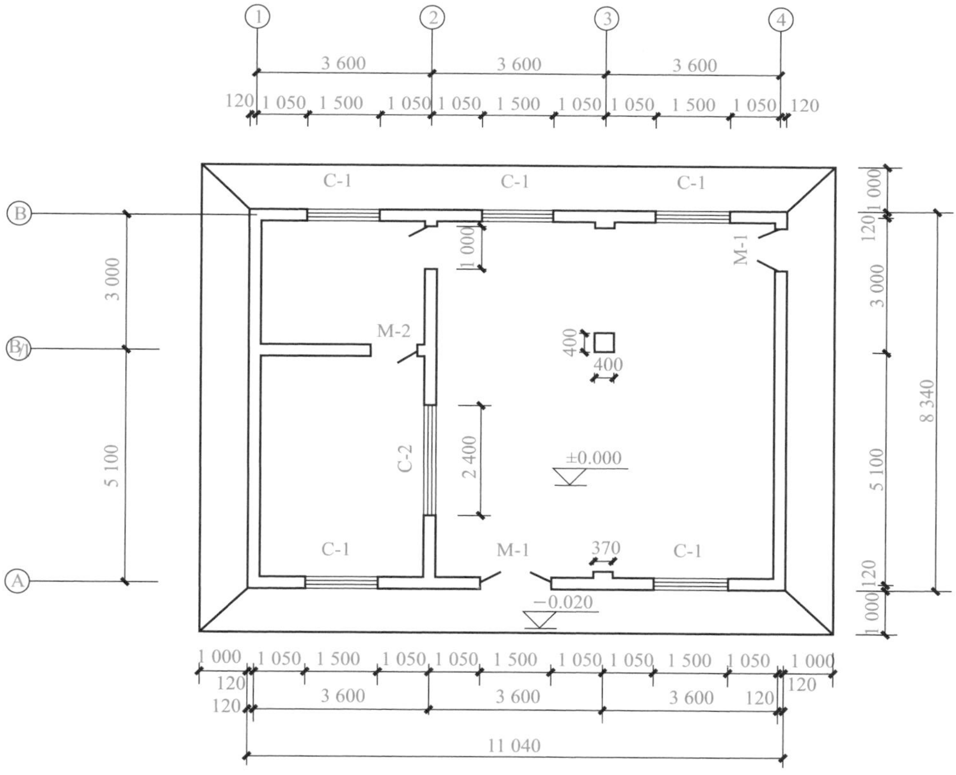

图 3–7　某高校实习工厂平面图

2. 任务解决

（1）内墙抹灰。

①确定内墙抹灰应执行的定额子目。内墙抹灰执行定额 14–9 砖墙内墙抹水泥砂浆项目。

②计算内墙抹灰工程量。根据本定额“墙、柱面装饰工程”工程量计算规则，内墙抹灰按设计图示尺寸以面积计算，扣除墙裙、门窗洞口和单个面积＞ 0.3 m^2 的空圈所占面积，

读书笔记

不扣除踢脚线、挂镜线及单个面积≤0.3 m^{2}孔洞所占面积和墙与构件交接处的面积。门窗洞口、空圈、孔洞的侧壁及顶面不增加面积，附墙柱侧面抹灰并入相应的墙面面积内。

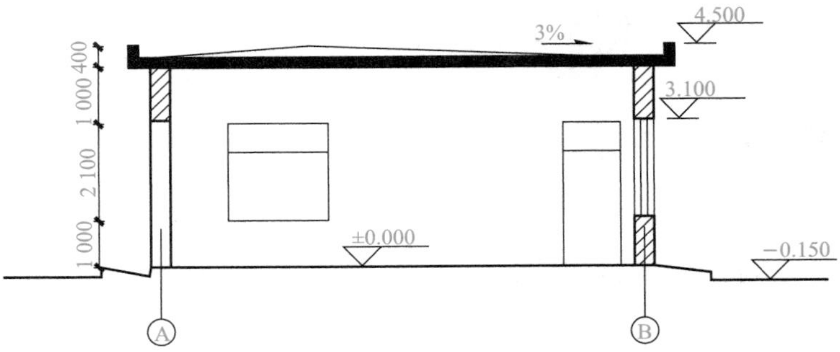

图 3-8　某高校实习工厂立面示意图

③工程量计算。

内墙净长线长 =（8.10−0.24+7.20−0.24+3.00−0.24+3.60−0.24+5.10−0.24+3.60−0.24）×2

=58.32（m）

内墙面积：

S_1=58.32×4.10=239.11（m^2）

门窗洞口面积：S_2=1.50×2.10×5+2.40×2.10×2+1.50×3.10×2+1.00×3.10×2×2

=47.53（m^2）

附墙垛两侧面积：

S_3=0.24×4.10×4=3.94（m^2）

内墙面抹灰总计 $S=S_1-S_2+S_3$=239.11−47.53+3.94 =195.52（m^2）

④分项工程费计算。

查找定额子目 14-9“砖墙内墙抹水泥砂浆”。

人工费 =119.72 元 /（10 m^2）

材料费 =54.72 元 /（10 m^2）

机械费 =5.40 元 /（10 m^2）

管理费 =（119.72+5.40）×42%=52.55［元 /（10 m^2）］

利润 =（119.72+5.40）×15%=18.77［元 /（10 m^2）］

基价 =119.72+54.72+5.40+52.55+18.77=251.16［元 /（10 m^2）］

（2）独立柱抹灰。

①确定独立柱抹灰执行的定额子目。独立柱抹灰执行定额 14-21 砖柱矩形柱、梁面抹水泥砂浆项目。

②计算独立柱抹灰工程量。根据本定额“墙、柱面装饰工程”工程量计算规则，独立柱抹灰应按结构断面周长乘以抹灰高度计算。

独立柱抹灰面积 S=4.10×0.40×4=6.56（m^2）

③分项工程费计算。查定额子目 14-21“砖柱矩形柱、梁面抹水泥砂浆”。

人工费 =168.92 元 /（10 m^2）

材料费 =57.47 元 /（10 m^2）

机械费 =5.64 元 /（10 m^2）

管理费 =（168.92+5.64）×42%=73.32［元 /（10 m^2）］

利润 =（168.92+5.64）×15%=26.18［元 /（10 m^2）］

基价 =168.92+57.47+5.64+73.32+26.18=331.53［元 /（10 m^2）］

（3）内墙刮腻子。

①确定内墙刮腻子应执行的定额子目。内墙刮腻子执行定额子目 17-180“内墙面在刮糙面上，901 胶混合腻子，乳胶漆三遍”（该定额详见项目 6 涂饰、裱糊装饰工程中定额节选）。

②计算内墙刮腻子工程量。根据定额“墙、柱面装饰工程”工程量计算规则，内墙刮腻子应扣除门窗洞口面积，应增加洞口的侧壁和顶面面积。

门洞口侧壁和顶面面积：S_4=［（3.10×2+1.50）×2+（3.10×2+1.0）×4］×（0.24-0.06）÷2=3.98（m^2）

窗洞口侧壁和顶面面积：S_5=［（2.10×2+1.50）×5+（2.10×2+2.40）×2］×（0.24-0.06）÷2=3.75（m^2）

腻子工程量：

S=195.52＜详见内墙面抹灰工程量计算＞+3.98+3.75=203.25（m^2）

③分项工程费计算。查定额子目 17-180“内墙面在刮糙面上 901 胶混合腻子，乳胶漆三遍”，其中：

人工费 =140.25［元 /（10 m^2）］

材料费 =79.90［元 /（10 m^2）］

管理费 =140.25×42%=58.91［元 /（10 m^2）］

利润 =140.25×15%=21.04［元 /（10 m^2）］

基价 =140.25+79.90+58.91+21.04=300.1［元 /（10 m^2）］

（4）外墙涂料。

①确定外墙涂料应执行的定额子目。外墙涂料执行定额子目 17-197“外墙弹性涂料两遍”（该定额详见项目 6 涂饰、裱糊装饰工程中定额节选）。

②计算外墙涂料工程量。根据本定额“墙柱面装饰工程”工程量计算规则，抹灰面油漆、涂料（另做说明的除外）按设计图示尺寸以面积计算。

$L_{外}$=（11.04+8.34）×2=38.76（m）

外墙面积 S_1=38.76×（4.50+0.15）=180.23（m^2）

门窗洞口面积 S_2=1.50×2.10×5+1.50×3.10×2=25.05（m^2）

窗洞口侧壁和顶面 S_3=（2.10×2+1.50）×5×（0.24-0.06）÷2=2.57（m^2）

门洞口侧壁和顶面 S_4=（3.10×2+1.50）×2×（0.24-0.06）÷2=1.39（m^2）

外墙涂料面积 $S=S_1-S_2+S_3$=180.23-25.05+2.57+1.39=159.14（m^2）

③分项工程费计算。查找定额子目 17-197“外墙弹性涂料两遍”，其中：

人工费 =76.50 元 /（10 m^2）

材料费 =259.01 元 /（10 m^2）

管理费 =76.50×42%=32.13［元 /（10 m^2）］

读书笔记

利润 =76.50×15%=11.48［元 /（10 m^2）］

基价 =76.50+259.01+32.13+11.48=379.12［元 /（10 m^2）］

工程预算表见表 3-12。

表 3-12　工程预算表

序号	定额号	工程项目名称	单位	工程量	综合单价 / 元	合价 / 元
1	14-9	砖墙内墙抹水泥砂浆	10 m^2	19.55	251.16	4 910.18
2	14-21	砖柱矩形柱、梁面抹水泥砂浆	10 m^2	0.66	331.53	218.81
3	17-180	内墙面在刮糙面上，901 胶混合腻子，乳胶漆三遍	10 m^2	20.33	300.1	6 101.03
4	17-197	外墙弹性涂料两遍	10 m^2	15.91	379.12	6 031.8
合计						17 261.82

3.3.2　任务二

1. 任务要求

某单层职工食堂，天棚轻钢龙骨纸面石膏板吊顶，吊顶标高为 3.8m。室内主墙间（无内隔墙）的净尺寸为 35.76 m×20.76 m，外墙墙厚为 240 mm，外墙上设有 1 500 mm×2 700 mm 铝合金双扇地弹门 2 樘（型材框宽为 101.6 mm，居中立樘），1 800 mm×2 700 mm 铝合金双扇推拉窗 14 樘（型材为 60 系列，框宽为 60 mm），设置大理石窗台板，外墙内壁需贴 300 mm×450 mm 瓷砖，试计算外墙内壁贴块料的工程量及计算综合价［本任务人工、材料、机械均按《江苏省建筑与装饰工程计价定额》（2014）中的价格，管理费费率和利润费率按营改增之前单独装饰工程的规定取 42%、15%］。

2. 任务解决

（1）确定定额子目。外墙内壁贴 300 mm×450 mm 瓷砖，执行定额子目 14-88“干粉型胶粘剂贴瓷砖（单块面积 0.18 m^2 以内墙砖）”。

（2）计算工程量。根据本定额“墙柱面装饰工程”工程量计算规则，墙面镶贴块料面层按设计图示尺寸以镶贴表面面积计算。

外墙内壁面积 S_1=（35.76+20.76）×2×3.8=429.55（m^2）

门洞口面积 S_2=1.50×2.70×2=8.10（m^2）

窗洞口面积 S_3=1.80×2.70×14=68.04（m^2）

应增门洞侧壁和顶面：

门洞侧壁和顶面宽 b_1=（0.24−0.1016）÷2=0.069（m）

门洞侧壁和顶面面积 S_4=（2.70×2+1.50）×0.069×2=0.95（m^2）

应增窗洞侧壁和顶面：

窗洞侧壁和顶面宽 b_2=（0.24−0.06）÷2=0.09（m）

窗洞侧壁和顶面面积 S_5=（1.80+2.70×2）×0.09×14=9.07（m^2）

内墙贴瓷砖块料工程量 $S=S_1-S_2-S_3+S_4+S_5$=429.55−8.10−68.04+0.95+9.07=363.43（m^2）

（3）分项工程费计算。查找定额子目 14-88“干粉型胶粘剂贴瓷砖（单块面积 0.18 m^2 以内墙砖）”，其中：

人工费 441.15 元 /10 m^2

材料费 2 812.45 元 /10 m^2

机械费 6.78 元 /10 m^2

管理费 =（441.15+6.78）×42%=188.13［元 /（10 m^2）］

利润 =（441.15+6.78）×15%=67.19［元 /（10 m^2）］

基价 =（441.15+2812.45+6.78+188.13+67.19）=3 515.7［元 /（10 m^2）］

工程预算表见表 3-13。

表 3-13　工程预算表

序号	定额号	工程项目名称	单位	工程量	综合单价 / 元	合价 / 元
1	14-88	干粉型胶粘剂贴瓷砖（单块面积 0.18 m^2 以内墙砖）	10 m^2	36.34	3 515.7	127 760.54
合计						127 760.54

3.3.3　任务三

1. 任务要求

某经理办公室装修施工图如图 3-9 和图 3-10 所示，本工程为土建初步完成后的室内二次装修，不包括室外装修。土建交工时地面已做找平层，墙体已砌筑，墙柱面已抹完底灰；除 B 立面墙为 180 m 砖墙外，其他间隔墙均为 120 mm 砖墙。D 立面墙面及 Z1 和 Z2 为木龙骨 9 mm 胶合板基层，榉木胶合板饰面，面油硝基清漆（面油硝基清漆在本任务中暂不计价）。试计算 D 立面的工程量及综合单价（本任务人工、材料、机械均按《江苏省建筑与装饰工程计价定额》（2014）中的价格，管理费费率和利润费率按营改增之前单独装饰工程的规定取 42% 和 15%）。

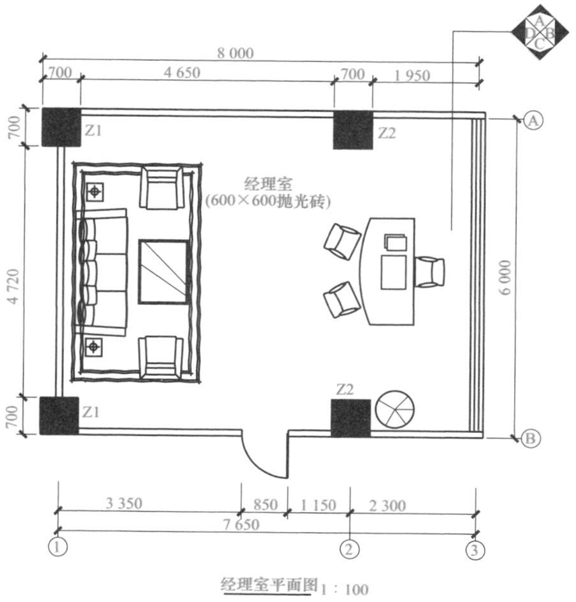

图 3-9　某经理办公室平面图

2. 任务解决

（1）确定定额子目。墙面为榉木木饰面，执行定额子目 14-193“木质切片板粘贴在夹板基层上（墙面）”；墙面基层板为细木工板，执行定额子目 14-185“墙面细木工板基层（钉在龙骨上）”；墙面木龙骨基层，执行定额子目 14-168“木龙骨基层

读书笔记

（墙面）”。Z1包柱为榉木木饰面，执行定额子目14–194“木质切片板粘贴在夹板基层上（柱、梁）”，Z1包柱细木工板基层板，执行定额子目14–187“柱、梁面细木工板基层（钉在龙骨上）”；Z1包柱木龙骨基层，执行定额子目14–169“木龙骨基层（方形梁柱面）”。

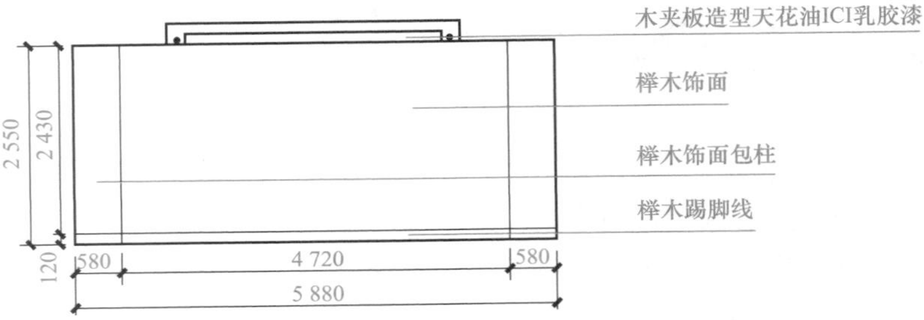

图 3–10　经理室 D 立面图

（2）计算工程量。根据本定额“墙、柱面装饰工程”工程量计算规则，墙面木饰面和柱子面层按设计图示尺寸以面积计算。

D 立面墙面榉木饰面面积 S_1=4.72×2.43=11.47（m^2）

D 立面墙面木龙骨面积 S_{1-1}=4.72×2.55=12.04（m^2）

D 立面墙面基层板面积 S_{1-2}=4.72×2.55=12.04（m^2）

Z1 柱榉木饰面面积 S_2=［（0.7–0.12）+（0.7/2–0.12/2）］×2.43×2=4.23（m^2）

Z1 柱木龙骨面积 S_{2-1}=［（0.7–0.12）+（0.7/2–0.12/2）］×2.55×2=4.44（m^2）

Z1 柱基层板面积 S_{2-2}=［（0.7–0.12）+（0.7/2–0.12/2）］×2.55×2=4.44（m^2）

（3）分项工程费计算。

墙体木饰面：查定额子目14–193“木质切片板粘贴在夹板基层上（墙面）”，其中：

人工费：102.00 元 /（10 m^2）

材料费：279.00 元 /（10 m^2）

管理费：102×42%=42.84［元 /（10 m^2）］

利润：102×15%=15.3［元 /（10 m^2）］

基价 =102+279+42.84+15.3=439.14［元 /（10 m^2）］

墙体基层板：

查定额子目14–185“墙面细木工板基层（钉在龙骨上）”，其中：

人工费：101.15 元 /（10 m^2）

材料费：401.03 元 /（10 m^2）

机械费：0.24 元 /（10 m^2）

管理费：（101.15+0.24）×42%=42.58［元 /（10 m^2）］

利润：（101.15+0.24）×15%=15.21［元 /（10 m^2）］

基价 =101.15+401.03+0.24+42.58+15.21=560.21［元 /（10 m^2）］

墙体木龙骨：

查定额子目14–168“木龙骨基层（墙面）”，其中：

人工费：181.90 元 /（10 m^2）

材料费：180.95 元 /（10 m^2）

机械费：7.09 元 /（10 m^2）

管理费：（181.90+7.09）×42%=79.38［元 /（10 m^2）］

利润：（181.90+7.09）×15%=28.35［元 /（10 m^2）］

基价 =181.90+180.95+7.09+79.38+28.35=477.67［元 /（10 m^2）］

包柱榉木饰面：

查定额子目 14–194“木质切片板粘贴在夹板基层上（柱、梁）”，其中：

人工费：124.10 元 /（10 m^2）

材料费：288.00 元 /（10 m^2）

管理费：124.10×42%=52.12［元 /（10 m^2）］

利润：124.10×15%=18.62［元 /（10 m^2）］

基价 =（124.10+288.00+52.12+18.62）=482.84［元 /（10 m^2）］

包柱基层板：

查定额子目 14–187“柱、梁面细木工板基层（钉在龙骨上）”，其中：

人工费：110.50 元 /（10 m^2）

材料费：402.83 元 /（10 m^2）

机械费：0.41 元 /（10 m^2）

管理费：（110.50+0.41）×42%=46.58［元 /（10 m^2）］

利润：（110.50+0.41）×15%=16.64［元 /（10 m^2）］

基价 =110.50+402.83+0.41+46.58+16.64=576.96［元 /（10 m^2）］

包柱木龙骨：

查定额子目 14–169“木龙骨基层（方形梁柱面）”，其中：

人工费：226.95 元 /（10 m^2）

材料费：177.63 元 /（10 m^2）

机械费：7.30 元 /（10 m^2）

管理费：（226.95+7.30）×42%=98.39［元 /（10 m^2）］

利润：（226.95+7.30）×15%=35.14［元 /（10 m^2）］

基价 =226.95+177.63+7.30+98.39+35.14=545.41［元 /（10 m^2）］

工程预算表见表 3–14。

表 3–14　工程预算表

序号	定额号	工程项目名称	单位	工程量	综合单价 / 元	合价 / 元
1	14–193	墙体木饰面	10 m^2	1.15	439.14	505.01
2	14–185	墙体基层板	10 m^2	1.20	560.21	672.25
3	14–168	墙体木龙骨	10 m^2	1.20	477.67	573.20
4	14–194	包柱榉木饰面	10 m^2	0.42	482.84	202.79
5	14–187	包柱基层板	10 m^2	0.44	576.96	253.86
6	14–169	包柱木龙骨	10 m^2	0.44	545.41	239.98
合计						2 447.09

读书笔记

3.3.4 任务实践

如图 3-11、图 3-12 所示，某建筑物为实心砖墙，内墙面为 1 ：2 水泥砂浆抹面，外墙饰面做法为底层 15 mm 厚水泥砂浆 1 ：3、面层 8 mm 厚水泥砂浆 1 ：2.5，门窗尺寸分别为

M-1：900 mm×2 000 mm；

M-2：1 200 mm×2 000 mm；

M-3：1 000 mm×2 000 mm；

C-1：1 500 mm×1 500 mm；

C-2：1 800 mm×1 500 mm；

C-3：3 000 mm×1 500 mm。

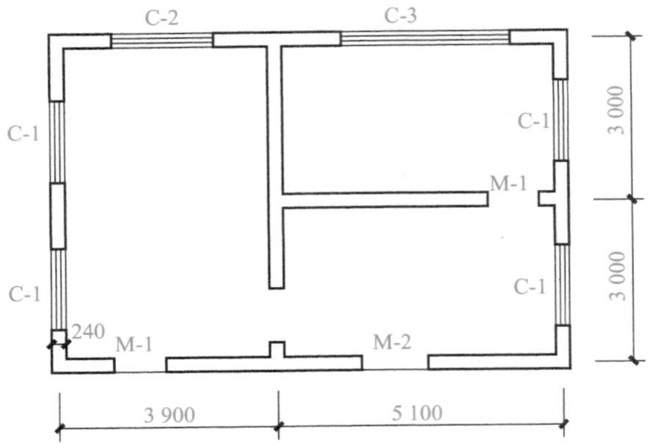

图 3-11　某建筑平面图

根据以上背景资料，试计算该建筑物内外墙抹灰清单工程量、填写工程量计算表、列清单并结合本书定额计算清单综合单价、填写分部分项工程清单与计价表。

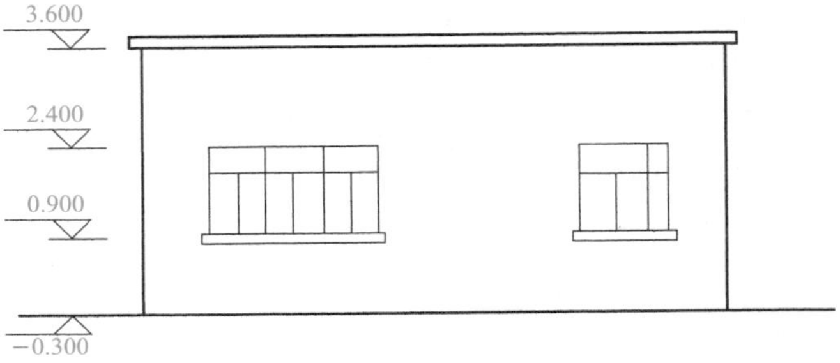

图 3-12　某建筑立面图

学生工作页

项目名称	墙、柱面装饰工程		
课题名称	某建筑物墙面一般抹灰计量计价		
学生姓名		所在班级	
所学专业		完成任务时间	
指导老师		任务完成日期	

一、任务描述

详见 3.3.4 任务实践中的任务要求。

二、任务解答

1．清单工程量计算

计算项目	部位	计算单位	计算式	工程量

2．计价工程量计算

计算项目	部位	计算单位	计算式	工程量

3．清单编制

项目编码	项目名称	项目特征	计量单位	工程量

4．清单综合单价计算

5．分部分项工程量清单与计价表

项目编号	项目名称	项目特征	计量单位	工程量	金额 / 元		
					综合单价	合价	其中 暂估价

三、体会与总结

四、指导老师评价意见

指导老师签字：

日期：

项目4 天棚装饰工程

读书笔记

知识目标

1. 掌握天棚工程常见构造及施工工艺，理解天棚工程计量规则。

2. 掌握天棚工程计价的基础知识，熟悉天棚工程常用定额，了解天棚装饰工程项目的定额子目划分与组成。

能力目标

1. 能够正确识读装饰工程施工图，能够根据天棚工程量计算规则正确计算相应的清单、定额工程量，并能够根据设计要求、设计图纸、构造图示及相关工艺列出天棚工程项目。

2. 会应用天棚工程计价工程量计算规则和方法，能够根据天棚工程计价规范、计价定额、实际施工图，正确套用及换算定额。

3. 能够根据天棚工程的清单项目特征正确进行组价，进行清单项目的综合单价分析。

任务4.1 天棚装饰工程概述

4.1.1 天棚装饰工程简介

天棚是指建筑物屋顶和楼层下表面的装饰构件。当悬挂在承重结构下表面时，又称吊顶。天棚吊顶按造型不同可分为平面、锯齿形、阶梯形、吊挂式、藻井式天棚，如图4-1所示。天棚按饰面与基层的关系可分为直接式天棚与悬吊式天棚两类。

1. 直接式天棚

直接式天棚是指在屋面板或楼板结构底面直接做饰面材料的天棚。直接式天棚按施工方法可分为抹灰直接式天棚、喷刷直接式天棚、粘贴直接式天棚、直接式装饰天棚及结构天棚。

（1）抹灰、喷刷、粘贴直接式天棚。先在天棚的基层上刷一遍纯水泥浆，然后用混合砂浆打底找平。对于要求较高的房间，可在底板增设一层钢板网，在钢板网上再做抹灰。

（2）直接式装饰板天棚。这类天棚与悬吊式天棚的区别是不使用吊挂件，直接在楼板底面铺设固定格栅。

读书笔记

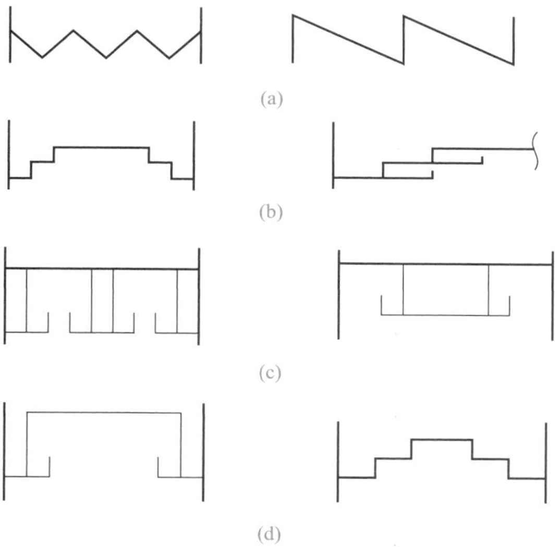

图 4-1　艺术造型天棚断面示意

（a）锯齿形；（b）阶梯形；（c）吊挂式；（d）藻井式

（3）结构天棚。将屋盖或楼盖结构暴露在外，利用结构本身的韵律做装饰，称为结构天棚。

（4）直接式天棚的装饰线脚。直接式天棚的装饰线脚是安装在天棚与墙顶交界部位的线材，简称装饰线。可采用粘贴法或直接钉固法与天棚固定。装饰线包括木线、石膏线、金属线等。

2. 悬吊式天棚

悬吊式天棚是指天棚的装饰表面悬吊于屋面板或楼板下，并与屋面板或楼板留有一定距离的天棚，俗称吊顶。悬吊式天棚一般由悬吊部分、天棚骨架、饰面层和连接部分组成，如图4-2所示。

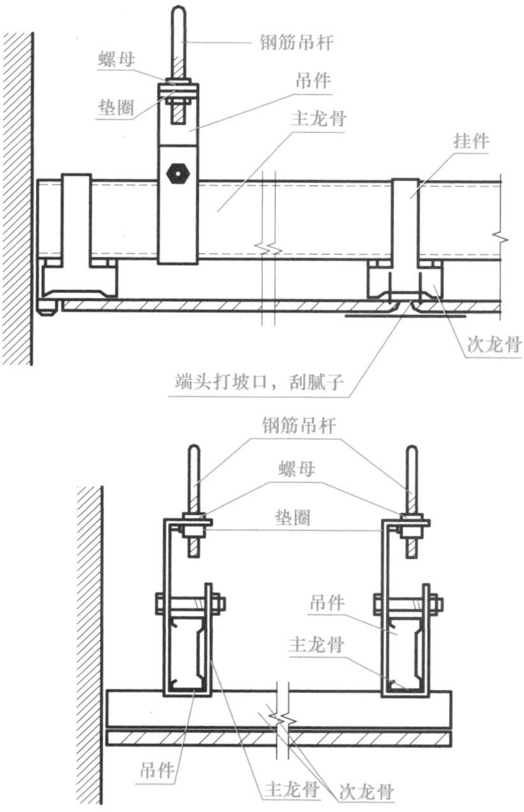

图 4-2　悬吊式天棚的组成

（1）悬吊部分。悬吊部分包括吊点、吊杆（吊筋）和连接杆。

①吊点。吊杆与楼板或屋面板连接的节点称为吊点。

②吊杆（吊筋）。吊杆（吊筋）是连接龙骨和承重结构的承重传力构件，按材料可分为钢筋吊杆、型钢吊杆、木吊杆。钢筋吊杆的直径一般为 6 ～ 8 mm，用于一般悬吊式天棚；型钢吊

读书笔记

杆用于重型悬吊式天棚或整体刚度要求高的悬吊式天棚，其规格尺寸要通过结构计算确定；木吊杆用40 mm×40 mm或50 mm×50 mm的方木制作，一般用于木龙骨悬吊式天棚。

（2）天棚骨架。天棚骨架又称天棚基层，是由主龙骨、次龙骨、小龙骨（或称主格栅、次格栅）所形成的网格骨架体系。其作用是承受饰面层的重量，并通过吊杆传递到楼板或屋面板上。

悬吊式天棚的龙骨按材料可分为木龙骨、型钢龙骨、轻钢龙骨、铝合金龙骨。轻钢龙骨配件组合如图 4–3 所示。

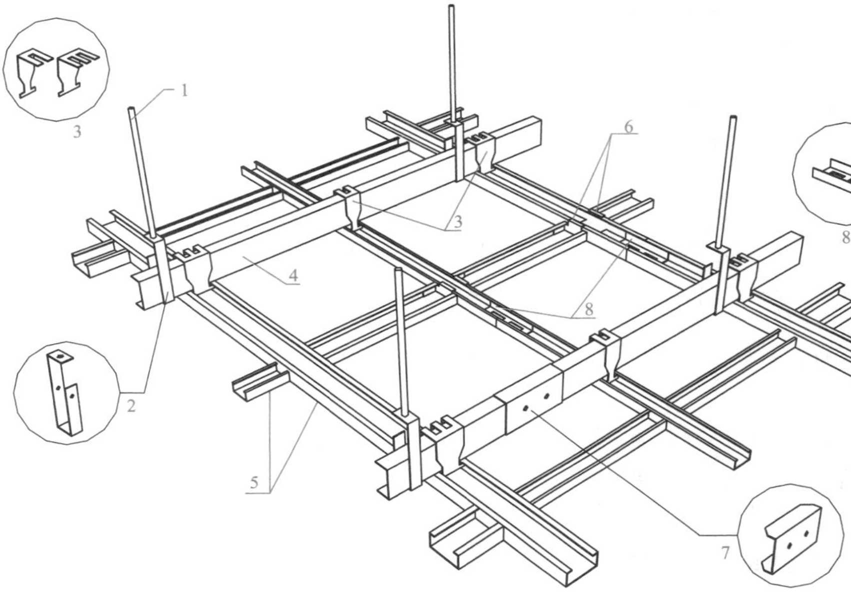

图 4–3　轻钢龙骨配件组合

1—吊筋；2—吊件；3—挂件；4—主龙骨；5—次龙骨；
6—龙骨支托（插挂件）；7—连接件；8—插接件

（3）饰面层。饰面层又称面层，其主要作用是装饰室内空间，并且兼有吸声、反射、隔热等特定的功能。常见的饰面板有以下几种：

①胶合板：用硬杂木，经刨切成薄片，整理干燥后，层层上胶，用压力机压制而成。这种产品具有表面平整、抗拉抗剪强度好，不裂缝、不翘曲等优点，可用于封闭式天棚，也可用于浮搁式天棚。

②钙塑板：以聚氯乙烯和轻质碳酸钙为主要原料，加入抗老化剂、阻燃剂等压制而成的复合材料。不怕水，吸湿性小，不易燃，保温隔热。钙塑板面层可以直接安装在U形轻钢龙骨上，也可以搁置在T形铝合金龙骨上，做成活动式。

③铝合金方板：用0.4～0.6 mm厚的铝合金板冷轧而成。铝合金方板的安装方法：当嵌入式装配时，可将板边直接插入龙骨，也可在铝板边孔用铜丝扎结；当用浮搁式安装时，方板直接搁在龙骨上，不需任何处理，余边空隙用石膏板填补。

铝合金长条板又称铝合金扣板，用0.5～1.2 mm厚的铝合金板经剪裁、冷弯、冷轧而成，呈长条形。

④矿棉板：以矿渣棉为主要原料，加入适量的胶粘剂、防潮剂、防腐剂，经加压、烘干、饰面而成的一种饰面材料。其具有质轻、吸声、隔热、保湿、美观、施工简便等特点，适用各类公共建筑的天棚饰面。

（4）连接部分。连接部分是指悬吊式天棚龙骨之间、悬吊式天棚龙骨与饰面层之间，悬吊式天棚龙骨与吊杆之间的连接件、紧固件。它们一般包括吊挂件、插挂件、自攻螺钉、木螺钉、圆钢钉、特制卡具、胶粘剂等。

3. 其他天棚

（1）格栅吊顶。

①木格栅吊顶属于敞开式吊顶，也称格栅类天棚。其是用木制单构件组成格栅，其造型多种多样，形成各种不同的木格栅天棚。防火装饰板具有质量轻、加工方便，并具有防火性能好的优点，其表面无需装饰，因此，在敞开式木制吊顶中得到广泛应用。

②铝合金格栅吊顶也是敞开式吊顶中的一种，是在藻井式天棚基础上发展而成的，吊顶的表面也是开门。铝合金格栅的构造形式较多，其是由单体构件组合而成的。单体构件的拼装，通常采用将预拼安装的单体构件插接、挂接或榫接在一起的方法。

（2）吊筒吊顶。吊筒吊顶适用木竹质吊筒、金属吊筒、塑料吊筒及圆形、矩形、扁钟形吊筒等。

4.1.2 天棚工程识图

天棚工程计量与计价的图纸依据主要是装饰施工图中的设计说明、天棚平面图、节点构造详图等。

1. 天棚平面图的图示方法

天棚平面图是假想用一剖切平面通过门、窗洞的上方将房屋剖开后，对剖切平面上方的部分做镜像投影所得图样。天棚平面图的作用主要是表明天棚装饰的平面形式、尺寸和材料，以及灯具和其他各种室内顶部设施的位置和大小等。

2. 天棚平面图的图示内容及读图

（1）标注图名与比例。顶棚平面图的图名必须与平面布置图的图名协调一致，如图 4-4“某套房天棚布置图 1 ∶ 50”所示。

（2）表明建筑结构与构造的平面形状及基本尺寸。

（3）表明吊顶造型式样及其定形、定位尺寸、各级标高、构造做法和材质要求等。其中，标高尺寸是以本层地面为零点的标高数值，即房间的净空高度。如图 4-4 中客厅背景墙局部吊顶标高为 2.57 m，其余部分标高为 2.65 m。餐厅中部造型吊顶标高为 2.59 m，造型为规则星状，其定形尺寸为 1 200 mm×1 200 mm。

（4）表明灯具式样、规格、数量及位置。吊顶的灯具不仅用作照明，更突出地起到装饰作用，如图 4-4 客厅前后背景墙共设计筒灯 8 只，书房吸顶灯 1 只。

（5）吊顶的凹凸情况一般由剖切图表示，吊顶平面图应注明剖切位置、剖切面编号及投影方向。

（6）看详图索引符号，查阅详图，进一步了解索引部位的细部构造做法。

读书笔记

读书笔记

当天棚过于复杂时，应分成综合天棚图、天棚造型及尺寸定位图、天棚照明及电气设备定位图等多种图纸进行绘制。其中，综合天棚图重点在于表现天棚造型、设备布置的区域或大小，表明它们与建筑结构的关系，以及天棚所用的材料，使人们对天棚的布置有整体的理解。室内尺度一般只注写相对标高。

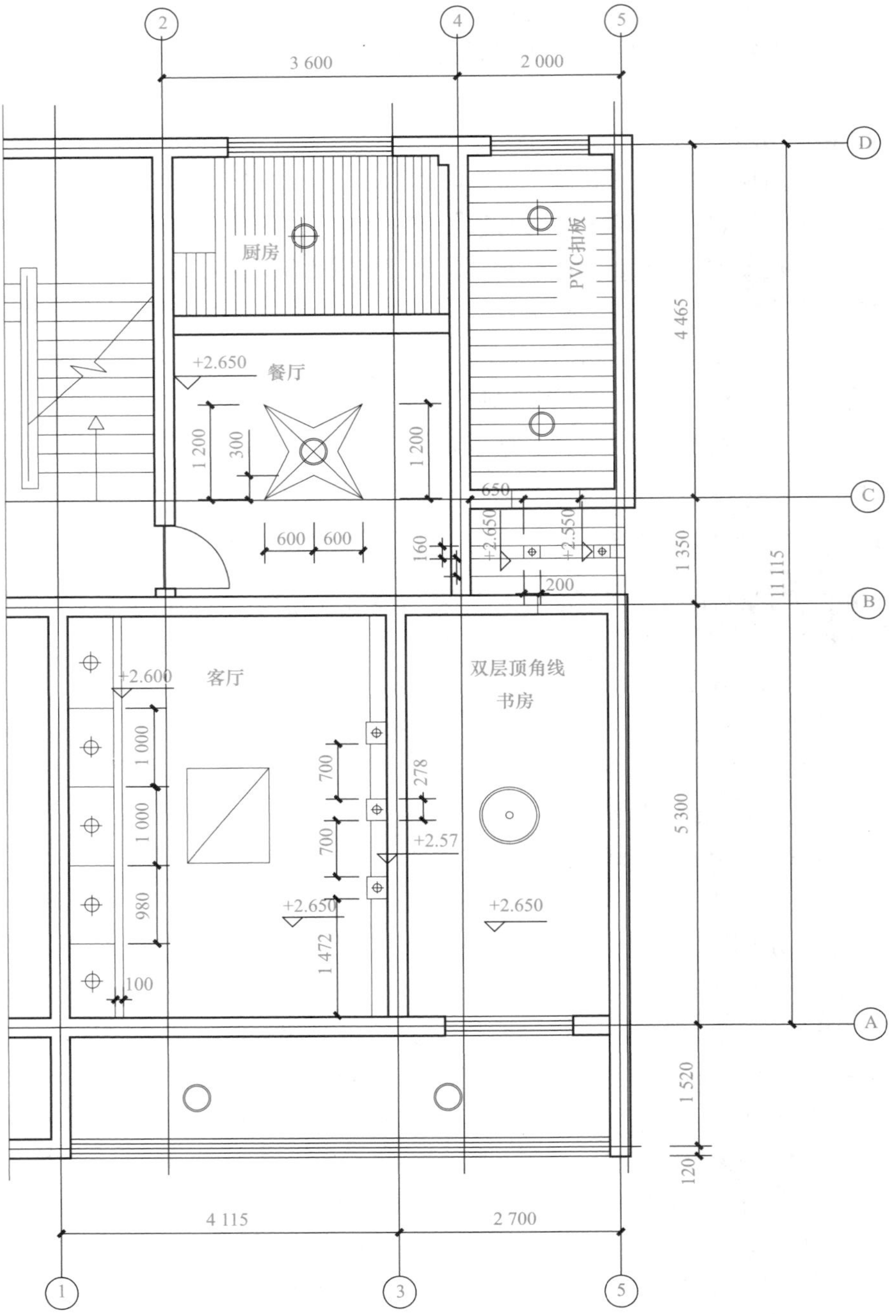

某套房天棚布置图 1∶50

图 4-4 天棚平面示意

4.1.3 任务练习

学生工作页

项目名称	天棚装饰工程		
课题名称	天棚装饰工程概述		
学生姓名		所在班级	
所学专业		完成任务时间	
指导老师		任务完成日期	

一、任务描述

1. 复习天棚装饰工程的常见类型。
2. 复习常见吊顶天棚的构造。

二、任务解答

1．请写出常见天棚类型。

______

______

______

______

2．吊顶天棚是由哪些构造组成的？

______

______

______

______

3．请写出 1 ～ 2 种常见天棚饰面板及其特点。

______

______

______

______

______

三、体会与总结

四、指导老师评价意见

指导老师签字：

日期：

任务 4.2　天棚工程计量与计价

4.2.1　天棚工程常见项目工程量清单计算规范

《房屋建筑与装饰工程工程量计算规范》（GB 50854—2013）中把天棚工程划分为天棚抹灰、天棚吊顶、采光天棚、天棚其他装饰四个子分部，并规范了每个子分部清单项目的项目编码、项目名称、项目特征、计量单位、工程量计算规则、工作内容。天棚工程常用分项的清单计算规范见表 4-1 ～表 4-4。

表 4-1　天棚抹灰（编码：011301）

项目编码	项目名称	项目特征	计量单位	工程量计算规则	工作内容
011301001	天棚抹灰	1．基层类型 2．抹灰厚度、材料种类 3．砂浆配合比	m^2	按设计图示尺寸以水平投影面积计算。不扣除间壁墙、垛、柱、附墙烟囱、检查口和管道所占的面积，带梁天棚的梁两侧抹灰面积并入天棚面积内，板式楼梯底面抹灰按斜面积计算，锯齿形楼梯底板抹灰按展开面积计算	1．基层清理 2．底层抹灰 3．抹面层

表 4-2　天棚吊顶（编码：011302）

<table>
<tr><th>项目编码</th><th>项目名称</th><th>项目特征</th><th>计量单位</th><th>工程量计算规则</th><th>工作内容</th></tr>
<tr><td>011302001</td><td>吊顶天棚</td><td>1．吊顶形式、吊杆规格、高度
2．龙骨材料种类、规格、中距
3．基层材料种类、规格
4．面层材料品种、规格
5．压条材料种类、规格
6．嵌缝材料种类
7．防护材料种类</td><td rowspan="3">m^2</td><td>按设计图示尺寸以水平投影面积计算。天棚面中的灯槽及跌级、锯齿形、吊挂式、藻井式天棚面积不展开计算。不扣除间壁墙、检查口、附墙烟囱、柱垛和管道所占面积，扣除单个＞ 0.3 m^2 的孔洞、独立柱及与天棚相连的窗帘盒所占的面积</td><td>1．基层清理、吊杆安装
2．龙骨安装
3．基层板铺贴
4．面层铺贴
5．嵌缝
6．刷防护材料</td></tr>
<tr><td>011302002</td><td>格栅吊顶</td><td>1．龙骨材料种类、规格、中距
2．基层材料种类、规格
3．面层材料品种、规格
4．防护材料种类</td><td rowspan="2">按设计图示尺寸以水平投影面积计算</td><td>1．基层清理
2．安装龙骨
3．基层板铺贴
4．面层铺贴
5．刷防护材料</td></tr>
<tr><td>011302003</td><td>吊筒吊顶</td><td>1．吊筒形状、规格
2．吊筒材料种类
3．防护材料种类</td><td>1．基层清理
2．吊筒制作安装
3．刷防护材料</td></tr>
</table>

续表

项目编码	项目名称	项目特征	计量单位	工程量计算规则	工作内容
011302004	藤条造型悬挂吊顶	1．骨架材料种类、规格 2．面层材料品种、规格	m^2	按设计图示尺寸以水平投影面积计算	1．基层清理 2．龙骨安装 3．铺贴面层
011302005	织物软雕吊顶				
011302006	装饰网架吊顶	网架材料品种、规格			1．基层清理 2．网架制作安装

表 4–3　采光天棚（编码：011303）

项目编码	项目名称	项目特征	计量单位	工程量计算规则	工作内容
011303001	采光天棚	1．骨架类型 2．固定类型、固定材料品种、规格 3．面层材料品种、规格 4．嵌缝、塞口材料种类	m^2	按框外围展开面积计算	1．清理基层 2．面层制安 3．嵌缝、塞口 4．清洗
注：采光天棚骨架不包括在本节中，应单独按《房屋建筑与装饰工程工程量计算规范》（GB 50854—2013）附录 F 相关项目编码列项。					

表 4–4　天棚其他装饰（编码：011304）

项目编码	项目名称	项目特征	计量单位	工程量计算规则	工作内容
011304001	灯带（槽）	1．灯带形式、尺寸 2．格栅片材料品种、规格 3．安装固定方式	m^2	按设计图示尺寸以框外围面积计算	安装、固定
011304002	送风口、回风口	1．风口材料品种、规格 2．安装固定方式 3．防护材料种类	个	按设计图示数量计算	1．安装、固定 2．刷防护材料

4.2.2　《江苏省建筑与装饰工程计价定额》（2014）中天棚工程工程量计算规则

（1）本定额天棚饰面的面积按净面积计算，不扣除间壁墙、检修孔、附墙烟囱、柱垛和管道所占面积，但应扣除独立柱、0.3 m^2 以上的灯饰面积（石膏板、夹板天棚面层的灯饰面积不扣除）、与天棚相连接的窗帘盒面积，整体金属板中间开孔的灯饰面积不扣除。

（2）天棚中假梁、折线、叠线等圆弧形、拱形、特殊艺术形式的天棚饰面，均按展开面积计算。

（3）天棚龙骨的面积按主墙间的水平投影面积计算，天棚龙骨的吊筋按每 10 m^2 龙骨面积套相应子目计算；全丝杆的天棚吊筋按主墙间的水平投影面积计算。

（4）圆弧形、拱形的天棚龙骨应按其弧形或拱形部分的水平投影面积计算套用复杂型子目，龙骨用量按设计进行调整，人工和机械按复杂型天棚子目乘以系数 1.8 计算。

（5）本定额天棚每间以在同一平面上为准，设计有圆弧形、拱形时，按其圆弧形、拱形部分的面积：圆弧形面层人工按其相应子目乘以系数 1.15 计算，拱形面层的人工按相应子目乘以系数 1.5 计算。

（6）铝合金扣板雨篷、钢化夹胶玻璃雨篷均按水平投影面积计算。

（7）天棚面抹灰：

①天棚面抹灰按主墙间天棚水平面积计算，不扣除间壁墙、垛、柱、附墙烟囱、检查洞、通风洞、管道等所占的面积。

②密肋梁、井字梁、带梁天棚抹灰面积，按展开面积计算，并入天棚抹灰工程量内。斜天棚抹灰按斜面积计算。

③天棚抹灰如抹小圆角者，人工已包括在定额中，材料、机械按附注增加。如带装饰线者，其线分别按三道线以内或五道线以内，以延长米计算（线角的道数以每一个突出的阳角为一道线）。

④楼梯底面、水平遮阳板底面和沿口天棚，并入相应的天棚抹灰工程量内计算。混凝土楼梯、螺旋楼梯的底板为斜板时，按其水平投影面积（包括休息平台）乘以系数 1.18，底板为锯齿形时（包括预制踏步板），按其水平投影面积乘以系数 1.5 计算。

4.2.3 天棚工程计价

（1）本书天棚工程计价定额的依据是《江苏省建筑与装饰工程计价定额》（2014），适应江苏省工程市场计价的需要，是建设各方计价的依据之一。

（2）《江苏省建筑与装饰工程计价定额》（2014）中，有关天棚工程常用计量与计价的规定如下：

①定额中的木龙骨，金属龙骨是按面层龙骨的方格尺寸取定的，其龙骨、断面的取定如下：

a．木龙骨断面搁在墙上大龙骨 50 mm×70 mm，中龙骨 50 mm×50 mm，吊在混凝土板下、大、中龙骨 50 mm×40 mm。

b．U 形轻钢龙骨。

上人型：

大龙骨 60 mm×27 mm×1.5 mm（高 × 宽 × 厚）；

中龙骨 50 mm×20 mm×0.5 mm（高 × 宽 × 厚）；

小龙骨 25 mm×20 mm×0.5 mm（高 × 宽 × 厚）。

不上人型：

大龙骨 50 mm×15 mm×1.2 mm（高 × 宽 × 厚）；

中龙骨 50 mm×20 mm×0.5 mm（高 × 宽 × 厚）；

小龙骨 25 mm×20 mm×0.5 mm（高 × 宽 × 厚）。

c．T 形铝合金龙骨。

上人型：

轻钢大龙骨 60 mm×27 mm×1.5 mm（高 × 宽 × 厚）；

铝合金 T 形主龙骨 20 mm×35 mm×0.8 mm（高 × 宽 × 厚）；

铝合金 T 形副龙骨 20 mm×22 mm×0.6 mm（高 × 宽 × 厚）。

不上人型：

轻钢大龙骨 45 mm×15 mm×1.2 mm（高 × 宽 × 厚）；

铝合金 T 形主龙骨 20 mm×35 mm×0.8 mm（高 × 宽 × 厚）；

铝合金 T 形副龙骨 20 mm×22 mm×0.6 mm（高 × 宽 × 厚）。

设计与定额不符，应按设计的长度用量加下列损耗调整定额中的含量：木龙骨 6%；轻钢龙骨 6%；铝合金龙骨 7%。

②天棚的骨架基层分为简单型、复杂型两种。

a．简单型是指每间面层在同一标高的平面上。

b．复杂型是指每一间面层不在同一标高平面上，其高差在 100 mm 以上（含 100 mm），但必须满足不同标高的少数面积占该间面积的 15% 以上。

③天棚吊筋、龙骨与面层应分开计算，按设计套用相应子目。

本定额金属吊筋是按膨胀螺栓连接在楼板上考虑的，每副吊筋的规格、长度、配件及调整办法详见天棚吊筋子目，设计吊筋与楼板底面预埋铁件焊接时也执行本定额，吊筋子目适用钢、木龙骨的天棚基层。

设计小房间（厨房、厕所）内不用吊筋时，不能计算吊筋项目，并扣除相应子目中人工含量 0.67 工日 /（10 m^2）。

④本定额轻钢、铝合金龙骨是按双层编制的，设计为单层龙骨（大、中龙骨均在同一平面上）在套用定额时，应扣除定额中的小（副）龙骨及配件，人工乘以系数 0.87，其他不变，设计小（副）龙骨用中龙骨代替时，其单价应调整。

⑤胶合板面层在现场钻吸声孔时，按钻孔板部分的面积，每 10 m^2 增加人工 0.64 工日计算。

⑥木质骨架及面层的上表面，未包括刷防火漆，设计要求刷防火漆时，应按相应子目计算。

⑦上人型天棚吊顶检修道分为固定、活动两种，应按设计分别套用定额。

⑧天棚面层中回光槽按相应子目执行。

⑨天棚面的抹灰按中级抹灰考虑，设计砂浆品种（纸筋石灰浆除外）厚度与定额不同均应按比例调整，但人工数量不变。

（3）《江苏省建筑与装饰工程计价定额》（2014）天棚工程定额分为天棚龙骨、天棚面层及饰面、雨篷、采光天棚、天棚检修道、天棚抹灰六个部分，每个部分各分项常用做法的定额都有相应的子目。其中常用定额子目见表 4-5。

读书笔记

表 4–5　常用天棚工程定额子目

分项工程	定额编号	定额名称
天棚龙骨	15–3	吊在面层规格 300 mm×300 mm 混凝土楼板上
	15–4	吊在面层规格 400 mm×400 mm 混凝土楼板上
	15–5	面层规格 300 mm×600 mm 装配式 U 形（不上人型）轻钢龙骨
	15–6	面层规格 300 mm×600 mm 装配式 U 形（不上人型）轻钢龙骨
	15–9	面层规格 300 mm×600 mm 装配式 U 形（上人型）轻钢龙骨
	15–10	面层规格 300 mm×600 mm 装配式 U 形（上人型）轻钢龙骨
	15–13	面层规格 500 mm×500 mm 装配式 T 形（上人型）铝合金龙骨
	15–14	面层规格 500 mm×500 mm 装配式 T 形（上人型）铝合金龙骨
	15–25	（上人型）面层规格（mm）500×500 铝合金（嵌入式）方板龙骨
	15–29	中龙骨直接吊挂骨架（面层规格 mm）500×500 铝合金轻型方板龙骨
天棚吊筋	15–34	吊筋规格 ϕ8 mm　H=750 mm
	15–35	吊筋规格 ϕ10 mm　H=750 mm
	15–39	全丝杆天棚吊筋 ϕ8 m　H=1 050 mm
	15–40	全丝杆天棚吊筋 ϕ10 m　H=1 050 mm
天棚面层	15–42	胶合板面层安装在同一平面的木龙骨上
	15–45	纸面石膏板天棚面层安装在同一平面的 U 形轻型钢龙骨上
	15–46	纸面石膏板天棚面层安装在不同平面（凹凸）的 U 形轻型钢龙骨上
	15–48	面层贴在甲板基层上同一平面的普通切片板上
	15–49	面层贴在甲板基层上不同平面（凹凸）的普通切片板上
	15–50	平板铝合金（嵌入式）方板天棚面层
	15–52	铝合金条板天棚面层闭缝
	15–55	铝塑板天棚面层搁在龙骨上
	15–57	矿棉板天棚面层搁放在 T 形铝合金龙骨上
	15–63	吸声板
	15–68	塑料扣板
	15–72	灯片（搁放型）塑料格栅
天棚检修道	15–80	有吊杆天棚固定检修道
	15–81	无吊杆天棚固定检修道
天棚抹灰面层	15–85	混凝土天棚现浇水泥砂浆面
	15–87	混凝土天棚现浇混合砂浆面
	15–93	板底网格纤维布贴缝
	15–94	天棚面装饰线三道线内

（4）《江苏省建筑与装饰工程计价定额》（2014）中天棚工程部分计价定额节选见表 4–6 ～表 4–12。

表 4–6 轻钢龙骨相关计价定额

工作内容：1．吊件加工、安装。
2．定位、弹线、安装吊筋。
3．选料、下料、定位杆控制高度、平整、安装龙骨及横撑附件等。
4．临时加固、调整、校正。
5．预留位置、整体调整。

计量单位：10 m^2

定额编号					15–5		15–8	
					装配式 U 形（不上人型）轻钢龙骨			
项 目			单位	单价	面层规格 300 mm×600 mm		面层规格 400 mm×600 mm	
					简单		复杂	
					数量	合计	数量	合计
综合单价			元		657.15		639.87	
其中	人工费		元		161.50		178.50	
	材料费		元		431.23		390.66	
	机械费		元		3.40		3.40	
	管理费		元		41.23		45.48	
	利润		元		19.79		21.83	
一类工			工日	85.00	1.90	161.50	2.10	178.50
材料	05030600	普通木成材	m^3	1 600.00			0.007	11.20
	08310131	轻钢龙骨（小）25 mm×20 mm×0.5 mm	m	2.60			3.40	8.84
	08310122	轻钢龙骨（中）50 mm×20 mm×0.5 mm	m	4.00	30.60	122.40	21.36	85.44
	08310113	轻钢龙骨（大）50 mm×15 mm×1.2 mm	m	6.50	13.68	88.92	18.64	121.16
	08330300	轻钢龙骨主接件	只	0.60	5.00	3.00	10.00	6.00
	08330301	轻钢龙骨次接件	只	0.70	9.50	6.65	12.00	8.40
	08330302	轻钢龙骨小接件	只	0.30			1.30	0.39
	08330113	小龙骨垂直吊件	只	0.40			12.50	5.00
	08330309	小龙骨平面连接件	只	0.60			12.50	7.50
	08330500	中龙骨横撑	m	3.50	33.29	116.52	20.58	72.03
	08330111	中龙骨垂直吊件	只	0.45	40.00	18.00	33.00	14.85
	08330310	中龙骨平面连接件	只	0.50	126.00	63.00	20.00	29.05
	08330107	大龙骨垂直吊件（轻钢）45	只	0.50	16.00	8.00	20.00	10.00
	08330500	边龙骨横撑	m	3.00		4.74	2.02	6.06
	08330501	其他材料费	元					4.74
机械		其他机械费	元			3.40		3.40

表 4-7　铝合金轻钢龙骨相关计价定额

工作内容：1. 定位、弹线、安装吊筋。
2. 选料、下料组装、吊装。
3. 安装龙骨及横撑、临时固定。
4. 预留孔洞、安封边龙骨。
5. 调整、校正。

计量单位：10 m²

定额编号					15-13		15-14	
项目			单位	单价	装配式 T 形（上人型）铝合金龙骨			
					面层规格 500 mm×500 mm			
					简单		复杂	
					数量	合计	数量	合计
综合单价				元	645.62		738.19	
其中				元	160.65		180.20	
				元	420.87		486.66	
				元	3.40		3.40	
				元	41.01		45.90	
				元	19.69		22.03	
一类工			工日	85.00	1.89	160.65	2.12	180.20
材料	05030600	普通木成材	m^3	1 600.00	0.001	1.60	0.005	8.00
	08310113	轻钢龙骨（大）50 mm×15 mm×1.2 mm	m	6.50	14.07	91.46	22.13	143.85
	08330107	大龙骨垂直吊件（轻钢）45	只	0.50	15.20	7.60	16.70	8.35
	01510705	角铝 L25 mm×25 mm×1 mm	m	6.00	6.46	38.76	6.59	39.54
	08350201	铝合金 T 形主龙骨	m	5.50	25.51	140.31	26.28	144.54
	08350202	铝合金 T 形副龙骨	m	4.50	26.43	118.94	26.60	119.70
	08330307	铝合金 T 形龙骨主接件	只	1.10	6.00	6.60	6.00	6.60
	08330305	铝合金 T 形龙骨次接件	只	0.75	2.00	1.50	2.00	1.50
	08330709	铝合金 T 形龙骨挂件	个	0.60	15.60	9.36	16.40	9.84
		其他材料费	元			4.74		4.74
机械		其他机械费	元			3.40		3.40

表 4-8 天棚吊筋

工作内容：1. 定位、弹线、射钉、安装吊筋。
2. 选料、下料组装、吊装。
3. 安装龙骨及横撑、临时固定支撑。
4. 预留孔洞、安封边龙骨。
5. 调整、校正。

计量单位：10 m^2

定额编号			单位	单价	15-34		15-35	
项目					吊筋规格 /mm			
					H=750/mm			
					$\phi8$		$\phi10$	
					数量	合计	数量	合计
综合单价				元	60.54		105.06	
其中	人工费			元	—		—	
	材料费			元	46.13		90.65	
	机械费			元	10.52		10.52	
	管理费			元	2.63		2.63	
	利润			元	1.26		1.26	
材料	01090101	圆钢	kg	4.02	3.93	15.80	0.78	24.60
	01210315	等边角钢 ∟40×4	kg	3.96	1.60	6.34	6.12	6.34
	03070114	膨胀螺栓 M8×80	套	0.60			1.60	
	03070123	膨胀螺栓 MI0×110	套	0.80	13.26	10.61		
	03070132	膨胀螺栓 M12×110	套	3.40				45.08
	03110105	螺杆 L=250$\phi6$	根	0.30			13.26	
	03110106	螺杆 L=250$\phi8$	根	0.35	13.26	4.64		
	03110107	螺杆 L=250$\phi10$	根	0.40				5.30
	17310705	双螺母双垫片 $\phi6$	副	0.58			13.26	
	17310706	双螺母双垫片 $\phi8$	副	0.60	13.26	7.96		
	17310707	双螺母双垫片 $\phi10$	副	0.63				8.35
		其他材料费	元				13.26	0.98
机械	99192305	电锤 功率 520 W	台班	8.34	0.20	1.67	0.20	1.67
		其他机械费	元			8.85		8.85

注：1. 天棚面层至楼板底按 1.00 m 高计算，设计高度不同，吊筋按比例调整，其他不变。
2. 吊筋安装人工 0.67 工日 /10 m^2 已经包括在相应子目龙骨安装的人工中。
3. 本定额中每 10 m^2 吊筋按 13 根考虑，设计根数不同时按比例调整定额基价。
4. 设计 $\phi4$ mm 吊筋按 15-33 换算（$\phi6$ mm 换 $\phi4$ mm，其他不变）。

表 4-9 天棚面层及饰面相关计价定额（一）

工作内容：安装天棚面层，清理表面等全面操作过程。 计量单位：10 m²

定额编号					15-45		15-46	
项目			单位	单价	纸面石膏板天棚面层			
					安装在 U 形轻钢龙骨上			
					平面		凹凸	
					数量	合计	数量	合计
综合单价				元	272.77		306.47	
其中	人工费			元	95.20		113.90	
	材料费			元	142.35		150.42	
	机械费			元	—		—	
	管理费			元	23.80		28.48	
	利润			元	11.42		13.67	
一类工			工日	85.00	1.12	95.20	1.34	113.90
材料	08010211	纸面石膏板 1 200 mm×3 000 mm×9.5 mm	m²	12.00	11.00	132.00	11.50	138.00
	03031206	自攻螺钉 M4×15	10 个	0.30	34.50	10. 35	41.40	12. 42

表 4-9　天棚面层及包身面相关计价定额（二）

工作内容：安装天棚面层、清理表面等全面操作过程。

计量单位：10 m^2

定额编号					15-50	
项目			单位	单价	铝合金（嵌入式）方板天棚面层	
					平板	
					数量	合计
综合单价				元	1 045.15	
其中	人工费			元	73.10	
	材料费			元	945.00	
	机械费			元	—	
	管理费			元	18.28	
	利润			元	8. 77	
一类工			工日	85.00	0.86	73.10
材料	08050501	铝合金方板 600 mm×600 mm× 0.6 mm	m^2	90.00	10.50	945.00

表 4-9　天棚面层及饰面相关计价定额（三）

工作内容：清理基层、裁制、安装面板等全部操作过程。　　计量单位：10 m^2

定额编号					15-55	
项 目			单位	单价	铝塑板天棚面层	
					搁在龙骨上	
					数量	合计
综合单价				元	1 000.80	
其中	人工费			元	79.05	
	材料费			元	892.50	
	机械费			元	—	
	管理费			元	19.76	
	利 润			元	9.49	
一类工			工日	85.00	0.93	79.05
材料	08120515	铝塑板 1 220 mm×2 440 mm×3 mm	m^2	85.00	10.50	892.50

注：铝塑板面层材料不同时，材料换算，其他不变。铝塑板底若有基层按照胶合板面层安装在木龙骨上（平面）子目换算。

表 4-9　天棚面层及饰面相关计价定额（四）

工作内容：清理基层、粘贴、安装面板等全部操作过程。　　　　计量单位：10 m^2

定额编号					15-57	
项目			单位	单价	矿棉板天棚面层	
					搁放在 T 形铝合金龙骨上	
					数量	合计
综合单价				元	407.55	
其中	人工费			元	79.05	
	材料费			元	299.25	
	机械费			元	—	
	管理费			元	19.76	
	利润			元	9.49	
一类工			工日	85.00	0.93	79.05
材料	13050321	矿棉板 600 mm×600 mm×12 mm	m^2	28.50	10.50	299.25
注：矿棉板底若有基层，基层可按照相应子目计算。						

表 4–9　天棚面层及饰面相关计价定额（五）

工作内容：清理基层、安装面板等全部操作过程。　　　　计量单位：10 m^2

定额编号					15–68	
项目			单 位	单 价	塑料扣板	
					数量	合计
综合单价				元	622.24	
其中	人工费			元	150.45	
	材料费			元	406.43	
	机械费			元	7.08	
	管理费			元	39.38	
	利润			元	18.90	
一类工			工日	85.00	1.77	150.45
材料	05030600	普通木成材	m^3	1 600.00	0.085	136.00
	03510705	铁钉 70 mm	kg	4.20	0.32	1.34
	08090300	塑料扣板	m^2	18.90	10.80	204.12
	03031206	自攻螺钉 M4 mm×15 mm	10 个	0.30	20.70	6.21
	10090307	塑料扣板阴角线 30 mm×30 mm	m	4.00	14.60	58.40
	12060334	防腐油	kg	6.00	0.06	0. 36
机械	99192305	电锤 功率 520 W	台班	8.34	0.65	5.42
	99210103	木工圆锯机 直径 500 mm	台班	27.63	0.06	1.66
注：塑料扣板龙骨已包括在内，设计钢筋吊筋，按设计个数套用天棚吊筋子目。						

表 4-10　天棚检修道相关计价定额

工作内容：吊筋安装、走道铁件制作、安装、刷防锈漆，铺走道板，固定等全部操作过程。　　计量单位：10 m

定额编号					15-80		15-81	
项目			单位	单价	天棚固定检修道			
					有吊杆		无吊杆	
					数量	合计	数量	合计
综合单价			元		611.79		348.26	
其中	人工费		元		255.00		65.45	
	材料费		元		262.44		258.60	
	机械费		元		—		—	
	管理费		元		63.75		16.36	
	利润		元		30.60		7.85	
一类工			工日	85.00	3.00	255.00	0.77	65.45
材料	05030600	普通木成材	m^3	1 600.00	0.161	257.60	0.161	257.60
	03031225	自攻螺钉 M5×35	10 个	0. 60	3.40	2.04		
		其他材料费	元			2.80		1.00

注：1. 固定走道板的宽度按 500 mm，厚度按 30 mm 计算，不同可换算。
2. 固定走道板的铁件按相应子目计算。
3. 活动走道板每 10 m 按 5 m 长计算，前后可以移动（间隔放置），设计不同应调整。

表 4–11　天棚抹灰相关计价定额

工作内容：1．清理修补基层表面、堵眼、调运砂浆、清扫落地灰。
2．抹灰、找平、罩面及压光。

计量单位：10 m^2

定额编号					15–85	
项目			单位	单价	混凝土天棚 水泥砂浆面 现浇	
					数量	合计
综合单价				元	205.45	
其中	人工费			元	122.18	
	材料费			元	33.70	
	机械费			元	3.19	
	管理费			元	31.34	
	利润			元	15.04	
二类工			工日	82.00	1.49	122.18
材料	80050129	混合砂浆 1 ∶ 0.3 ∶ 3	m^3	253.85		
	80050125	混合砂浆 1 ∶ 1 ∶ 6	m^3	215.85		
	80010124	水泥砂浆 1 ∶ 2.5	m^3	265.07	0.062	16.43
	80010125	水泥砂浆 1 ∶ 3	m^3	239.65	0.062	14.86
	80110313	901 胶素水泥浆	m^3	525.21	0.004	2.10
	31150101	水	m^3	4.70	0.066	0.31
	80110318	纸筋石灰浆	m^3	293.41		
机械	99050503	灰浆搅拌机 拌筒容量 200 L	台班	122.64	0.026	3.19

注：1．天棚与墙面交接处，如抹小圆角，每 10 m^2 天棚抹面增加底层砂浆 0.005 m^3，200 L 砂浆搅拌机 0.001 台班。
2．拱形楼板天棚面抹灰按相应子目人工乘以系数 1.5。

表 4-12　贴缝及装饰线相关计价定额

工作内容：1. 清理修补基层表面、堵眼、调运砂浆、清扫落地灰。
2. 抹灰、找平、罩面及压光。

计量单位：10 m

定额编号					15-94	
项目			单位	单价	天棚面装饰线	
					三道线内	
					数量	合计
综合单价				元	104.76	
其中	人工费			元	70.52	
	材料费			元	7.13	
	机械费			元	0.74	
	管理费			元	17.82	
	利润			元	8.55	
二类工			工日	82.00	0.86	70.52
材料	80030121	石灰麻刀砂浆 1 ∶ 3	m^3	229.17	0.026	5.96
	80110318	纸筋石灰浆	m^3	293.41	0.004	1.17
机械	99050503	灰浆搅拌机 拌筒容量 200 L	台班	122.64	0.006	0.74

4.2.4 任务练习

学生工作页

项目名称	天棚装饰工程		
课题名称	天棚工程计量与计价基础知识		
学生姓名		所在班级	
所学专业		完成任务时间	
指导老师		任务完成日期	

一、任务描述

1. 复习天棚装饰工程的计量规则。
2. 复习天棚装饰工程的计价基本规定。
3. 理解天棚工程常用的计价定额子目中各部分含义。

二、任务解答

1．单项选择题

（1）计价表吊筋高度按（　　）m（面层至混凝土板底表面）计算，高度不同按每增、减 10 cm（不足 10 cm 四舍五入）进行调整，但吊筋根数不得调整。

A．0.8　　B．1　　C．1.2　　D．1.5

（2）天棚吊筋的安装人工 0.67 工日 /（10 m^2）已经包括在相应计价表（　　）中。

A．吊筋子目人工　　B．龙骨子目人工　　C．面层子目人工　　D．天棚子目人工

2．填空题

（1）复杂型天棚骨架基层是指每一间面层不在同一标高平面上，其高差在______mm，但必须满足不同标高的少数面积占该间面积的______% 以上。

（2）上人型天棚吊顶检修道分为________、________两种，应按设计分别套用定额。

（3）圆弧形、拱形、特殊艺术形式的天棚饰面定额工程量，按________面积计算。

3．判断题

（1）天棚装饰面积不扣除窗帘盒所占面积。（　　）

（2）天棚装饰面积不扣除独立柱所占面积。（　　）

4．解释定额子目 15-14 面层规格 600 mm×600 mm 的复杂型装配式 T 形（上人型）铝合金龙骨中各项材料在本项施工中的作用。

____

____

____

____

____

三、体会与总结

四、指导老师评价意见

指导老师签字：

日期：

任务 4.3　天棚工程计量与计价案例

读书笔记

4.3.1　任务一

1. 任务要求

某工程用直径为 8 mm 钢吊筋，装配式 U 形不上人型轻钢龙骨，纸面石膏板天棚面层，最低天棚面层到吊筋安装点的高度为 1.00 m，面层上的龙骨方格为 400 mm×600 mm，吊筋暂不考虑刷防锈漆，如图 4-5 所示。求该天棚面层工程量并计算其清单综合单价[注：该工程为单独装饰工程，参照《江苏省建筑与装饰工程计价定额》(2014）且按照一般计税方式计价，管理费和利润分别取 43% 和 15%]。资源价格见表 4-13。

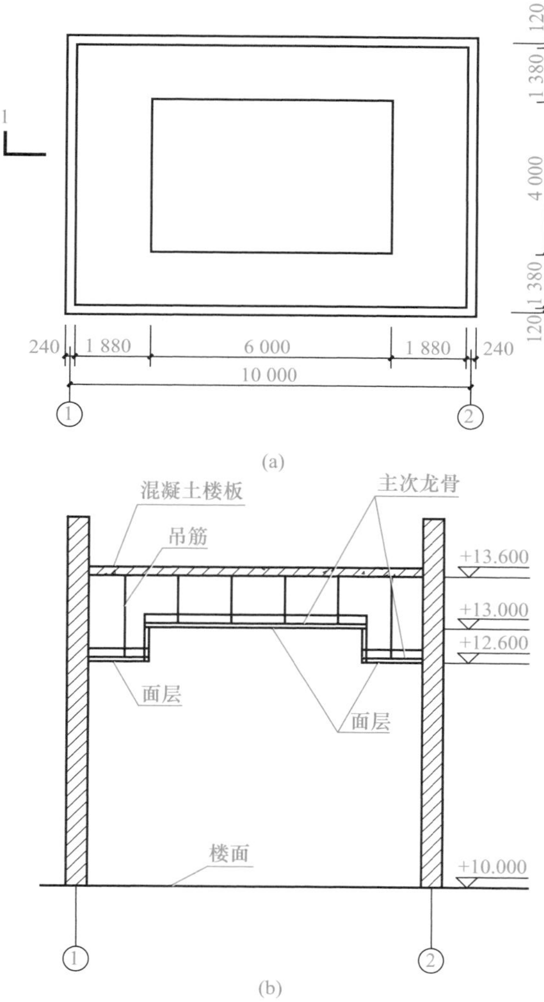

图 4-5　天棚做法

(a）平面图；（b）1—1剖面图

表 4-13　资源价格表

序号	资源名称	单位	不含税市场价 / 元
1	二类工	工日	108
2	一类工	工日	139
3	圆钢	kg	4.75
4	等边角钢	kg	4.12
5	膨胀螺栓 M10×110	套	0.82
6	螺杆 L=250 mm，ϕ8 mm	根	0.58
7	双螺母垫片 ϕ8 mm	副	0.62
8	普通木成材	m^3	1 415.04
9	轻钢龙骨（小）25 mm×20 mm×0.5 mm	m	2.85
10	轻钢龙骨（中）50 mm×20 mm×0.5 mm	m	4.50
11	轻钢龙骨（大）50 mm×15 mm×1.2 mm	m	6.55
12	轻钢龙骨主接件	只	0.65
13	轻钢龙骨次接件	只	0.75
14	轻钢龙骨小接件	只	0.32
15	小龙骨垂直吊件	只	0.35
16	小龙骨平面连接件	只	0.68
17	中龙骨横撑	m	3.68
18	中龙骨垂直吊件	只	0.58
19	中龙骨平面连接件	只	0.58
20	大龙骨垂直吊件（轻钢）45	只	0.60
21	边龙骨横撑	m	3.21
22	低面石膏板 1 200 mm×3 000 mm×9.5 mm	m^2	11.5
23	自攻螺钉 M4×15	10 个	0.35
24	电锤 功率 520 W	台班	7.92

2. 任务解答

（1）清单工程量计算（表 4-14）。

表 4-14 清单工程量计算

计算项目	部位	计量单位	计算式	工程量
纸面石膏板天棚吊顶	天棚	m^2	（10−0.24）×（7−0.24）	65.98

（2）计价工程量计算（表 4-15）。

表 4-15 计价工程量计算

定额子目	项目名称	计量单位	计算式	工程量
15-34	1 m 长 ϕ8 吊筋	10 m^2	65.98−4×6	4.198
15-34 换	0.6 m 长 ϕ8 吊筋	10 m^2	4×6	2.4
15-8	（复杂型）装配式 U 形不上人型轻钢龙骨（面层规格 400 mm×600 mm）	10 m^2	（10−0.24）×（7−0.24）	6.598
15-46	纸面石膏板天棚面层（凹凸）	10 m^2	65.98+（4+6）×2×0.4	7.398

（3）清单编制（表 4-16）。

表 4-16 清单编制

项目编码	项目名称	项目特征	计量单位	工程量
011302001001	纸面石膏板天棚吊顶	1. 吊顶形式、吊杆规格、高度：凹凸型天棚吊顶，吊筋直径 ϕ8，长度分别为 1 m、0.6 m。 2. 龙骨材料种类、规格、中距：装配式 U 形不上人型轻钢龙骨，面层规格 400 mm×600 mm 3. 面层材料品种、规格：9.5 mm 纸面石膏面层	m^2	65.98

（4）清单综合单价计算（表 4-17）。

定额 15-34 换 0.6 m 长 ϕ8 吊筋换算：60.54−15.80+15.80×（0.6−0.25）/0.75=52.11［元 /（10 m^2）］

材料费：

圆钢：3.93×4.75 =18.67（元）

等边角钢 ∟ 40×4：1.60×4.12=6.59（元）

膨胀螺栓 M10×110：13.26×0.82 =10.87（元）

螺杆 L=250，ϕ8：13.26×0.58=7.69（元）

双螺母双垫片 ϕ8：13.26×0.62=8.22（元）

读书笔记

表 4-17　清单综合单价计算

项目编码		011302001001		项目名称	纸面石膏板天棚吊顶		计量单位		m^2	工程量	65.98
清单综合单价组成明细											
定额编号	定额项目名称	定额单位	数量	单价				综合价			
				人工费	材料费	机械费	管理费和利润	人工费	材料费	机械费	管理费和利润
15-34	1 m 长 ϕ8 吊筋	10 m^2	4.198	—	52.73	10.43	6.04	—	221.36	43.79	25.36
15-34 换	0.6 m 长 ϕ8 吊筋	10 m^2	2.4	—	42.77	10.43	6.04	—	102.65	25.03	14.50
15-8	（复杂型）装配式 U 形不上人型轻钢龙骨（面层规格 400 mm×600 mm）	10 m^2	6.598	291.9	417.85	3.40	171.28	1 925.96	2 756.97	22.43	1 130.11
15-46	纸面石膏板天棚面层（凹凸）	10 m^2	7.398	186.26	146.74	—	108.03	1 377.95	1 085.58	—	799.21
小计								3 303.91	4 166.56	91.25	1 969.18
合计								9 530.89			
清单项目综合单价								144.45			

①定额 15–34 单价费用计算过程如下：

人工费：无

其他材料费：0.78/1.13=0.69［其他材料费定额基价为含税单价，现行一般销售的增值税税率为 13%，除税价 = 含税价 /（1+ 增值税税率）］

合计：18.67+6.59+ 10.87+7.69+8.22+0.69=52.73（元）

机械费：

电锤（功率 520 W）：0.20×7.92=1.58（元）

其他机械费：8.85（元）

合计：1.58+ 8.85=10.43（元）

管理费：10.43×43%=4.48（元）

利润：10.43×15%=1.56（元）

②定额 15–34 换单价费用计算过程如下：

人工费：无

材料费：52.73–18.67+18.67×（0.6–0.25）/0.75=42.77（元）

机械费：同①中 15–34 为 10.43 元

管理费：10.43×43%=4.48（元）

利润：10.43×15%=1.56（元）

③定额 15–8 单价费用计算过程如下：

人工费：139×2.10=291.9（元）

材料费：

普通木成材　0.007×1 415.04=9.91（元）

轻钢龙骨（小）25 mm×20 mm×0.5 mm　3.4×2.85=9.69（元）

轻钢龙骨（中）50 mm×20 mm×0.5 mm　21.36×4.5=96.12（元）

轻钢龙骨（大）50 mm×15 mm×1.2 mm　18.64×6.55=122.09（元）

轻钢龙骨主接件　10×0.65=6.5（元）

轻钢龙骨次接件　12×0.75=9（元）

轻钢龙骨小接件　1.30×0.32=0.42（元）

小龙骨垂直吊件　12.50×0.35=4.38（元）

小龙骨平面连接件　12.50×0.68=8.5（元）

中龙骨横撑　20.58×3.68=75.73（元）

中龙骨垂直吊件　33.00×0.58=19.14（元）

中龙骨平面连接体　58.10×0.58=33.70（元）

大龙骨垂直吊件（轻钢）45　20.00×0.60=12（元）

边龙骨横撑　2.02×3.21=6.48（元）

其他材料费　4.74/1.13=4.19（元）

合计：9.91+9.69+96.12+122.09+6.5+9+0.42+4.38+8.5+75.73+19.14+33.70+12+6.48+4.19=417.85（元）

机械费：3.40（元）

管理费：（291.9+3.40）×43%=126.98（元）

利润：（291.9+3.40）×15%=44.30（元）

④定额 15-46 单价费用计算过程如下：

人工费：139×1.34 =186.26（元）

材料费：

纸面石膏板 1 200 mm×3 000 mm×9.5 mm：11.50×11.50=132.25（元）

自攻螺钉 M4×15：41.40×0.35=14.49（元）

合计：132.25+14.49=146.74（元）

机械费：无

管理费：186.26×43%=80.09（元）

利润：186.26×15%=27.94（元）

4.3.2 任务二

1. 任务要求

某厂房天棚工程平面及详图如图 4-6、图 4-7 所示，天棚做法为 12 mm 厚 1 ：0.3 ：3 混合砂浆，天棚与墙面相交处抹小圆角，求该天棚抹混合砂浆的工程量、清单综合单价及合价［注：该工程为建筑三类工程中的分项工程，参照《江苏省建筑与装饰工程计价定额》（2014）计价，管理费和利润分别取 25% 和 12%］。

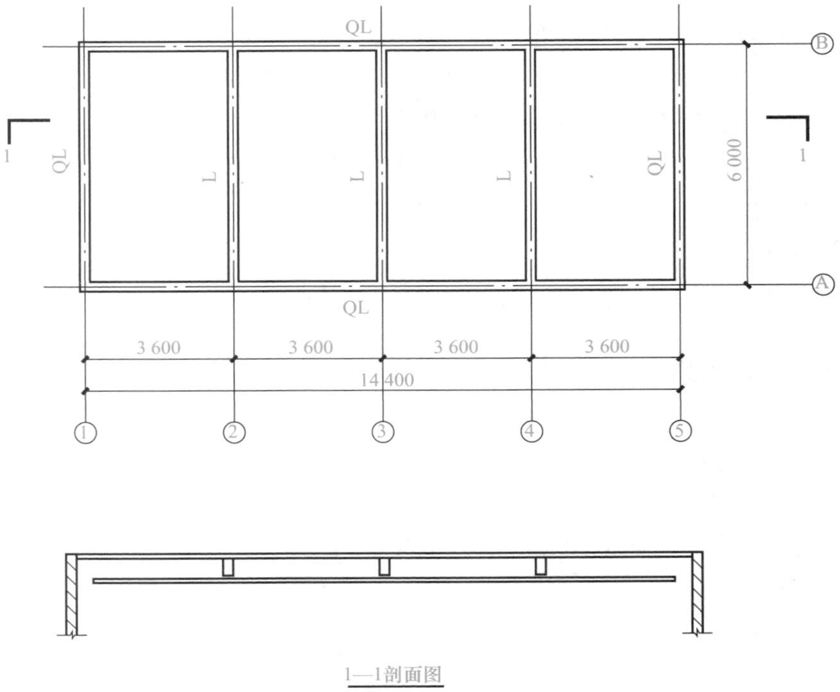

图 4-6　某天棚平面及剖面图

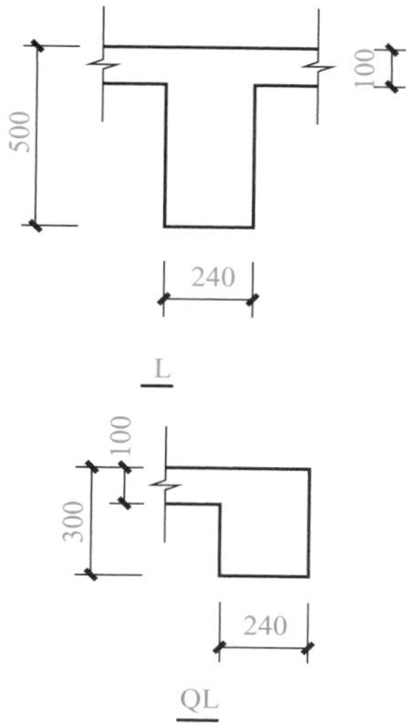

图 4-7　某天棚梁断面示意

2. 任务解答

（1）清单工程量计算（表 4-18）。

表 4-18　清单工程量计算

计算项目	部位	计量单位	计算式	工程量
天棚面抹混合砂浆	天棚	m^2	$S_{天棚}$=（14.4−0.24）×（6−0.24）=81.56（m^2） $S_{梁两侧}$=（0.5−0.1）×（6−0.24）×2×3=13.824（m^2） S=81.56+13.824=95.38（m^2）	95.38

（2）计价工程量计算（表 4-19）。

表 4-19　计价工程量计算

定额子目	项目名称	计量单位	计算式	工程量
15-87 换	现浇混凝土天棚抹混合砂浆（抹小圆角）	10 m^2	$S_{天棚}$=（14.4−0.24）×（6−0.24）=81.56（m^2） $S_{梁两侧}$=（0.5−0.1）×（6−0.24）×2×3 =13.824（m^2） S=81.56+13.824=95.38（m^2）	9.538

（3）清单编制（表 4-20）。

表 4-20　清单编制

项目编码	项目名称	项目特征	计量单位	工程量
011301001001	天棚面抹混合砂浆	1. 基层类型：混凝土板 2. 抹灰厚度、材料种类：12 mm 厚混合砂浆 3. 砂浆配合比：1 ∶ 0.3 ∶ 3 混合砂浆	m^2	95.38

（4）清单综合单价计算（表 4-21）。

定额 15-87 换：现浇混凝土天棚抹混合砂浆（抹小圆角）换算：191.05+0.005×253.85+0.001×122.64×（1+25%+12%）=192.49（元 /10 m^2）

表 4-21　清单综合单价计算

<table>
<tr><td colspan="2">项目编码</td><td colspan="2">011301001001</td><td colspan="2">项目名称</td><td>天棚面抹混合砂浆</td><td colspan="2">计量单位</td><td>m²</td><td>工程量</td><td>95.38</td></tr>
<tr><td colspan="12">清单综合单价组成明细</td></tr>
<tr><td rowspan="2">定额编号</td><td rowspan="2">定额项目名称</td><td rowspan="2">定额单位</td><td rowspan="2">数量</td><td colspan="4">单价 / 元</td><td colspan="4">综合价 / 元</td></tr>
<tr><td>人工费</td><td>材料费</td><td>机械费</td><td>管理费和利润</td><td>人工费</td><td>材料费</td><td>机械费</td><td>管理费和利润</td></tr>
<tr><td>15-87 换</td><td>现浇混凝土天棚抹混合砂浆（抹小圆角）</td><td>10 m²</td><td>9.538</td><td>111.52</td><td>35.33</td><td>3.19</td><td>42.45</td><td>1 063.68</td><td>336.98</td><td>30.43</td><td>404.89</td></tr>
<tr><td colspan="8">小计</td><td>1063.68</td><td>336.98</td><td>30.43</td><td>404.89</td></tr>
<tr><td colspan="8">合计</td><td colspan="4">1835.98</td></tr>
<tr><td colspan="8">清单项目综合单价</td><td colspan="4">19.25</td></tr>
</table>

（5）工程量清单计价及合价（表 4-22）。

表 4-22　工程量清单计价及合价

<table>
<tr><td>项目编码</td><td>项目名称</td><td>项目特征</td><td>计量单位</td><td>工程量</td><td>综合单价 / 元</td><td>合价 / 元</td></tr>
<tr><td>011301001001</td><td>天棚面抹混合砂浆</td><td>1．基层类型：混凝土板
2．抹灰厚度、材料种类：12 mm 厚混合砂浆
3．砂浆配合比：1 ∶ 0.3 ∶ 3 混合砂浆</td><td>m²</td><td>95.38</td><td>19.25</td><td>1 835.98</td></tr>
</table>

4.3.3　任务实践

某装饰企业承担某商城中 1 ～ 2 层的内装饰，如图 4-8 所示，其中，天棚为装配式 U 形不上人型轻钢龙骨，方格为 400 mm×600 mm，吊筋用 ϕ8 mm，面层用 1 200 mm×3 000 mm×9.5 mm 纸面石膏板，1 层楼层层高为 4.2 m，2 层楼层层高为 5.0m，天棚面暂不考虑阴、阳角线，混凝土楼板每层均为 100 mm 厚，平面尺寸及简易做法如下（两层天棚做法均一样）。试用计价表计算该企业完成 1 ～ 2 层的天棚龙骨面层（不包括粘贴胶带及油漆）的有关综合单价和合价［注：该工程为单独装饰工程，参照《江苏省建筑与装饰工程计价定额》（2014）且按照一般计税方式计价］。

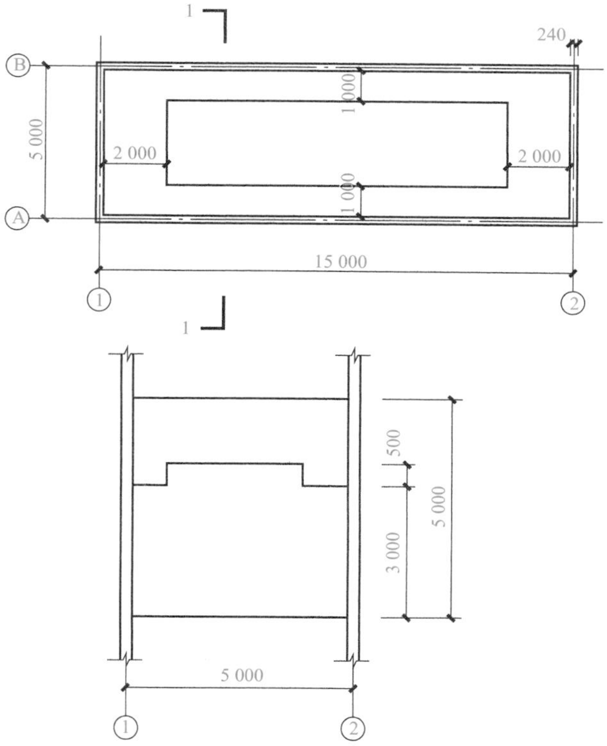

图 4-8　某天棚示意

学生工作页

项目名称	天棚装饰工程		
课题名称	编制吊顶天棚工程的清单与综合单价分析		
学生姓名		所在班级	
所学专业		完成任务时间	
指导老师		任务完成日期	

一、任务描述

详见 4.3.3 任务实践中任务要求。

二、信息提取（回顾）

1．请写出本项目吊顶天棚的类型，写出所套用的清单编码、项目名称并描述项目特征。

2．请写出吊顶面层清单工程量计算规则。

3．请思考并列出本项目所套用的定额项目，需要换算的有哪些？

4．请分别写出天棚龙骨、吊筋、面层的定额工程量计算规则。

三、解题思路

1．清单工程量计算

计算项目	部位	计算单位	计算式	工程量

2．计价工程量计算

定额子目	项目名称	计算单位	计算式	工程量

3．清单编制

项目编码	项目名称	项目特征	计量单位	工程量

4．清单综合单价计算

5．计算该吊顶工程合价

四、体会与总结

五、指导老师评价意见

指导老师签字：
日期：

项目5　门窗装饰工程

读书笔记

知识目标

1．掌握门窗工程常见构造及施工工艺，理解门窗工程计量规则。

2．掌握门窗工程计价的基础知识，熟悉门窗工程常用定额。

能力目标

1．能够正确识读建筑施工图，根据门窗工程量计量规则正确计算相应的清单、计价工程量，根据设计要求、设计图纸及相关工艺列出项目清单。

2．能够根据门窗工程计价规范、计价定额、工程实践，正确套用定额，并能够熟练进行定额换算。

3．能够根据门窗工程清单项目特征进行科学地组价，计算清单项目的综合单价及综合价。懂得工程造价学科必须建立在科学、诚信、公平、公正的基础上，保证行业有序健康发展。

任务5.1　门窗装饰工程概述

5.1.1　门窗工程简介

门窗是建筑物重要组成部分。门的主要功能是交通联系，有时也起采光、通风作用；窗的主要功能是采光、通风及观望，属于建筑围护构件。同时，门窗形状、尺度、排列组合及材料对建筑的整体造型和立面效果影响很大。在构造上，门窗还应具有一定保温、隔声、防雨、防火、防风沙等作用。

1．常见门类型简介

（1）按开启方式可分为平开门、弹簧门、推拉门、折叠门、卷帘门、转门等（图5–1）。

①平开门是水平开启的门，它的铰链安装于门扇的一侧与门框相连，使门扇围绕铰链轴转动。门扇有单扇、双扇和内开、外开之分。

②弹簧门的开启方式与普通平开门相同，所不同的是弹簧铰链代替了普通铰链，借助弹簧的力量使门扇能向内、向外开启并经常保持关闭。

③推拉门是门扇通过上下轨道，左右推拉滑行进行开关，有单扇和双扇之分。

④折叠门可分为侧挂式和推拉式两种。折叠门由多扇门构成，每扇门宽度为500～

读书笔记

1 000 mm，一般以 600 mm 为宜，适用宽度较大的洞口。

⑤转门由两个固定的弧形门套和垂直旋转的门扇构成。门扇可分为三扇或四扇，绕竖轴旋转。

⑥卷帘门多用于商店橱窗或商店出入口外侧的封闭门。

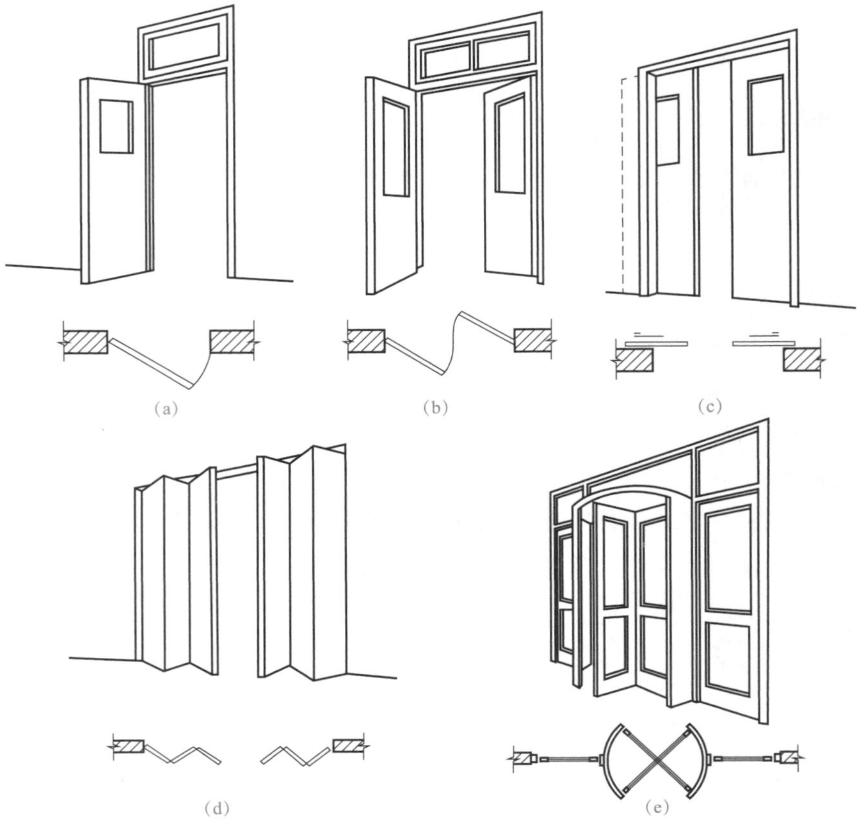

图 5-1　门开启方式

(a) 平开门；(b) 弹簧门；(c) 推拉门；(d) 折叠门；(e) 转门

(2) 门的组成（以平开木门为例）。门一般由门框、门扇、亮子、五金零件及附件组成（图 5-2）。

门框又称门樘，是门扇、亮子与墙体的联系构件。门扇一般由上冒头、中冒头、下冒头和边梃等组成。亮子又称腰头窗，在门上方，为辅助采光和通风之用。五金零件一般有铰链、插销、门锁、拉手、门碰头等。

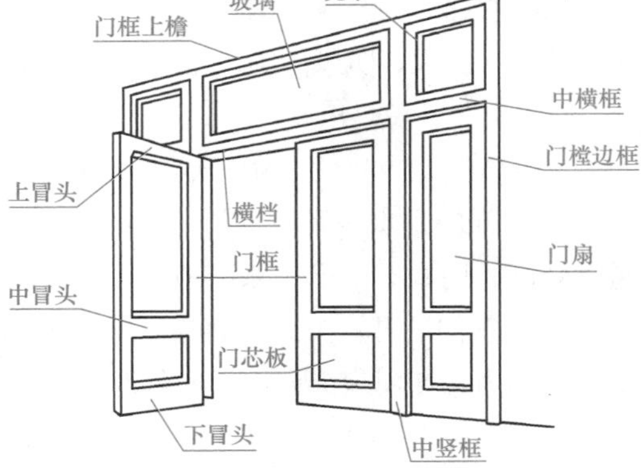

图 5-2　门的组成

(3) 木门构造（以平开木门为例）。

①门框。门框的断面形式与门的类型、层数有关，同时应利于门的安装，并

读书笔记

具有一定的密闭性。为便于门扇密闭，门框上要做裁口（或铲口）。根据门扇数与开启方式的不同，裁口的形式可分为单裁口与双裁口两种。

门框的安装可分为塞口和立口两种（图 5-3）。塞口（又称塞樘子），是在砌墙时留出门洞口，待建筑主体工程结束后再安装门框；立口（又称站口），即先立门框后砌墙。

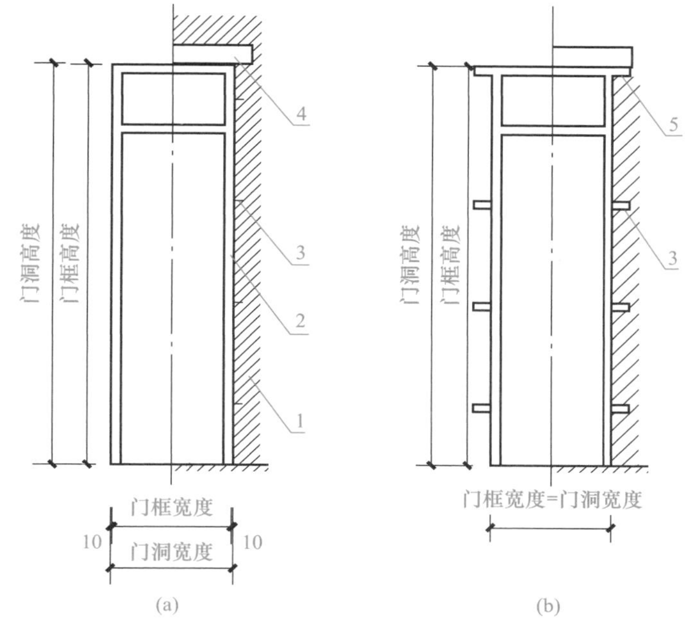

图 5-3　门框的安装方式

（a）塞口；（b）立口

1—墙体；2—门框；3—预埋木砖；4—过梁；5—羊角

②门扇。常用的木门门扇有镶板门（包括玻璃门、纱门）和夹板门。

a. 镶板门是应用最广的一种门，门扇由骨架和门芯板组成（图 5-4）。骨架一般由上冒头、中冒头、下冒头及边梃组成。在骨架内镶门芯板，门芯板常用 10 ～ 15 mm 厚的木板、胶合板、硬质纤维板及塑料板制作。

b. 夹板门也称贴板门或胶合板门，是用断面较小的方木做成骨架，两面粘贴面板而成的（图 5-5）。门扇面板可用胶合板、塑料面板或硬质纤维板，面板和骨架形成一个整体，共同抵抗变形。夹板门多为全夹板门，也有局部安装玻璃或百叶的夹板门。

（4）铝合金门构造。铝合金门具有质量轻、强度高、耐腐蚀、密闭性好等优点，近年来越来越多地在建筑中被广泛应用。常用的铝合金门有推拉门、平开门、弹簧门、卷帘门等。各种铝合金门都是用不同断面型号的铝合金型材、配套零件及密封件加工制作而成的。

（5）塑料门构造。塑料门是以聚氯乙烯（PVC）、改性聚氯乙烯或其他树脂为主要原料，以轻质碳酸钙为填料，添加适量助剂和改性剂，经挤压机挤出各种截面的空腹门异型材，再根据不同的品种规格选用不同的截面异型材料组装而成的。

读书笔记

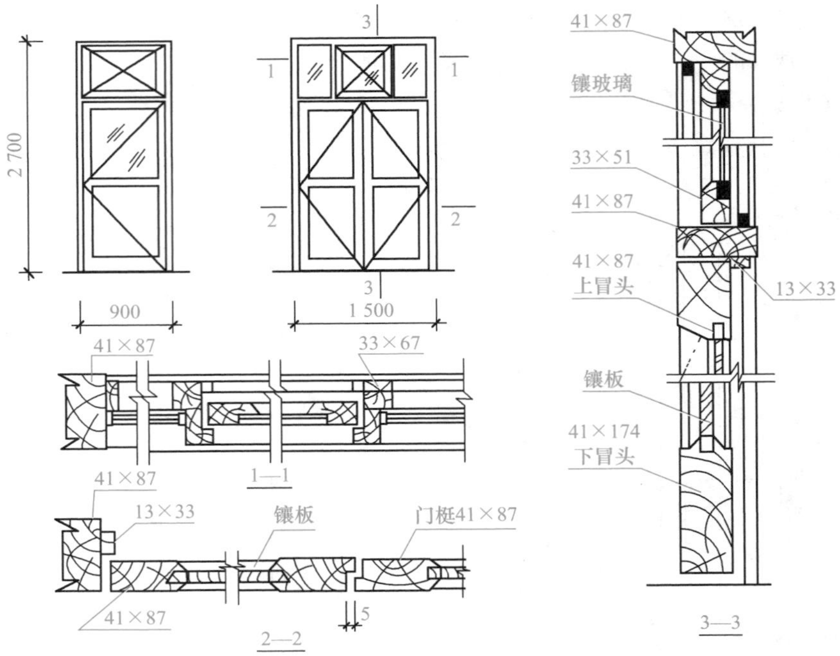

图 5-4　镶板门构造

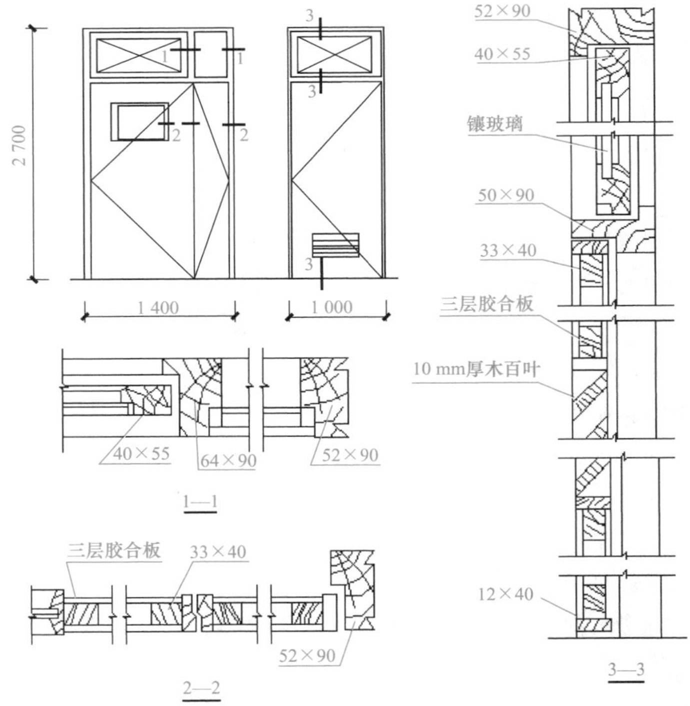

图 5-5　夹板门构造

（6）全玻璃门构造。全玻璃门由固定玻璃和活动门扇两部分组成。固定玻璃与活动玻璃门扇的连接方法有两种：一是直接用玻璃门夹进行连接，其造型简洁，构造简单；

另一种是通过横框或小门框连接。全玻璃门按开启功能不同，可分为手动门和自动门两种。以玻璃地弹簧门为例。地弹簧门是使用地弹簧做开关装置的平开门，门扇可内外自由开启。

（7）感应门构造。感应门有平移感应门和平开门感应门。“感应”是指自动门中的开门模式。感应门主要是指通过感应方式实现的门开关控制系统。按制造工艺不同，感应门可分为框架门和无框架门；根据感应方式的不同，感应门可分为红外感应门、微波感应门、刷卡感应门、触摸感应门等。门体一般采用钢化玻璃、不锈钢钢板、彩钢板等或某些特定材料。

2. 常见窗类型简介

（1）窗按开启方式的不同可分为平开窗、上悬窗、中悬窗、下悬窗、立转窗、水平推拉窗、垂直推拉窗、固定窗等（图 5-6）。

①平开窗是窗扇用铰链与窗框侧边相连，可向外或向内水平开启，有单扇、双扇、多扇之分。

②悬窗根据铰链和转轴的位置不同，可分为上悬窗、中悬窗和下悬窗。

③立转窗是在窗扇上下两边设垂直转轴，转轴可设在中部或偏左一侧，开启时窗扇绕转轴垂直旋转。

④推拉窗可分为垂直推拉和水平推拉两种。窗扇沿水平或竖向导轨或滑槽推拉，开启时不占空间。

⑤固定窗无窗扇，将玻璃直接安装在窗框上，不能开启，只供采光和眺望，多用于门的亮子窗或与开启窗配合使用。

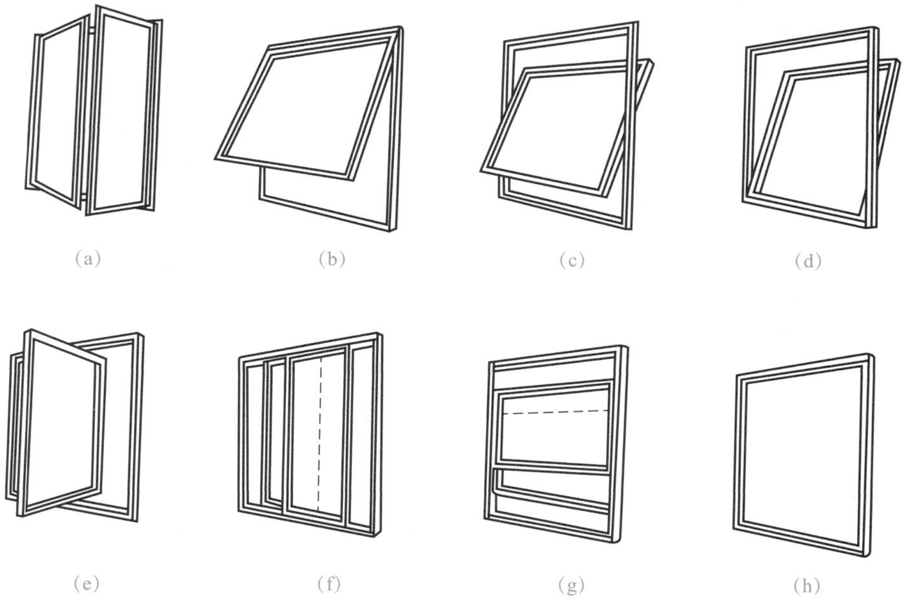

图 5-6　窗的开启方式

（a）平开窗；（b）上悬窗；（c）中悬窗；（d）下悬窗
（e）立转窗；（f）水平推拉窗；（g）垂直推拉窗；（h）固定窗

读书笔记

（2）窗的组成（以平开木窗为例）。窗主要由窗框、窗扇和建筑五金零件组成（图5–7）。

窗框又称窗樘，一般由上框、下框及边框组成。在有亮子窗或横向窗扇数较多时，应设置中横框和中竖框。窗扇由上冒头、窗芯、下冒头及边梃组成。建筑五金零件主要有铰链（合页）、风钩、插销、拉手、导轨、转轴和滑轮等。

（3）木窗构造。

①窗框。窗框的断面形式与窗的类型有关，同时应利于窗的安装，并应具有一定的密闭性。窗框的断面尺寸应根据窗扇层数和榫接的需要确定。与门框相同，窗框在构造上也应做裁口和背槽。裁口有单裁口和双裁口之分。

窗框的安装方法与门框基本相同。窗框与墙体之间的缝隙应用砂浆或油膏填实，以满足防风、挡雨、保温、隔声等要求。

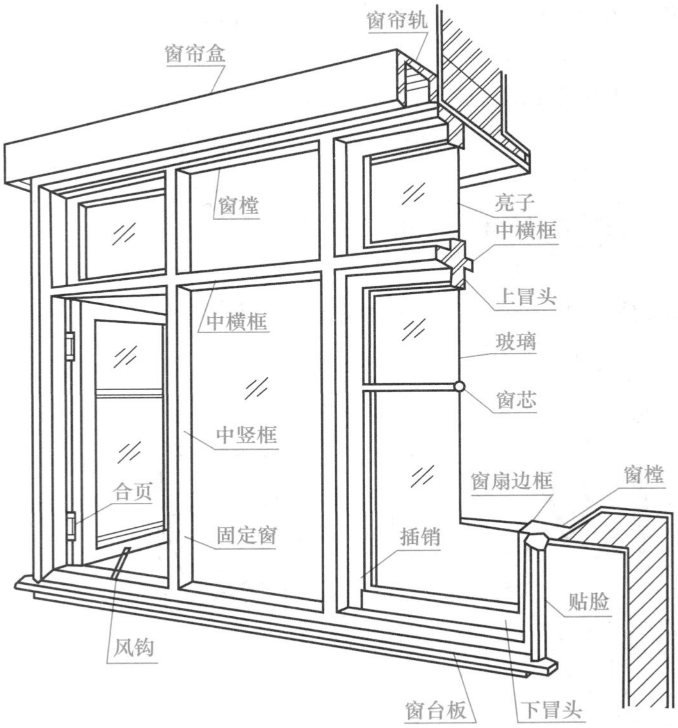

图 5–7　木窗的组成

②窗扇。平开窗常见的窗扇有玻璃窗扇、纱窗扇和百叶窗。其中，玻璃窗扇最普遍。一般平开窗的窗扇高度为 600 ～ 1 200 mm，宽度不宜大于 600 mm。推拉窗的窗扇高度不宜大于 1 500 mm，窗扇由上、下冒头和边梃组成。为减少玻璃尺寸，窗扇上常设窗芯分格。窗扇的构造处理如图 5–8 所示。

（4）铝合金窗的构造。铝合金窗的特点、铝合金窗的框料系列和铝合金窗的安装与铝合金门基本相同。常见的铝合金窗的类型有推拉窗、平开窗、固定窗、悬挂窗、百叶窗等。各种窗都用不同断面型号的铝合金型材和配套零件及密封件加工制成。

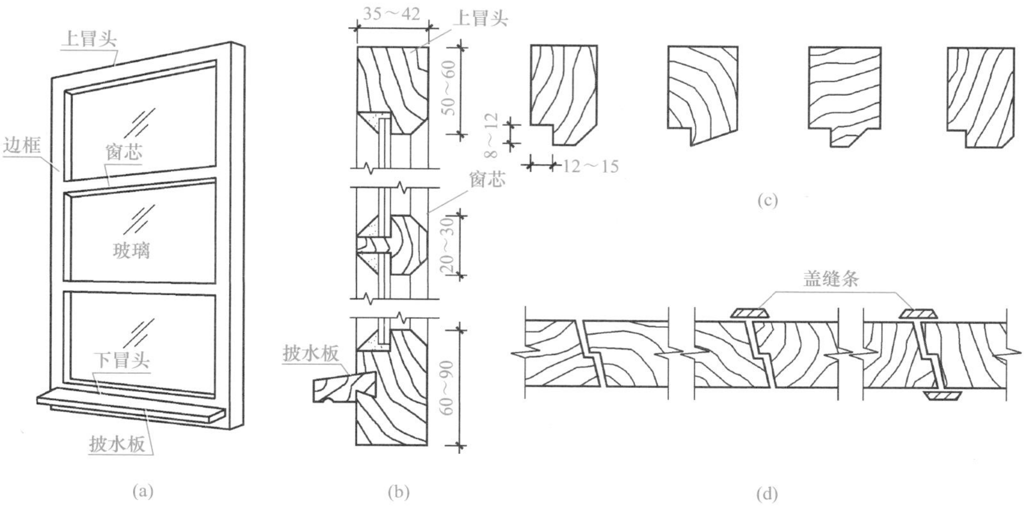

图 5-8　窗扇的构造处理

（a）窗扇立面；（b）窗扇剖面；（c）线脚示例；（d）盖缝处理

①铝合金推拉窗有沿水平方向左右推拉和沿垂直方向上下推拉的窗，常采用水平推拉窗。窗扇采用两组带轴承的工程塑料滑轮，可减轻噪声，使窗扇受力均匀，开关灵活。

②平开窗铰链安装于窗侧面。平开窗玻璃镶嵌可采用干式装配、湿式装配或混合装配。干式装配是采用密封条嵌入玻璃与槽壁的空隙将玻璃固定；湿式装配是在玻璃与槽壁的空腔内注入密封胶填缝，密封胶固化后将玻璃固定，并将缝隙密封起来；混合装配是一侧空腔嵌密封条，另一侧空腔注入密封胶填缝密封固定。混合装配又可分为从外侧安装玻璃和从内侧安装玻璃两种。

（5）塑料窗的构造。塑料窗的特点、型材系列、安装方式同塑料门。常用的塑料窗主要是推拉窗和平开窗。

①推拉窗可用拼料组合成其他形式的窗式门连窗，还可以装配成各种形式的纱窗。推拉窗在下框和中横框应设计排水孔，使雨水及时排除。

②平开窗可向外或向内水平开启，有单扇、双扇和多扇，铰链安装在窗扇一侧，与窗框相连。平开窗构造相对简单，维修方便。

5.1.2　门窗工程识图

门窗工程量清单计价的图纸依据主要是建筑施工图中的门窗统计表（表 5-1）、各层平面图（图 5-9）、门窗大样图。门窗图纸识读应通过建筑施工图中的门窗统计表、各层平面图、门窗大样图等获取以下必要的内容：

（1）门窗的类型、洞口尺寸；

（2）门窗框、扇尺的材料、尺寸；

（3）防护材料种类，油漆品种，刷漆遍数；

（4）门窗套、窗台板、窗帘、窗帘盒、轨材料、规格等。

表 5-1　门窗统计表

名称	代号	洞口尺寸宽度 × 高度 /（mm×mm）	备注
成品钢制防盗门	FDM-1	800×2 100	含锁、五金
成品实木门带套	M-2	800×2 100	含锁、普通五金，镶板造型门
	M-4	700×2 100	
成品平开塑钢窗	C-9	1 500×1 500	夹胶玻璃（6+2.5+6），型材为塑钢 90 系列，普通五金
	C-12	1 000×1 500	
	C-15	600×1 500	
成品塑钢门带窗	SMC-2	门（700×2 100） 窗（600×1 500）	
成品塑钢门	SM-1	2 400×2 100	

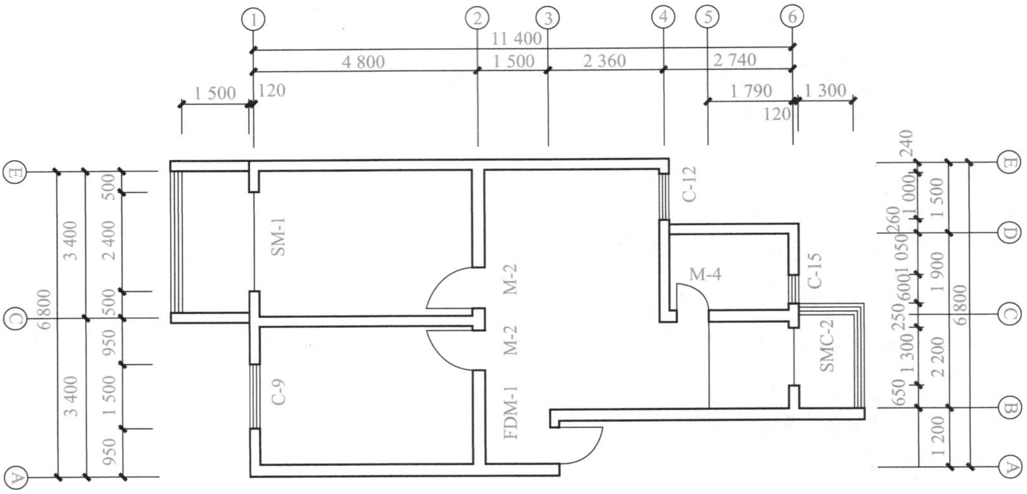

图 5-9　某工程二层平面图

任务 5.2　门窗工程计量与计价

5.2.1　门窗工程常见项目工程量清单计算规范

《房屋建筑与装饰工程工程量计算规范》（GB 50854—2013）中把门窗工程划分为木门，金属门，金属卷帘（闸）门，厂库房大门，特种门，其他门，木窗，金属窗，门窗套，窗台板及窗帘、窗帘盒、轨 10 个子分部，并规范了每个子分部的清单项目的项目编码、项目名称、项目特征、计量单位、工程量计算规则、工作内容。门窗工程常用分项的清单计算规范见表 5-2。

表 5-2 门窗常用分项清单计算规范

子分部	项目编码	项目名称	项目特征	计量单位	工程量计算规则	工作内容
木门	010801001	木质门	1. 门代号及洞口尺寸 2. 镶嵌玻璃品种、厚度	1. 樘 2. m^2	1. 以樘计量，按设计图示数量计算 2. 以平方米计量，按设计图示洞口尺寸以面积计算	1. 门安装 2. 玻璃安装 3. 五金安装
	010801004	木质防火门				
金属门	010802001	金属（塑钢）门	1. 门代号及洞口尺寸 2. 门框或扇外围尺寸 3. 门框、扇材质 4. 玻璃品种、厚度		1. 以樘计量，按设计图示数量计算 2. 以平方米计量，按设计图示洞口尺寸以面积计算	
	010802003	钢质防火门	1. 门代号及洞口尺寸 2. 门框或扇外围尺寸 3. 门框、扇材质			1. 门安装 2. 五金安装
	010802004	防盗门				
金属卷帘（闸）门	010803002	防火卷帘（闸）门	1. 门代号及洞口尺寸 2. 门材质 3. 启动装置品种、规格		1. 以樘计量，按设计图示数量计算 2. 以平方米计量，按设计图示洞口尺寸以面积计算	1. 门运输、安装 2. 启动装置、活动小门、五金安装
其他门	010805001	电子感应门	1. 门代号及洞口尺寸 2. 门框或扇外围尺寸 3. 门框、扇材质 4. 玻璃品种、厚度 5. 启动装置的品种、规格 6. 电子配件品种、规格	1. 樘 2. m^2	1. 以樘计量，按设计图示数量计算 2. 以平方米计量，按设计图示洞口尺寸以面积计算	1. 门安装 2. 启动装置、五金、电子配件安装
	010805003	电子对讲门	1. 门代号及洞口尺寸 2. 门框或扇外围尺寸 3. 门材质 4. 玻璃品种、厚度 5. 启动装置的品种、规格 6. 电子配件品种、规格			
	010805005	全玻自由门	1. 门代号及洞口尺寸 2. 门框或扇外围尺寸 3. 框材质 4. 玻璃品种、厚度			1. 门安装 2. 五金安装
木窗	010806001	木质窗	1. 窗代号及洞口尺寸 2. 玻璃品种、厚度		1. 以樘计量，按设计图示数量计算 2. 以平方米计量，按设计图示洞口尺寸以面积计算	1. 窗安装 2. 五金安装
金属窗	010807001	金属（塑钢、断桥）窗	1. 窗代号及洞口尺寸 2. 框、扇材质 3. 玻璃品种、厚度		1. 以樘计量，按设计图示数量计算 2. 以平方米计量，按设计图示洞口尺寸以面积计算	
	010807002	金属防火窗				
	010807003	金属百叶窗				

子分部	项目编码	项目名称	项目特征	计量单位	工程量计算规则	工作内容
金属窗	010807007	金属（塑钢、断桥）飘（凸）窗	1. 窗代号 2. 框外围展开面积 3. 框、扇材质 4. 玻璃品种、厚度	1. 樘 2. m^2	1. 以樘计量，按设计图示数量计算 2. 以平方米计量，按设计图示尺寸以框外围展开面积计算	1. 窗安装 2. 五金、玻璃安装
门窗套	010808004	金属门窗套	1. 窗代号及洞口尺寸 2. 门窗套展开宽度 3. 基层材料种类 4. 面层材料品种、规格 5. 防护材料种类	1. 樘 2. m^2 3. m	1. 以樘计量，按设计图示数量计算 2. 以平方米计量，按设计图示尺寸以展开面积计算 3. 以米计量，按设计图示中心以延长米计算	1. 清理基层 2. 立筋制作、安装 3. 基层板安装 4. 面层铺贴 5. 刷防护材料
窗台板	010809004	石材窗台板	1. 粘结层厚度、砂浆配合比 2. 窗台板材质、规格、颜色	m^2	按设计图示尺寸以展开面积计算	1. 基层清理 2. 抹找平层 3. 窗台板制作、安装
窗帘、窗帘盒、轨	010810001	窗帘	1. 窗帘材质 2. 窗帘高度、宽度 3. 窗帘层数 4. 带幔要求	1. m 2. m^2	1. 以米计量，按设计图示尺寸以成活后长度计算 2. 以平方米计量，按图示尺寸以成活后展开面积计算	1. 制作、运输 2. 安装
	010810005	窗帘轨	1. 窗帘轨材质、规格 2. 轨的数量 3. 防护材料种类	m	按设计图示尺寸以长度计算	1. 制作、运输、安装 2. 刷防护材料

注：1. 木质门应区分镶板木门、企口木板门、实木装饰门、胶合板门、夹板装饰门、木纱门、全玻门(带木质扇框)、木质半玻门(带木质扇框)等项目，分别编码列项。
2. 木门五金应包括折页、插销、门碰珠、弓背拉手、搭机、木螺钉、弹簧折页（自动门）、管子拉手（自由门、地弹门）、地弹簧（地弹门）、角铁、门轧头（地弹门、自由门）等。
3. 金属门应区分金属平开门、金属推拉门、金属地弹门、全玻门（带金属扇框）、金属半玻门（带扇框）等项目，分别编码列项。
4. 铝合金门五金包括地弹簧、门锁、拉手、门插、门铰、螺钉等。
5. 其他金属门五金包括 L 形执手插锁（双舌）、执手锁（单舌）、门轨头、地锁、防盗门机、门眼（猫眼）、门碰珠、电子锁（磁卡锁）、闭门器、装饰拉手等。
6. 以樘计量，项目特征必须描述洞口尺寸，没有洞口尺寸必须描述门窗框或扇外围尺寸；以平方米计量，项目特征可不描述洞口尺寸及框、扇的外围尺寸，无设计图示洞口尺寸，按门窗框、扇外围以面积计算。
7. 木质窗应区分木百叶窗、木组合窗、木天窗、木固定窗、木装饰空花窗等项目，分别编码列项。
8. 木窗五金包括折页、插销、风钩、木螺钉、滑轮滑轨（推拉窗）等。
9. 金属窗应区分金属组合窗、防盗窗等项目，分别编码列项。
10. 金属橱窗、飘（凸）窗以樘计量，项目特征必须描述框外围展开面积。
11. 金属窗五金包括折页、螺钉、滑轨、卡锁、滑轮、铰拉、执手、拉把、拉手、风撑、角码、牛角制等。
12. 窗帘若是双层，项目特征必须描述每层材质。
13. 窗帘以米计量，项目特征必须描述窗帘高度和宽。

门窗装饰工程量计算规范清单项目更多内容可通过手机 QQ、微信扫描下面二维码获取。

《房屋建筑与装饰工程工程量计算规范》（GB 50854—2013）节选

5.2.2 《江苏省建筑与装饰工程计价定额》（2014）中门窗工程量计算规则节选

（1）购入成品的各种铝合金门窗安装，按门窗洞口面积以平方米计算；购入成品的木门扇安装，按购入门扇的净面积计算。

（2）现场铝合金门窗扇制作、安装按门窗洞口面积以平方米计算。

（3）各种卷帘门按实际制作面积计算，卷帘门上有小门时，其卷帘门工程量应扣除小门面积。卷帘门上的小门按扇计算，卷帘门上电动提升装置以套计算，手动装置的材料、安装人工已包括在定额内，不另增加。

（4）无框玻璃门按其洞口面积计算。在无框玻璃门中，部分为固定门扇、部分为开启门扇时，工程量应分开计算。无框门上带亮子时，其亮子与固定门扇合并计算。

（5）门窗框上包不锈钢钢板均按不锈钢钢板的展开面积以平方米计算，木门扇上包金属面或软包面均以门扇净面积计算。无框玻璃门上亮子与门扇之间的钢骨架横撑（外包不锈钢钢板），按横撑包不锈钢钢板的展开面积计算。

（6）门窗扇包镀锌薄钢板，按门窗洞口面积以平方米计算；门窗框包镀锌薄钢板、钉橡皮条、钉毛毡按图示门窗洞口尺寸以延长米计算。

（7）木门窗框、扇制作、安装工程量按以下规定计算：

①各类木门窗（包括纱门、纱窗）制作、安装工程量均按门窗洞口面积以平方米计算。

②连门窗的工程量应分别计算，套用相应门、窗定额，窗的宽度算至门框外侧。

③普通窗上部带有半圆窗的工程量应按普通窗和半圆窗分别计算，其分界线以普通窗和半圆窗之间的横框上边线为分界线。

④无框窗扇按扇的外围面积计算。

5.2.3 门窗工程计价

（1）本书门窗工程计价定额的依据是《江苏省建筑与装饰工程计价定额》（2014）。主要适应江苏省工程市场计价的需要，是建设各方计价的依据之一。

（2）《江苏省建筑与装饰工程计价定额》（2014）中，有关门窗常用计量与计价的规定如下：

①门窗工程分为购入构件成品安装，铝合金门窗制作安装，木门窗框、扇制作安装，装饰木门扇及门窗五金配件安装五部分。

②购入构件成品安装门窗单价中，除地弹簧、门夹、管子、拉手等特殊五金外，玻璃及一般五金已包括在相应的成品单价中，一般五金的安装人工已包括在定额内，特殊五金和安装人工应按“门、窗配件安装”的相应子目执行。

③铝合金门窗制作、安装。

a．铝合金门窗制作、安装是按在构件厂制作，现场安装编制的，但构件厂至现场的运输费用应按当地交通部门的规定运费执行（运费不计入取费基价）。

b．铝合金门窗制作型材分为普通铝合金型材和断桥隔热铝合金型材两种，应按设计分别套用相应子目。各种铝合金型材含量的取定定额仅为暂定。设计型材的含量与定额不符，应按设计用量加 6% 制作损耗调整。

c．铝合金门窗的五金应按“门、窗五金配件安装”另列项目计算。

d．门窗框与墙或柱的连接是按镀锌铁脚、尼龙膨胀螺栓连接考虑的，设计不同，定额中的铁脚、螺栓应扣除，其他连接件另外增加。

④门、窗制作安装。

a．门窗工程编制了一般木门窗制作、安装及成品木门框扇的安装，制作是按机械和手工操作综合编制的。

b．门窗工程均以一、二类木种为准，如采用三、四类木种，分别乘以下系数：木门、窗制作人工和机械费乘以系数 1.30；木门、窗安装人工乘以系数 1.15。

c．门窗工程木材木种划分见表 5-3。

表 5-3　木材木种划分

类别	木种
一类	红松、水桐木、樟子松
二类	白松、杉木（方杉、冷杉）、杨木、铁杉、柳木、花旗松、椴木
三类	青松、黄花松、秋子松、马尾松、东北榆木、柏木、苦楝木、梓木、黄菠萝、椿木、楠木（桢南、润楠）、柚木、樟木、山毛榉、栓木、白木、云香木、枫木
四类	栎木（柞木）、檀木、色木、槐木、荔木、麻栗木（麻栎、青冈）、桦树、木荷、水曲柳、柳桉、华北榆木、核桃楸、克隆、门格里斯

d．木材规格是按已成型的两个切断面规格料编制的，两个切断面以前的锯缝损耗按总说明规定应另外计算。

e．门窗工程中注明的木材断面或厚度均以毛料为准，如设计图纸注明的断面或厚度为净料时，应增加断面刨光损耗：一面刨光加 3 mm，两面刨光加 5 mm，圆木按直径增加 5 mm。

f．门窗工程中的木材是以自然干燥条件下的木材编制的，需要烘干时，其烘干费用及损耗由各市确定。

g．门窗工程中门、窗框扇断面除注明者外均是按《木窗图集》（苏 J73—2）常用项目的Ⅲ级断面编制的，其具体取定尺寸见表 5–4。

表 5–4 门窗断面尺寸表

门窗	门窗类型	边框断面（含刨光损耗）		扇立梃断面（含刨光损耗）	
		定额取定断面 /（mm×mm）	截面面积 /cm²	定额取定断面 /mm	截面面积 /cm²
门	半截玻璃门	55×100	55	50×100	50
	冒头板门	55×100	55	45×100	45
	双面胶合板门	55×100	55	38×60	22.8
	纱门	—	—	35×100	35
	全玻自由门	—	—	50×120	60
	拼板门	70×140（I 级）	98	50×100	50
	平开、推拉木门	55×100	55	60×120	72
窗	平开窗	55×100	55	45×65	29.25
	纱窗	—	—	35×65	22.75
	工业木窗	55×120（II 级）	66	—	—

设计框、扇断面与定额不同时，应按比例换算。框料以边立框断面为准（框裁口处如为钉条者，应加贴条断面），扇料以立挺断面为准。换算公式如下：

$$\frac{\text{设计断面面积（净料加刨光损耗）}}{\text{定额断面面积}} \times \text{相应子目材积}$$

或（设计断面面积 – 定额断面面积）× 相应子目框、扇每增减 10 cm^2 的材积

h．胶合板门的基价是按四八尺（1 220 mm×2 440 mm）编制的，剩余的边角料残值已考虑回收，如建设单位供应胶合板，按两倍门扇数量张数供应，每张裁下的边角料全部退还给建设单位（但残值回收取消）。若使用三七尺（910 mm×2 130 mm）胶合板，定额基价应按括号内的含量换算，并相应扣除定额中的胶合板边角料残值回收值。

i．门窗制作安装的五金、铁件配件按“门窗五金配件安装”相应子目执行，安装人工已包括在相应定额内。设计门、窗玻璃品种、厚度与定额不符，单价应调整，数量不变。

j．木质送、回风口的制作、安装按百叶窗定额执行。

k．设计门、窗有艺术造型等有特殊要求时，因设计差异变化较大，其制作、安装应按实际情况另行处理。

l．门窗工程子目如涉及钢骨架或者铁件的制作安装，另行套用相应子目。

m．“门窗五金配件安装”子目中，五金规格、品种与设计不符时应调整。

（3）《江苏省建筑与装饰工程计价定额》（2014）门窗定额部分工程项目分为购入构件成品安装，铝合金门窗制作、安装，木门、窗框扇制作安装，装饰木门扇及门、窗五金配件安装五个部分，每个部分各分项常用做法的定额都有相应的子目。其中部分定额子目见表 5–5。

读书笔记

表 5-5 部分门窗定额子目

分项工程	定额编号	定额名称
铝合金门窗	16-1	铝合金地弹簧门
	16-2	铝合金平开门及推拉门
	16-3	铝合金推拉窗
	16-4	铝合金固定窗
	16-6	铝合金百叶窗
	16-7	铝合金防盗窗
塑钢门窗及塑钢、铝合金纱窗	16-11	塑钢门
	16-12	塑钢窗
	16-13	塑钢纱窗
	16-14	铝合金纱窗
电子感应门及旋转门	16-17	高 2.2 m，宽 3.8 m 钢化玻璃电子感应门
	16-19	直径 2 m，不锈钢柱 ϕ76 mm 钢化玻璃电动全玻旋转门
卷帘门、拉栅门	16-20	铝合金卷帘门
	16-21	鱼鳞状卷帘门
	16-22	不锈钢钢管卷帘门
	16-23	彩钢卷帘门
	16-24	甲级防火卷帘门
	16-25	乙级防火卷帘门
	16-29	电动卷帘门电动装置安装
	16-30	电动卷帘门活动小门安装
成品木门	16-31	实拼门夹板面
	16-32	镶板造型门
	16-33	木质全百叶门
	16-34	门框安装
无框玻璃门	16-50	无框钢化玻璃开启门扇
	16-51	无框带夹侧亮钢化玻璃固定门、窗扇
	16-52	无框钢化玻璃固定门、窗扇
	16-53	木龙骨细木工板基层包不锈钢钢板门框

（4）《江苏省建筑与装饰工程计价定额》（2014）中门窗部分计价定额节选见表 5-6 ～表 5-10。

表 5-6　铝合金门窗相关计价定额（一）

工作内容：现场搬运、安装框扇、校正、周边塞口、清扫等。

计量单位：10 m²

定额编号					16-1	
项目			单位	单价	铝合金地弹簧门	
					数量	合计
综合单价				元	3 540.74	
其中	人工费			元	427.55	
	材料费			元	2 944.03	
	机械费			元	8.00	
	管理费			元	108.89	
	利润			元	52.27	
一类工			工日	85.00	5.03	427.55
材料	09090501	普通型地弹簧平开铝合金门 全玻	m^2	270.00	9.70	2 619.00
	11590914	硅酮密封胶	L	80.00	1.45	116.00
	12333551	PU 发泡剂	L	30.00	2.625	78.75
	09493560	镀锌铁脚	个	1.70	59.00	100.30
	03032113	塑料膨胀螺栓	套	0.10	118.00	11.80
	03031206	自攻螺钉 M4×15	10 个	0.30	8.60	2.58
		其他材料费	元			15.60
机械	99192305	电锤 功率 520 W	台班	8.34	0.959	8.00

表 5–6 铝合金门窗相关计价定额（二）

工作内容：现场搬运、安装框扇、校正、周边塞口、清扫等。

计量单位：10 m²

定额编号					16–2	
项目			单位	单价	铝合金平开门及推拉门	
					数量	合计
综合单价				元	3 986.78	
其中	人工费			元	363.80	
	材料费			元	3 466.45	
	机械费			元	16.00	
	管理费			元	94.95	
	利润			元	45.58	
一类工			工日	85.00	4.28	363.80
材料	09090813	铝合金全玻平开门	m²	320.00	9.70	3 104.00
	11590914	硅酮密封胶	L	80.00	1.45	116.00
	12333551	PU 发泡剂	L	30.00	2.625	78.75
	09493560	镀锌铁脚	个	1.70	73.00	124.10
	03032113	塑料膨胀螺栓	套	0.10	146.00	14.60
		其他材料费	元			29.00
机械	99192305	电锤 功率 520 W	台班	8.34	1.919	16.00

表 5-6　铝合金门窗相关计价定额（三）

工作内容：现场搬运、安装框扇、校正、周边塞口、清扫等。　　　　计量单位：10 m^2

定额编号					16-3	
项目			单位	单价	铝合金推拉窗	
					数量	合计
综合单价				元	3018.13	
其中	人工费			元	372.30	
	材料费			元	2486.15	
	机械费			元	16.00	
	管理费			元	97.08	
	利润			元	46.60	
一类工			工日	85.00	4.38	372.30
材料	09093511	铝合金全玻推拉窗	m^2	270.00	9.60	2 112.00
	11590914	硅酮密封胶	L	80.00	1.45	116.00
	12333551	PU 发泡剂	L	30.00	2.625	78.75
	09493560	镀锌铁脚	个	1.70	78.00	132.60
	03031206	塑料膨胀螺栓	套	0.10	156.00	15.60
		其他材料费	元			31.20
机械	99192305	电锤 功率 520 W	台班	8.34	1.919	16.00

表 5-6　铝合金门窗相关计价定额（四）

工作内容：现场搬运、安装框扇、校正、周边塞口、清扫等。　　计量单位：10 m^2

定额编号					16-4	
项目			单位	单价	铝合金固定窗	
					数量	合计
综合单价				元	2 795.04	
其中	人工费			元	206.55	
	材料费			元	2 490.14	
	机械费			元	16.00	
	管理费			元	55.64	
	利润			元	26.71	
一类工			工日	85.00	2.43	206.55
材料	09092100	铝合金固定窗	m^2	320.00	9.60	2 112.00
	11590914	硅酮密封胶	L	80.00	1.45	116.00
	12333551	PU 发泡剂	L	30.00	2.625	78.75
	09493560	镀锌铁脚	个	1.70	78.00	132.60
	03032113	塑料膨胀螺栓	套	0.10	156.00	15.60
	03031206	自攻螺钉 M4×15	10 个	0.30	13.30	3.99
		其他材料费	元			31.20
机械	99192305	电锤 功率 520 W	台班	8.34	1.919	16.00

表 5-6 铝合金门窗相关计价定额（五）

工作内容：现场搬运、安装框扇、校正、周边塞口、清扫等。

计量单位：10 m²

定额编号					16-6	
项目			单位	单价	铝合金百叶窗	
					数量	合计
综合单价				元	2 891.03	
其中	人工费			元	255.00	
	材料费			元	2 511.73	
	机械费			元	21.86	
	管理费			元	69.22	
	利润			元	33.22	
一类工			工日	85.00	3.00	255.00
材料	材料	铝合金百叶窗	m^2	230.00	9.26	2 129.80
	09271119	硅酮密封胶	L	80.00	1.45	116.00
	11590914	PU 发泡剂	L	30.00	2.625	78.75
	12333551	镀锌铁脚	个	1.70	78.00	132.60
	09493560	塑料膨胀螺栓	套	0.10	156.00	15.60
	03032113	其他材料费	元			38.98
机械	99192305	电锤 功率 520 W	台班	8.34	1.919	16.00
		其他机械费	元			5.86

表 5-6　铝合金门窗相关计价定额（六）

工作内容：现场搬运、安装框扇、校正、周边塞口、清扫等。

计量单位：10 m^2

定额编号					16-7	
项目			单位	单价	铝合金固定窗	
					数量	合计
综合单价				元	2 150.23	
其中	人工费			元	255.00	
	材料费			元	1 770.93	
	机械费			元	21.86	
	管理费			元	69.22	
	利润			元	33.22	
一类工			工日	85.00	3.00	255.00
材料	09270501	铝合金防盗窗	m^2	150.00	9.26	1 389.00
	11590914	硅酮密封胶	L	80.00	1.45	116
	09493560	镀锌铁脚	个	1.70	78.00	132.6
	12333551	PU 发泡剂	L	30.00	2.625	78.75
	03032113	塑料膨胀螺栓	套	0.10	156.00	15.6
		其他材料费	元			38.98
机械	99192305	电锤 功率 520 W	台班	8.34	1.919	16.00
		其他机械费	元			5.86

表 5-7　塑钢门窗及塑钢、铝合金纱窗相关计价定额（一）

工作内容：1．现场搬运、安装框扇、校正、周边塞口、清扫等。
　　　　　2．安装纱窗包括钉纱。

计量单位：10 m^2

定额编号					16-11		16-12	
项目			单位	单价	铝合金塑钢门		铝合金塑钢窗	
					数量	合计	数量	合计
综合单价				元	3 570.78		3 306.13	
其中	人工费			元	363.80		372.30	
	材料费			元	3 050.45		2 774.15	
	机械费			元	16.00		16.00	
	管理费			元	94.95		97.08	
	利润			元	45.58		46.60	
一类工			工日	85.00	4.28	363.80	4.38	372.30
材料	09113505	塑钢门（平开 / 推拉）	m^2	280.00	9.60	2 688.00	9.60	
	09113508	塑钢窗（推拉 / 平开 / 悬窗）	m^2	250.00	1.45	116.00	1.45	2 400.00
	11590914	硅酮密封胶	L	80.00	2.625	78.75	2.625	116.00
	12333551	PU 发泡剂	L	30.00	73.00	124.10	78.00	78.75
	09493560	镀锌铁脚	个	1.70	146.00	14.60	156.00	132.60
	03032113	塑料膨胀螺栓	套	0.10		29.00		15.60
		其他材料费	元					31.20
机械	99192305	电锤 功率 520 W	台班	8.34	1.919	16.00	1.919	16.00

表 5–7　塑钢门窗及塑钢、铝合金纱窗相关计价定额（二）

工作内容：1．现场搬运、安装框扇、校正、周边塞口、清扫等。
　　　　　2．安装纱窗包括钉纱。

计量单位：10 m^2 扇面积

定额编号					16–13		16–14	
项目			单位	单价	塑钢纱窗		铝合金纱窗	
					数量	合计	数量	合计
综合单价				元	835.84		886.34	
其中	人工费			元	130.90		130.90	
	材料费			元	656.50		707.00	
	机械费			元	—		—	
	管理费			元	32.73		32.73	
	利润			元	15.71		15.71	
一类工			工日	85.00	1.54	130.90	1.54	130.90
材料	09210303	塑钢纱窗	m^2	65.00	10.10	656.50		
	09210311	铝合金纱窗	m^2	70.00			10.10	707.00
机械	99192305	电锤 功率 520 W	台班	8.34				

表 5-8　电子感应门及旋转门相关计价定额（一）

工作内容：安装、调试等全部操作过程。　　计量单位：樘

定额编号					16-17	
项目			单位	单价	电子感应门	
					高 2.2 m，宽 3.8 m	
					钢化玻璃	
					数量	合计
综合单价				元	17 821.62	
其中	人工费			元	613.70	
	材料费			元	16 939.75	
	机械费			元	30.00	
	管理费			元	160.93	
	利润			元	77.24	
一类工			工日	85.00	7.22	613.70
材料	06050108	钢化玻璃 12 mm	m^2	120.00	8.36	1 003.20
	09493547	门夹（下夹、顶夹）	m^2	66.00	3.60	237.60
	09493505	自动感应门感应装置	套	15 000.00	1.01	15 150.00
	01291713	8K 不锈钢镜面板 1 219 mm×3 048 mm×1.0 mm	m^2	202.74	0.88	178.41
	01291714	8K 不锈钢镜面板 1 219 mm×3 048 mm×1.2 mm	m^2	231.30	0.72	166.54
	11591102	玻璃胶	L	40.00	2.10	84.00
		其他材料费	元			120.00
机械		其他机械费	元			30.00

表 5-8 电子感应门及旋转门相关计价定额（二）

工作内容：安装、调试等全部操作过程。 计量单位：樘

定额编号					16-19	
项目			单位	单价	电动全玻旋转门	
					直径 2 m，不锈钢柱 $\phi 76$	
					钢化玻璃	
					数量	合计
综合单价				元	123 239.09	
其中	人工费			元	1312.40	
	材料费			元	121 400.00	
	机械费			元	30.00	
	管理费			元	335.60	
	利润			元	161.09	
一类工			工日	85.00	15.44	1 312.40
材料	09070151	不锈钢电动转门 812 钢化玻璃	套	120 000.00	1.01	121 200.00
		其他材料费	元			200.00
机械		其他机械费	元			30.00

表 5-9　卷帘门、拉栅门相关计价定额（一）

工作内容：卷帘门插片组装、支架、辊轴、直轨、附件、门锁安装调试等全部操作过程。　　　计量单位：10 m^2

定额编号					16-20		16-21	
项目			单位	单价	铝合金卷帘门		鱼鳞状卷帘门	
					数量	合计	数量	合计
综合单价				元	2 361.68		2 462.68	
其中	人工费			元	459.85		459.85	
	材料费			元	1 711.76		1 812.76	
	机械费			元	14.54		14.54	
	管理费			元	118.60		118.60	
	利润			元	56.93		56.93	
一类工			工日	85.00	5.41	459.85	5.41	459.85
材料	09250701	铝合金卷帘门	m^2	150.00	10.10	1515.00		
	09250707	鱼鳞状卷帘门	m^2	160.00			10.10	1616.00
	03410205	电焊条 J422	kg	5.80	0.51	2.96	0.51	2.96
	03070132	膨胀螺栓 M12×110	套	3.40	53.00	180.20	53.00	180.20
		其他材料费	元			13.60		13.60
机械	99192305	电锤 功率 520 W	台班	8.34	0.652	5.44	0.652	5.44
	99250304	交流弧焊机 容量 30 kV · A	台班	90.97	0.10			9.10

注：1. 不论实腹式、冲孔空腹式、电化铝合金、有色电化铝合金均执行铝合金卷帘门定额。
2. 上述子目门单价中已经包括各种配件价格。

表 5-9　卷帘门、拉栅门相关计价定额（二）

工作内容：卷帘门插片组装、支架、辊轴、直轨、附件、门锁等安装调试。

计量单位：10 m²

定额编号					16-24		16-25	
项目			单位	单价	防火卷帘门			
					甲级		乙级	
					数量	合计	数量	合计
综合单价				元	4 272.88		3 767.88	
其中	人工费			元	459.85		459.85	
	材料费			元	3 622.96		3 117.96	
	机械费			元	14.54		14.54	
	管理费			元	118.60		118.60	
	利润			元	56.93		56.93	
一类工			工日	85.00	5.41	459.85	5.41	459.85
材料	09250513	防火卷帘门（甲级）	m^2	350.00	10.10	3 535.00		
	09250514	防火卷帘门（乙级）	m^2	300.00			10.10	3 030.00
	03410205	电焊条 J422	kg	5.80	0.51	2.96	0.51	2.96
	03070132	膨胀螺栓 M12×110	套	3.40	21.00	71.40	21.00	71.40
		其他材料费	元			13.60		13.60
机械	99192305	电锤 功率 520 W	台班	8.34	0.652	5.44	0.652	5.44
	99250304	交流弧焊机 容量 30 kV · A	台班	90.97	0.10	9.10	0.10	9.10

注：卷帘门不包括卷帘罩及提升装置，如发生另行计算。

表 5-9　卷帘门、拉栅门相关计价定额（三）

工作内容：附件安装调试等全部操作过程。　　　　计量单位：表中所示

定额编号					16-29		16-30	
项目			单位	单价	电动卷帘门附件安装			
					电动装置		活动小门	
					套		扇	
					数量	合计	数量	合计
综合单价				元	2 053.12		297.97	
其中	人工费			元	153.85		39.10	
	材料费			元	1834.98		244.40	
	机械费			元	5.37		—	
	管理费			元	39.81		9.78	
	利润			元	19.11		4.69	
一类工			工日	85.00	1.81	153.85	0.46	39.10
材料	09493507	卷帘门电动装置 300 kg 提升力	套	1 800.00	1.01	1 818.00		
	09090801	铝合金活动小门	扇	240.00			1.01	242.40
	03070114	膨胀螺栓 M8×80	套	0.60	8.00	4.80		
	03410205	电焊条 J422	kg	5.80	0.10	0.58		
		其他材料费	元			11.60		2.00
机械	99192305	电锤 功率 520 W	台班	8.34	0.098	0.82		
	99250304	交流弧焊机 容量 30 kV · A	台班	90.97	0.05	4.55		

表 5-10　成品木门相关计价定额（一）

工作内容：安装门窗、整理等操作过程。　　　　计量单位：10 m^2

定额编号					16-31		16-32	
项目			单位	单价	实拼门夹板面		镶板造型门	
					数量	合计	数量	合计
综合单价				元	2 188.30		4 410.30	
其中	人工费			元	253.30		253.30	
	材料费			元	1 837.16		4 059.16	
	机械费			元	3.00		3.00	
	管理费			元	64.08		64.08	
	利润			元	30.76		30.76	
一类工			工日	85.00	2.98	253.30	2.98	253.30
材料	09010103	柳桉木框夹板门	m^2	180.00	10.10	1 818.00		
	09010105	柳桉实拼门	m^2	400.00			10.10	4 040.00
		其他材料费	元			19.16		19.16
机械		其他机械费	元			3.00		3.00

表 5-10 成品木门相关计价定额（二）

工作内容：安装门窗、整理等操作过程。　　计量单位：表中所示

定额编号					16-33		16-34	
项目			单位	单价	木质全百叶门		门框安装	
					$10\ m^2$		$10\ m^2$ 洞口面积	
					数量	合计	数量	合计
综合单价				元	3400.30		594.14	
其中	人工费			元	253.30		41.65	
	材料费			元	3049.16		537.08	
	机械费			元	3.00		—	
	管理费			元	64.08		10.41	
	利润			元	30.76		5.00	
一类工			工日	85.00	2.98	253.30	0.49	41.65
材料	09270907	木制满百叶门	m^2	300.00		3 030.00		
	09010921	成品木门框	m^2	50.00	10.10		9.70	485.00
	05250402	木砖与拉条	m^2	1 500.00			0.032	48.00
		其他材料费	元			19.16		4.08
机械		其他机械费	元			3.00		

注：木门框的安装是按框与墙内预埋木砖连接考虑的，设计用膨胀螺连接时，扣除木砖，膨胀螺栓按设计用量另外增加（每 10 个膨胀螺栓增加电锤 0.123 台班）。

读书笔记

任务 5.3　门窗工程计量与计价案例

5.3.1　任务一

1. 任务要求

某工程（三类建筑工程）住宅楼卫生间胶合板门，每扇均安装通风小百叶，刷底油一遍，设计尺寸如图 5-10 所示，共 45 樘，试编制该项目的清单并计算其清单综合单价［人工、材料、机械、管理费和利润按照《江苏省建筑与装饰工程计价定额》（2014）中计算，不做调整］。

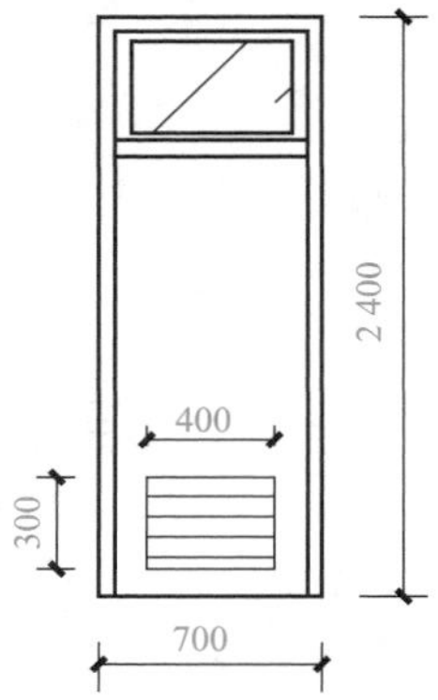

图 5-10　某住宅卫生间胶合板门

2. 任务解决

（1）清单工程量计算（表 5-11）。

表 5-11　清单工程量计算

计算项目	部位	计量单位	计算式	工程量
胶合板门	卫生间	m^2	0.7×2.4×45	75.60

（2）计价工程量计算（表 5-12）。

表 5-12　计价工程量计算

计算项目	部位	计量单位	计算式	工程量
胶合板门门框制作、安装	卫生间	10 m^2	0.7×2.4×45÷10	7.56
胶合板门门扇制作、安装	卫生间	10 m^2	0.7×2.4×45÷10	7.56

（3）清单编制（表 5-13）。

表 5-13　清单编制

项目编码	项目名称	项目特征	计量单位	工程量
010801001001	胶合板门	1. 门代号及洞口尺寸：胶合板门（700 mm×2 400 mm） 2. 镶嵌玻璃品种、厚度：3 mm 厚平板玻璃	m^2	75.60

（4）清单综合单价计算。

①无纱胶合板门门框（单扇带亮）制作，套定额 16-197，定额单价为：428.62 元/（10 m^2），门框制作费用为 7.56×428.62=3 240.37（元）。

无纱胶合板门门框（单扇带亮）安装，套定额 16-199，定额单价为：68.01 元 /10 m^3，门框安装费用为 7.56×68.01=514.16（元）。

②无纱胶合板门门扇带通风小百叶制作，定额 16-198 换算：胶合板门门扇上如做通风百叶口时，按每 10 m^2 洞口面积增加人工 0.94 工日，普通成材 0.027 m^3。

定额单价为 981.28+0.94×85×1.58+0.027×1 600=1 150.72［元 /（10 m²）］，门扇制作费用为 7.56×1 150.72=8 699.44（元）

无纱胶合板门门扇（单扇带亮）安装，套定额 16-200，定额单价为：201.38 元 /（10 m²），门扇安装费用为 7.56×201.38=1 522.43（元）

该胶合板门清单工程综合单价为（3 240.37+514.16+8 699.44+1 522.43）÷75.60=184.87（元 /m²）。

5.3.2 任务二

1. 任务要求

图 5-11 所示为某宾馆大厅全玻门，不锈钢门框展开宽度为 1 000 mm，基层材料为钢龙骨架、18 mm 细木工板，面层为不锈钢镜面板，编制全玻玻璃门、不锈钢门框部分清单并计算其清单综合单价［报价按建筑三类工程中装饰分部，人工、材料、机械、管理费和利润按照《江苏省建筑与装饰工程计价定额》（2014）中计算，不做调整］。

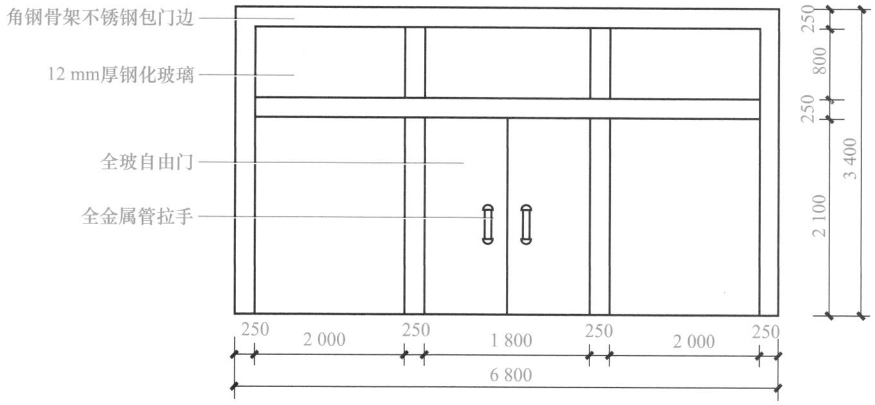

图 5-11　某宾馆大厅全玻门

2. 任务解决

（1）清单工程量计算（表 5-14）。

表 5-14　清单工程量计算

计算项目	部位	计量单位	计算式	工程量
全玻自由门	大厅	m²	1.8×2.1	3.78
金属门窗套	大厅	m²	（3.4+0.8+2.1+6.8−0.25×2）×2×（0.25×4）	25.2
全玻（无框玻璃）幕墙	大厅	m²	2×（2.1+0.8）×2+1.8×0.8	13.04

读书笔记

（2）计价工程量计算（表 5–15）。

表 5–15　计价工程量计算

计算项目	部位	计量单位	计算式	工程量
无框玻璃门扇开启门	大厅	10 m^2	1.8×2.1÷10	0.378
地弹簧	大厅	只	2	2
全金属管拉手	大厅	副	1	1
钢龙骨细木工板基层门框	大厅	10 m^2	（3.4+0.8+2.1+6.8−0.25×2）×2×（0.25×4）÷10	2.52
钢化玻璃固定门、窗	大厅	10 m^2	［2×（2.1+0.8）×2 +1.8×0.8］÷10	1.304

（3）清单编制（表 5–16）。

表 5–16　清单编制

项目编码	项目名称	项目特征	计量单位	工程量
010805005001	全玻自由门	1．门扇外围尺寸：1 800 mm×2 100 mm 2．框材质：不锈钢门框 3．玻璃品种、厚度：12 mm 厚钢化玻璃	m^2	3.78
010808004001	金属门窗套	1．门窗套展开宽度：1 000 mm 2．基层材料种类：钢龙骨架、18 mm 厚细木工板基层材料 3．面层材料品种、规格：不锈钢镜面板面层	m^2	25.2
011209002001	全玻（无框玻璃）幕墙	1．玻璃品种、规格、颜色：12 mm 钢化玻璃	m^2	13.04

（4）清单综合单价计算。

①全玻自由门包括无框玻璃门扇开启门、地弹簧、全金属管拉手。

无框玻璃门扇开启门，套定额 16–50，定额单价为：3 539.47 元 /（10 m^2），无框玻璃门扇开启门费用为 0.378×3 539.47=1 337.92（元）。

地弹簧，套定额 16–308，定额单价为 242.03 元 / 只，地弹簧安装费为 2×242.03 =484.06（元）。

全金属管拉手，套定额 16–319，定额单价为 241.88 元 / 副，全金属管拉手安装费为 241.88 元。

全玻自由门清单工程综合单价为（1 337.92+484.06+241.88）÷3.78=545.99（元 /m^2）。

②金属门窗套，套定额 16–54，定额单价为 3 626.77 元 /（10 m^2），金属门窗套总价为 2.52×3 626.77=9 139.46（元）。

金属门窗套清单综合单价为 9 139.46÷25.2=362.68（元 /m^2）。

③全玻（无框玻璃）幕墙，套定额 16–52，定额单价为 1 631.85 元 /10 m^2，全玻（无框玻璃）幕墙总价为 1.304×1 631.85=2 127.93（元）。

全玻（无框玻璃）幕墙清单综合单价为：2 127.93÷13.04=163.18（元 /m^2）。

5.3.3 任务三

1. 任务要求

某商场一楼为电子感应门，洞口尺寸为 2 200 mm×3 800 mm，12 mm 厚钢化玻璃，自动感应门感应装置单价为 20 000 元 / 套，编制电子感应门清单并计算其清单综合单价［报价按建筑三类工程中装饰分部，除自动感应门感应装置外，其余人工、材料、机械、管理费和利润按照《江苏省建筑与装饰工程计价定额》（2014）中计算，不做调整］。

2. 任务解决

（1）清单及计价工程量计算（表 5–17）。

表 5–17 清单及计价工程量计算

计算项目	部位	计量单位	计算式	工程量
电子感应门	一楼	樘	1	1

（2）清单编制（表 5–18）。

表 5–18 清单编制

项目编码	项目名称	项目特征	计量单位	工程量
010805001001	电子感应门	1. 门代号及洞口尺寸：2 200 mm×3 800 mm 2. 门材质：不锈钢镜面板 3. 玻璃品种、厚度：12 mm 厚钢化玻璃	樘	1

（3）清单综合单价计算。

电子感应门安装，定额 16–17 换算：

定额单价为 17 821.62+（20 000–15 000）×1.01=22 871.62（元 / 樘），

电子感应门清单综合单价为 22 871.62 元 / 樘。

5.3.4 任务四

1. 任务要求

工程背景资料：某工程门窗布置图如图 5–9 所示，分户门为成品钢制防盗门，室内门均为成品实木门带套，⑥轴上Ⓑ轴至Ⓒ轴间为成品塑钢门窗（无门套），①轴上Ⓒ轴至Ⓔ轴间为塑钢门，所有窗为成品塑钢窗，具体尺寸见表 5–1，请结合本书中的计价定额、当地当时市场价格、工程实践经验等因素，试编制该工程门窗的清单并计算其清单综合价（报价按单独装饰工程，一般计税法计价，管理费和利润按照 43% 和 15% 计算）。

2. 任务解决

（1）信息收集及做法分析。根据题意，①轴上Ⓒ轴至Ⓔ轴间为塑钢门，由图 5–9 可见，此门为 SM–1；⑥轴上Ⓑ轴至Ⓒ轴间为成品塑钢门窗（无门套），由图 5–9 可见，此门为 SMC–2。

通过查询获取当时当地人工、材料、机械信息价、市场价格（表 5–19）。

读书笔记

读书笔记

表 5-19 资源价格表

序号	资源名称	单位	不含税市场价 / 元
1	一类工	工日	139
2	钢质防盗门	m^2	360
3	塑钢窗（推拉 / 平开 / 悬窗）	m^2	300
4	硅酮密封胶	L	84
5	柳桉实拼门	m^2	420
6	电锤 功率 520 W	台班	7.38

（2）分部分项清单综合价计算。

①清单工程量计算（表 5-20）。

表 5-20 清单工程量计算

计算项目	部位	计算式	工程量
成品钢质防盗门	分户门	0.8×2.1=1.68	1.68 m^2
成品实木门带套	②轴、ⓒ轴上④、⑤轴之间	0.8×2.1×2+0.7x2.1×1=4.83	4.83 m^2
成品平开塑钢窗	①轴、④轴、⑥轴	1.5×1.5 ＋ 1×1.5 ＋ 0.6×1.5×2 ＝ 5.55	5.55 m^2
成品塑钢门	①轴、⑥轴	0.7×2.1 ＋ 2.4×2.1 ＝ 6.51	6.51 m^2

②清单编制（表 5-21）。

表 5-21 清单编制

项目编码	项目名称	项目特征	计量单位	工程量
010802004001	防盗门	1. 门代号及洞口尺寸：FDM-1（800 mm×2 100 mm） 2. 门框、扇材质：钢质	m^2	1.68
010801002001	成品实木门带套	1. 门代号及洞口尺寸： M-2（800 mm×2 100 mm）；M-4（700 mm×2100 mm）	m^2	4.83
010807001001	成品平开塑钢窗	1. 窗代号及洞口尺寸： C-9（1 500 mm×1 500 mm）； C-12（1 000 mm×1 500 mm）； C-15（600 mm×1 500 mm） 2. 框扇材质：塑钢 90 系列 3. 玻璃品种、厚度：夹胶玻璃（6 ＋ 2.5 ＋ 6）	m^2	5.55
010802001001	成品塑钢门	1. 门代号及洞口尺寸：SM-1、SMC-2：洞口尺寸详见门窗表 2. 门框、扇材质：塑钢 90 系列 3 玻璃品种、厚度：夹胶玻璃（6+2.5+6）	m^2	6.51

（3）清单综合单价计算。

①防盗门综合单价计算（表 5-22）。

表 5-22 防盗门综合单价计算

项目编码	010702004001			项目名称		防盗门		计量单位	m^2	工程量	1.68
清单综合单价组成明细											
定额编号	定额项目名称	定额单位	数量	单价 / 元				综合价 / 元			
				人工费	材料费	机械费	管理费和利润	人工费	材料费	机械费	管理费和利润
16-11	塑钢门	10 m^2	0.168	594.92	3 824.25	14.162	353.27	99.95	642.47	2.38	59.35
小计								99.95	642.47	2.38	59.35
合计								804.15			
清单项目综合单价								804.15/1.68=478.66			

定额 16-11 单价费用计算过程如下：

人工费：139×4.28=594.92（元）

材料费：3 050.45+（360-280）×9.60+（84-80）×1.45=3 824.25（元）

机械费：7.38×1.919=14.162（元）

管理费：（594.92+14.162）×43%=261.91（元）

利润：（594.92+14.162）×15%=91.36（元）

②成品实木门带套综合单价计算（表 5-23）。

表 5-23　成品实木门带套综合单价计算

项目编码	010801002001			项目名称		成品实木门带套		计量单位	m^2	工程量	4.83
清单综合单价组成明细											
定额编号	定额项目名称	定额单位	数量	单价 / 元				综合价 / 元			
				人工费	材料费	机械费	管理费和利润	人工费	材料费	机械费	管理费和利润
16-32	镶板造型门	10 m^2	0.483	414.22	4 261.16	3.00	241.98	200.07	2 058.14	1.45	116.88
16-34	门框安装	10 m^2	0.483	68.11	537.08	0	39.51	32.90	259.41	0	19.08
小计								232.97	2 317.55	1.45	135.96
合计								2 687.93			
清单项目综合单价								2 687.93/4.83=556.51			

定额 16-32 单价费用计算过程如下：

人工费：139×0.49=68.11（元）

材料费：537.08 元

机械费：0 元

管理费：（68.11+0）×43%=29.29（元）

利润：（68.11+0）×15%=10.22（元）

定额 16-34 单价费用计算过程如下：

人工费：139×2.98=414.22（元）

材料费：4 059.16+（420-400）×10.10=4 261.16（元）

读书笔记

机械费：3.00 元

管理费：（414.22+3.00）×43%=179.40（元）

利润：（414.22+3.00）×15%=62.58（元）

③成品平开塑钢窗综合单价计算（表 5-24）。

表 5-24　成品平开塑钢窗综合单价计算

项目编码		010807001001		项目名称		成品平开塑钢窗		计量单位	m²	工程量	5.55
清单综合单价组成明细											
定额编号	定额项目名称	定额单位	数量	单价 / 元				综合价 / 元			
				人工费	材料费	机械费	管理费和利润	人工费	材料费	机械费	管理费和利润
16-12	塑钢窗	10 m²	0.555	608.82	3 259.95	14.16	361.33	337.90	1 809.27	7.86	200.54
小计								337.90	1 809.27	7.86	200.54
合计								2 355.57			
清单项目综合单价								2 355.57/5.55=424.43			

定额 16-12 单价费用计算过程如下：

人工费：139×4.38=608.82（元）

材料费：2774.15+（300-250）×9.60+（84-80）×1.45=3 259.95（元）

机械费：7.38×1.919=14.16（元）

管理费：（608.82+14.16）×43%=267.88（元）

利润：（608.82+14.16）×15%=93.45（元）

④成品平开塑钢门综合单价计算（表 5-25）。

表 5-25　成品平开塑钢门综合单价计算

项目编码		010802001001		项目名称		成品塑钢门		计量单位	m²	工程量	6.51
清单综合单价组成明细											
定额编号	定额项目名称	定额单位	数量	单价 / 元				综合价 / 元			
				人工费	材料费	机械费	管理费和利润	人工费	材料费	机械费	管理费和利润
16-11	塑钢门	10 m²	0.651	594.92	3 056.25	14.16	353.26	387.29	1 989.62	9.22	229.97
小计								387.29	1 989.62	9.22	229.97
合计								2 616.10			
清单项目综合单价								2 616.10/6.51=401.86			

定额 16-11 单价费用计算过程如下：

人工费：139×4.28=594.92（元）

材料费：3 050.45+（84-80）×1.45=3 056.25（元）

机械费：7.38×1.919=14.16（元）

管理费：（594.92+14.16）×43%=261.90（元）

利润：（594.92+14.16）×15%=91.36（元）

（4）填写分部分项工程量清单与计价表（表 5-26）。

表 5-26　分部分项工程量清单与计价表

项目编码	项目名称	项目特征	计量单位	工程量	金额 / 元		
					综合单价	合价	其中暂估价
010702004001	防盗门	1．门代号及洞口尺寸：FDM-1（800 mm×2100 mm） 2．门框、扇材质：钢质	m²	1.68	478.66	804.15	
010801002001	成品实木门带套	门代号及洞口尺寸： M-2（800 mm×2100 mm）；M-4（700 mm×2100 mm）	m²	4.83	556.51	2 687.94	
010807001001	成品平开塑钢窗	1．窗代号及洞口尺寸： C-9（1500 mm×1500 mm）； C-12（1000 mm×1500 mm）； C-15（600 mm×1500 mm） 2．框、扇材质：塑钢 90 系列 3．玻璃品种、厚度：夹胶玻璃（6+2.5+6）	m²	5.55	424.43	2 355.59	
010802001001	成品塑钢门	1．门代号及洞口尺寸：SM-1、SMC-2：洞口尺寸详见门窗表 2．门框、扇材质：塑钢 90 系列 3 玻璃品种、厚度：夹胶玻璃（6+2.5+6）	m²	6.51	401.86	2 616.11	

5.3.5　任务实践

某宿舍采用断桥隔热铝型材制作的铝合金推拉窗如图 5-12 所示，洞口尺寸为 1 800 mm×1 800 mm，共 80 樘，双扇推拉窗采用 5+6A+5 mm 成品中空玻璃，一侧带纱窗尺寸为 860 mm×1 150 mm。试编制该铝合金推拉窗项目的清单并计算其清单综合单价。

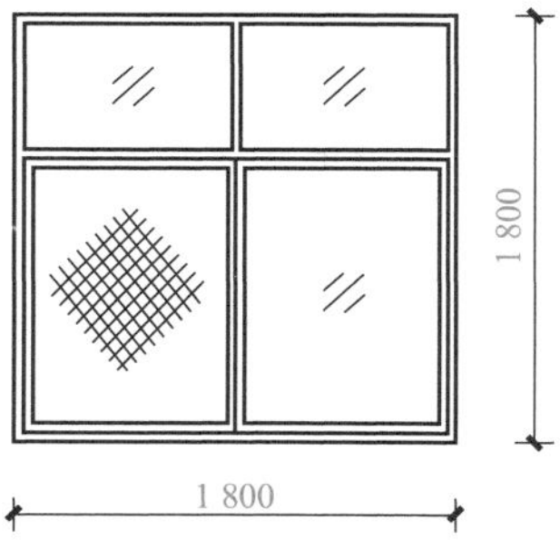

图 5-12　铝合金推拉窗

学习工作页

项目名称	门窗工程计量与计价		
课题名称	计算铝合金推拉窗工程量及其清单综合单价		
学生姓名		所在班级	
所学专业		完成任务时间	
指导老师		任务完成日期	

一、任务描述

详见 5.3.4 节。

二、信息提取

1．请写出常见金属窗类型。

2．请写出金属（塑钢、断桥）窗需要描述的项目特征。

3．请写出金属（塑钢、断桥）窗清单工程量计算规则。

4．请写出一侧带纱窗的断桥隔热双扇铝合金推拉窗定额需要计算项目及计算规则。

三、问题解决

1．清单工程量计算

计算项目	部位	计算单位	计算式	工程量

2．计价工程量计算

计算项目	部位	计算单位	计算式	工程量

3．清单编制

项目编码	项目名称	项目特征	计量单位	工程量

4．清单综合单价计算

四、体会与总结

五、指导老师评价意见

指导老师签字：
日期：

项目 6　涂饰、裱糊装饰工程

知识目标

1．掌握涂饰、裱糊工程常见施工工艺，理解涂饰、裱糊工程计量规则。

2．掌握涂饰、裱糊工程计价的基础知识，熟悉涂饰、裱糊工程常用定额。

能力目标

1．能够正确识读装饰工程施工图，并能够根据涂饰、裱糊工程计量规则正确计算清单、计价工程量，并能够根据设计要求、设计图及相关工艺列出项目清单。

2．能够根据涂饰、裱糊工程计价规范、计价定额、工程实践，正确套用定额，并能够熟练进行定额换算。

3．能够根据涂饰、裱糊清单项目特征科学进行组价，计算清单项目的综合单价及综合价，养成客观、公正、科学、严谨的工作素养。

读书笔记

任务 6.1　涂饰、裱糊装饰工程概述

6.1.1　涂饰、裱糊装饰工程简介

1．建筑装饰涂料

建筑涂料是指涂覆于建筑物表面，并能与建筑物表面材料很好地粘结，形成完整涂膜的材料。其主要起到装饰和保护被涂覆物的作用，防止来自外界物质的侵蚀和损伤，提高被涂覆物的使用寿命，并可改变其颜色、花纹、光泽、质感等，提高被涂覆物的美观效果。

（1）建筑装饰涂料分类有多种形式，主要分类见表 6–1。

表 6–1　建筑装饰涂料主要分类

序号	分类	类型
1	按涂料在建筑的不同使用部位分类	外墙涂料、内墙涂料、地面涂料、顶面涂料、屋面涂料等
2	按使用功能分类	多彩涂料、弹性涂料、抗静电涂料、耐洗涂料、耐磨涂料、耐温涂料、耐酸碱涂料、防锈涂料等
3	按成膜物质的性质分类	有机涂料（如聚丙烯酸酯外墙涂料），无机涂料（如硅酸钾水玻璃外墙涂料），有机、无机复合型涂料（如硅溶胶）等

读书笔记

续表

序号	分类	类型
4	按涂料溶剂分类	水溶性涂料、乳液型涂料、溶剂型涂料、粉末型涂料等
5	按施工方法分类	浸渍涂料、喷涂涂料、涂刷涂料、滚涂涂料等
6	按涂层作用分类	底层涂料、面层涂料等
7	按装饰质感分类	平面涂料、砂面涂料、立体花纹涂料等
8	按涂层结构分类	薄涂料、厚涂料、复层涂料等

（2）建筑装饰涂料常用材料。

①腻子。腻子是用于平整物体表面的一种装饰材料，直接涂施于物体或底涂上，用以填平被涂物表面上高低不平的部分，按其性能可分为耐水腻子、821 腻子、掺胶腻子。

常用腻子的材料组成如下：

a．水粉腻子：由大白粉、颜料、水、胶配制而成；

b．羧甲基纤维素腻子：由大白粉、纤维素、清水及适量颜料组成，配合比为（3～4）：0.1 ：1.5 ：2；

c．聚醋酸乙烯乳液腻子：由聚醋酸乙烯乳液和大白粉或滑石粉组成，配合比为第一道腻子 1 ：2，第二道腻子 1 ：3，第三道腻子 1 ：4；

d．大白浆腻子：由大白粉、滑石粉加纤维素溶液调配而成，配合比为大白粉：滑石粉：加纤维素溶液（浓度 5%）=60 ：40 ：75 ：2～4。

装饰所用腻子宜采用符合《建筑室内用腻子》（JG/T 298—2010）要求的成品腻子，成品腻子粉规格一般为 20 kg 袋装。如采用现场调配的腻子，应坚实、牢固，不得粉化、起皮和开裂。

②底涂。底涂是用来封闭水泥墙面的毛细孔，起到预防返碱、返潮及防止霉菌滋生的作用。底涂还可增强水泥基层强度，增加面层涂料对基层的附着力，提高涂膜的厚度，使物体达到一定的装饰效果，从而减少面涂的用量。底涂一般都具有一定的填充性，打磨性，实色底涂还具备一定的遮盖力。其规格一般为桶装，有 1 L、5 L、15 L、16 L、18 L、20 L 等。

③面涂。面涂具有较好的保光性、保色性，硬度较高、附着力较强、流平性较好等优点，涂施于物体表面可使物体更加美观，具有较好的装饰和保护作用。面涂的规格一般为桶装，有 1 L、5 L、15 L、16 L、18 L、20 L 等。

（3）涂饰工程一般施工工艺。

①外墙涂饰施工工艺流程。清理墙面→修补墙面→填补腻子→打磨→贴玻纤布→满刮腻子及打磨→刷底漆→刷第一遍面漆→刷第二遍面漆。

②乳胶漆施工工艺流程。清理墙面→修补墙面→刮腻子→刷底漆→刷一至三遍面漆。

③美术漆施工工艺流程。清理基层→刮腻子→打磨砂纸刷封闭底漆→涂装质感涂

料→画线。

④内、外墙氟碳漆施工工艺流程。基层处理→铺挂玻纤网→分格缝切割及批刮腻子→封闭底涂施工→中涂施工→面涂施工→分格缝描涂。

2. 裱糊工程

裱糊工程即壁纸、墙布裱糊工程，壁纸、墙布是广泛应用于室内天棚、墙柱面的装饰材料之一，具有色彩多样、图案丰富、耐脏、易清洁、耐用等优点。

（1）壁纸、墙布的分类。壁纸、墙布的种类较多，其主要分类见表 6–2。

表 6–2　壁纸、墙布的主要分类

序号	分类	种类	细分种类
1	壁纸	普通壁纸	印花涂塑壁纸、压花涂塑壁纸、复塑壁纸
		发泡壁纸	高发泡印花壁纸、低发泡印花压花壁纸
		麻草壁纸	—
		纺织纤维壁纸	—
		特种壁纸	耐水壁纸、防火壁纸、彩色砂粒壁纸、自粘型壁纸、金属面壁纸、图景画壁纸
2	墙布	玻璃纤维墙布	—
		纯棉装饰墙布	—
		化纤装饰墙布	—
		无纺墙布	—

（2）裱糊工程常用施工材料。

①腻子。如前所述。

②封闭底漆。封闭底漆剂主要作用是封闭基材，保护板材，并起到预防返碱、返潮及防止霉菌滋生的作用。

③壁纸胶。壁纸胶用于粘贴壁纸的胶水，壁纸胶可分为壁纸胶粉和成品壁纸胶。壁纸胶粉一般为盒装或袋装，有多种规格，需按说明书加水调配后方可使用。

布基胶面壁布比较厚重，应采用壁布专用胶水，专用胶水每千克可以施工 5 m^2，直接滚涂到墙面和壁布背面即可。

④壁纸、壁布。壁纸和壁布的规格一般有大卷、中卷和小卷三种。大卷为宽 920 ～ 1 200 mm，长 50 m，每卷可贴 40 ～ 90 m^2；中卷为宽 760 ～ 900 mm，长 25 ～ 50 m，每卷可贴 20 ～ 45 m^2；小卷宽为 30 ～ 600 mm，长 10 ～ 12 m，每卷可贴 5 ～ 6 m^2。其他规格尺寸可由供需双方协商或以实际尺寸的倍数供应。

（3）裱糊工程一般施工工艺。

读书笔记

①工艺流程。基层处理→刷封闭底胶→放线计算用料、裁纸→刷胶→裱糊。

②施工工艺。裱糊施工的基层处理应注意根据基层不同材质，采用不同的处理方法。混凝土面、抹灰面应满刮腻子打磨砂纸；木基层接缝、钉眼应用腻子补平并满刮油性腻子一遍（第一遍），用砂纸磨平，第二遍可用石膏腻子找平；纸面石膏板比较平整，批抹腻子主要是在对缝和螺钉处，对缝批抹腻子后，还需用棉纸带贴缝（图 6–1、图 6–2）。不同基层材料的相接处，如石膏板与木夹板（图 6–3）、水泥或抹灰面与木夹板（图 6–4）、水泥或抹灰面与石膏板之间的对缝（图 6–5），应用棉纸带或穿孔纸带粘贴封口，以防止裱糊后的壁纸面层被拉裂撕开。

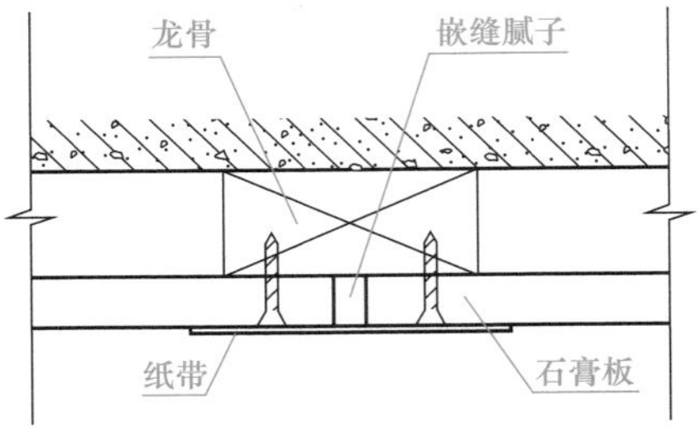

图 6–1　石膏板对缝节点图（一）

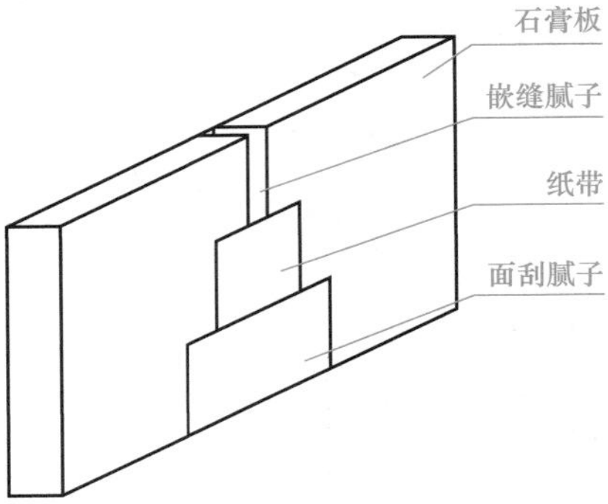

图 6–2　石膏板对缝节点图（二）

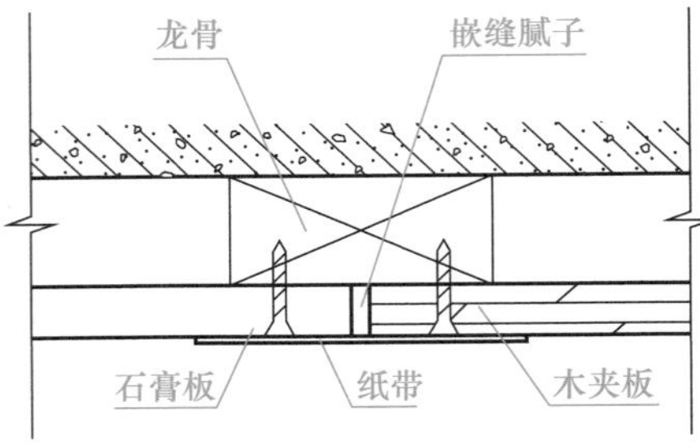

图 6–3　石膏板与木夹板对缝节点

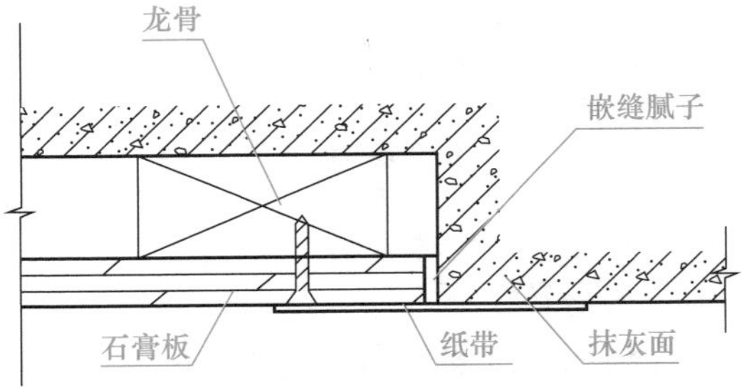

图 6–4　水泥或抹灰面与木夹板对缝节点

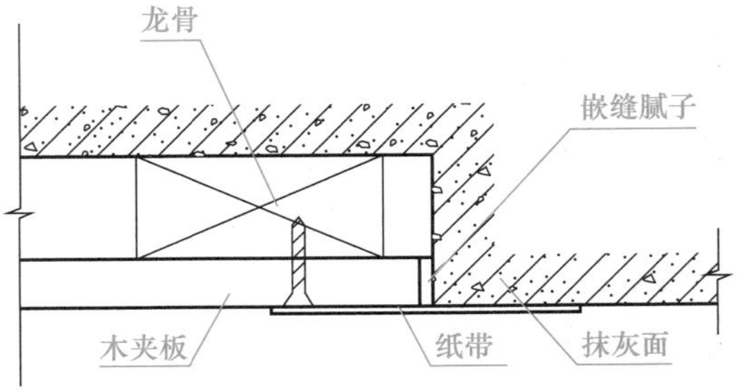

图 6–5　抹灰面与石膏板对缝节点

裱糊施工刷封闭底胶这道工序现行工艺常用材料为墙纸基膜。墙纸基膜是一种水性环保产品，无味道，对人体无副作用，具有墙面封闭，底层加固，超强抗碱，防水透气，封闭细微裂纹，能有效阻隔石灰、混凝土、强碱腻子等物质的碱性渗出，防止墙纸受侵蚀变黄，令墙纸保持亮丽如新的作用。

6.1.2 涂饰、裱糊工程识图

涂饰、裱糊主要应用在建筑装饰装修的立面、天棚面及家具面。涂饰、裱糊工程量清单计价的图纸依据主要是建筑原始图、装饰施工图中的设计说明、材料做法表、立面图、天棚平面图、节点详图等。涂饰、裱糊饰面图纸识读应通过设计说明、材料做法表、立面索引、立面图、节点详图等获取以下必要的内容：

（1）建筑层高、室内净高；

（2）通过立面索引获取各立面所在图纸编号及图号，确定各立面图对应位置；

（3）通过立面图、天棚平面图确定装饰面层做法；

（4）对照查看平面图与立面图，确定立面转折、有凹凸的部位及各部分尺寸；

（5）通过节点详图，获取细部装饰做法、构造尺寸等；

（6）通过设计说明或材料做法表确定涂饰、裱糊构造、工艺等要求。

如根据图 6-6 中的立面索引，可以确定该会客厅的装修立面图在本套图纸编号 1F-E-02 的图中，由图 6-6、图 6-7 结合起来看，可以确定客厅有门窗一侧的墙面面层装饰为墙纸。通过图 6-8 吊顶节点详图，可以确定石膏线条上需要涂刷白色乳胶漆。

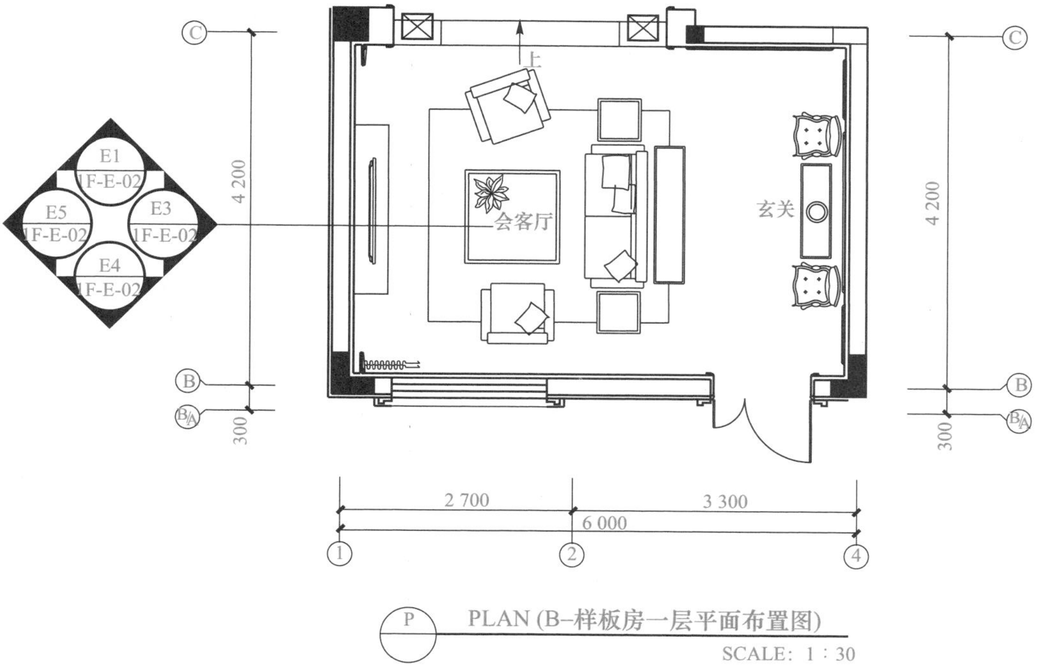

图 6-6　某室内一层装修局部平面布置图

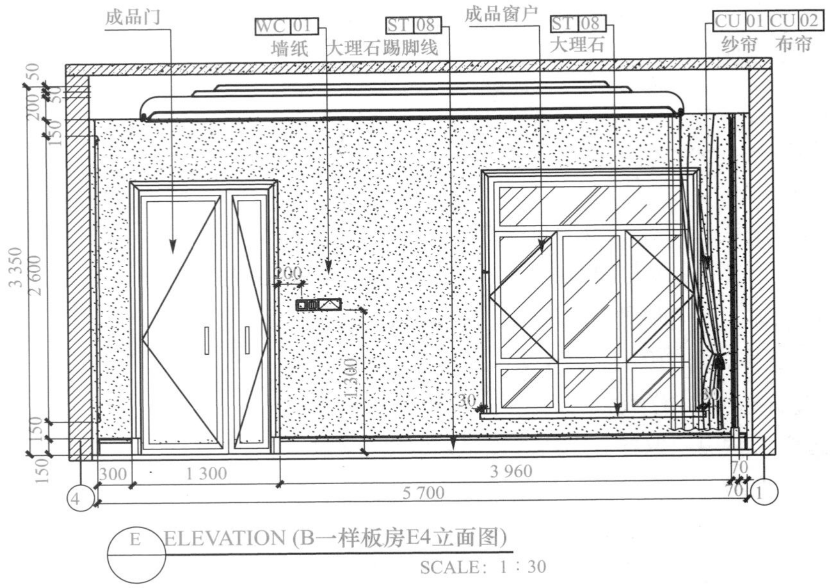

图 6-7　某客厅装饰立面图

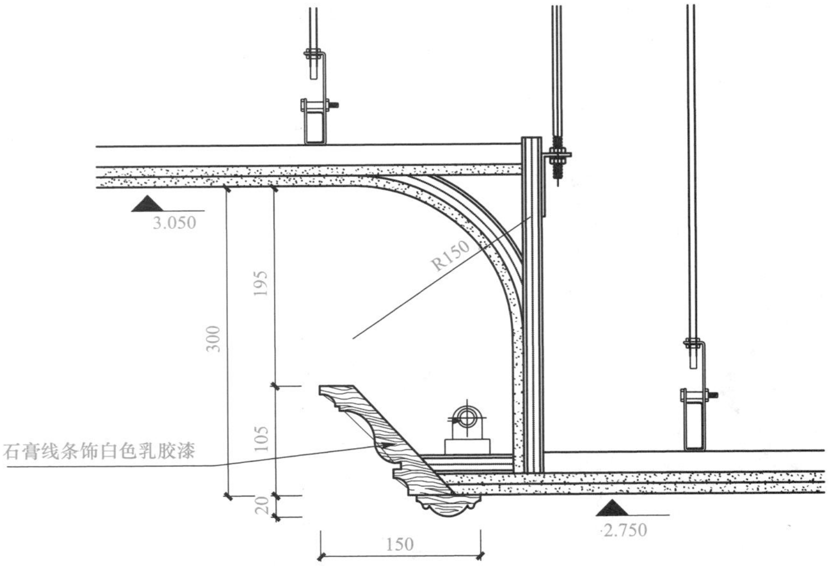

图 6-8　某吊顶节点详图

6.1.3　任务练习

学生工作页

项目名称	涂饰、裱糊装饰工程		
课题名称	涂饰、裱糊装饰工程概述		
学生姓名		所在班级	

续表

所学专业		完成任务时间	
指导老师		任务完成日期	
一、任务描述 1. 复习涂饰、裱糊装饰工程的分类。 2. 复习常见涂饰、裱糊工程的常用材料。 3. 复习常见涂饰、裱糊工程的工艺流程。			
二、任务解答 1．建筑装饰涂料按使用功能分为哪些？ ______ ______ ______ 2．建筑装饰涂料工程常用材料有哪些？各有什么作用？ ______ ______ ______ 3．请写出裱糊施工基层处理的要点。 ______ ______ ______ 4．请写出乳胶漆施工的工艺流程。 ______ ______ ______			
三、体会与总结			
四、指导老师评价意见 指导老师签字： 日期：			

任务 6.2　涂饰、裱糊工程计量与计价

6.2.1　涂饰、裱糊工程常见项目工程量清单计算规范

涂饰、裱糊装饰工程在《房屋建筑与装饰工程工程量计算规范》（GB 50854—2013）中为附录 P 油漆、涂料、裱糊工程。该分部划分为门油漆，窗油漆，木扶手及其他板条、线条油漆，木材面油漆，金属面油漆，抹灰面油漆，喷刷涂料，裱糊 8 个子分部，并规范了每个子分部的清单项目的项目编码、项目名称、项目特征、计量单位、工程量计算规则、工作内容。油漆、涂料、裱糊工程常用分项的清单计算规范见表 6-3。

表 6-3　油膝、涂料、裱糊工程常用分项清单计算规范

子分部	项目编码	项目名称	项目特征	计量单位	工程量计算规则	工作内容
木扶手及其他板条、线条油漆	011403001	木扶手油漆	1. 断面尺寸 2. 腻子种类 3. 刮腻子遍数 4. 防护材料种类 5. 油漆品种、刷漆遍数	m	按设计图示尺寸以长度计算	1. 基层清理 2. 刮腻子 3. 刷防护材料、油漆
	011403002	窗帘盒油漆				
木材面油漆	011404002	窗台板、筒子板、盖板、门窗套、踢脚线油漆	1. 腻子种类 2. 刮腻子遍数 3. 防护材料种类 4. 油漆品种、刷漆遍数	m^2	按设计图示尺寸以面积计算	
	011404010	木栅栏、木栏杆（带扶手）油漆			按设计图示尺寸以单面外围面积计算	
	011404011	衣柜、壁柜油漆			按设计图示尺寸以油漆部分展开面积计算	
	011404014	木地板油漆			按设计图示尺寸以面积计算。空洞、空圈、暖气包槽、壁龛的开口部分并入相应的工程量内	
	011404015	木地板烫硬蜡面	1. 硬蜡品种 2. 面层处理要求			1. 基层清理 2. 烫蜡
金属面油漆	011405001	金属面油漆	1. 构件名称 2. 腻子种类 3. 刮腻子要求 4. 防护材料种类 5. 油漆品种、刷漆遍数	1. t 2. m^2	1. 以 t 计量，按设计图示尺寸以质量计算。 2. 以 m^2 计量，按设计展开 面积计算	1. 基层清理 2. 刮腻子 3. 刷防护材料、油漆
抹灰面油漆	011406001	抹灰面油漆	1. 基层类型 2. 腻子种类 3. 刮腻子遍数 4. 防护材料种类 5. 油漆品种、刷漆遍数 6. 部位	m^2	按设计图示尺寸以面积计算	
	011406002	抹灰线条油漆	1. 线条宽度、道数 2. 腻子种类 3. 刮腻子遍数 4. 防护材料种类 5. 油漆品种、刷漆遍数	m	按设计图示尺寸以长度计算	
	011406003	满刮腻子	1. 基层类型 2. 腻子种类 3. 刮腻子遍数	m^2	按设计图示尺寸以面积计算	1. 基层清理 2. 刮腻子

续表

子分部	项目编码	项目名称	项目特征	计量单位	工程量计算规则	工作内容
喷刷涂料	011407001	墙面喷刷涂料	1. 基层类型 2. 喷刷涂料部位 3. 腻子种类 4. 刮腻子要求 5. 涂料品种、喷刷遍数	m^2	按设计图示尺寸以面积计算	1. 基层清理 2. 刮腻子 3. 刷、喷涂料
	011407002	天棚喷刷涂料				
	011407004	线条刷涂料	1. 基层清理 2. 线条宽度 3. 刮腻子遍数 4. 刷防护材料、油漆	m	按设计图示尺寸以长度计算	
	011407006	木材构件喷刷防火涂料	1. 喷刷防火涂料构件名称 2. 防火等级要求 3. 涂料品种、喷刷遍数	m^2	以平方米计量，按设计图示尺寸以面积计算	1. 基层清理 2. 刷防火涂料
裱糊	011408001	墙纸裱糊	1. 基层类型 2. 裱糊部位 3. 腻子种类 4. 刮腻子遍数 5. 粘结材料种类 6. 防护材料种类 7. 面层材料品种、规格、颜色		按设计图示尺寸以面积计算	1. 基层清理 2. 刮腻子 3. 面层铺粘 4. 刷防护材料
	011408002	织锦缎裱糊				

注：1. 木扶手应区分带托板与不带托板，分别编码列项，若是木栏杆带扶手，木扶手不应单独列项，应包含在木栏杆油漆中。
2. 喷刷墙面涂料部位要注明内墙或外墙。

读书笔记

涂饰、裱糊装饰工程量计算规范清单项目更多内容可通过手机QQ、微信扫描下面二维码获取。

《房屋建筑与装饰工程工程量计算规范》（GB 50854—2013）节选

6.2.2 《江苏省建筑与装饰工程计价定额》（2014）中涂饰、裱糊工程量计算规则节选

（1）天棚、墙、柱、梁面的喷（刷）涂料和抹灰面乳胶漆，工程量按实喷（刷）面积计算，但不扣除0.3 m^2 以内的孔洞面积。

（2）踢脚线按延长米计算，如踢脚线与墙裙油漆材料相同，应合并在墙裙工程量中。

（3）抹灰面的油漆、涂料、刷浆的工程量＝抹灰的工程量。

（4）金属面油漆中，其他金属面油漆按构件油漆部分表面面积计算。

（5）刷防火涂料计算规则：隔壁、护壁木龙骨按其面层正立面投影面积计算；柱木龙骨按其面层外围面积计算；天棚龙骨按其水平投影面积计算；木地板中木龙骨及木龙骨带毛地板按地板面积计算。

（6）裱贴饰面按设计图示尺寸以面积计算。

6.2.3 涂饰、裱糊工程计价说明及定额节选

（1）本书涂饰、裱糊工程计价定额的依据是《江苏省建筑与装饰工程计价定额》（2014），主要适应江苏省工程市场计价的需要，是建设各方计价的依据之一。

《江苏省建筑与装饰工程计价定额》（2014）中，有关涂饰、裱糊常用计量与计价的规定：

①涂料、油漆工程均采用手工操作，喷塑、喷涂、喷油采用机械喷枪操作，实际施工操作方法不同时，均按本定额执行。

②油漆项目中，已包括钉眼刷防锈漆的工、料并综合了各种油漆的颜色，设计油漆颜色与定额不符时，人工、材料均不调整。

③金属面油漆中，其他金属面油漆套用金属面定额的项目：原材料每米质量5 kg以内为小型构件，防火涂料用量乘以系数1.02；人工乘以系数1.1；网架上刷防火涂料时，人工乘以系数1.4。

④隔壁、护壁、柱、天棚面层及木地板刷防火涂料，执行其他木材面刷防火涂料相应子目。

⑤定额中规定的喷、涂刷的遍数，如与设计不同时，可按每增减一遍相应子目执

行。石膏板面套用抹灰面定额。

⑥本定额抹灰面乳胶漆、裱糊墙纸饰面是根据现行工艺，将墙面封油刮腻子、清油封底、乳胶漆涂刷及墙纸裱糊分列子目，本定额乳胶漆、裱糊墙纸子目已包括再次找补腻子在内。

⑦涂料定额是按常规品种编制的，设计用的品种与定额不符，单价换算，可以根据不同的涂料调整定额含量，其余不变。

油漆、涂料、裱糊工程定额工程量计价说明及计价工程量计算规则更多内容可通过手机 QQ、微信扫描下面二维码获取。

《江苏省建筑与装饰工程计价定额》（2014）

（2）《江苏省建筑与装饰工程计价定额》（2014）中油漆、涂料、裱糊的定额分为两个分部：一是油漆、涂料；二是裱贴饰面。

①油漆、涂料工程有木材面油漆、金属面油漆、抹灰面油漆（涂料）3 个分项。木材面油漆有调和漆、磁漆、清漆、聚氨酯漆、硝基清漆、丙烯酸清漆、防火涂料、地板漆、黑板漆、防腐油 10 个类别；金属面油漆有调和漆、防锈漆、银粉漆、磁漆、防火涂料、沥青漆、其他漆 7 个类别；抹灰面油漆、涂料有调和漆、封油刮腻子、封底、贴胶带、乳胶漆、外墙涂料、喷涂、真石漆、浮雕喷涂料、刷（喷）浆 10 个类别。

②裱贴饰面有金（银）、铜（铝）箔，墙纸，墙布 3 个分项。

涂饰、裱贴各分项常用做法都有相应的定额子目。涂饰、裱糊的常用定额子目见表 6-4、表 6-5。

表 6-4　涂饰工程常用定额子目

分项工程		定额编号	定额名称
木材面油漆	调和漆	17-1	单层木门底油一遍、刮腻子、调和漆两遍
		17-4	其他木材面底油一遍、刮腻子、调和漆两遍
		17-5	踢脚线底油一遍、刮腻子、调和漆两遍
		17-6	单层木门每增加一遍调和漆
		17-9	其他木材面每增加一遍调和漆
		17-10	踢脚线每增加一遍调和漆
	清漆	17-24	其他木材面润油粉、刮腻子、油色、清漆三遍

分项工程		定额编号	定额名称
木材面油漆	清漆	17-25	踢脚线润油粉一遍、刮腻子、油色、清漆三遍
		17-29	其他木材面每增加一遍清漆
		17-30	踢脚线每增加一遍清漆
	防火涂料	17-92	其他木材面刷防火涂料二遍
		17-93	其他木材面每增加防火涂料一遍
		17-96	隔墙、隔断（间壁）、护壁木龙骨双向防火涂料两遍
		17-97	隔墙、隔断（间壁）、护壁木龙骨单向防火涂料两遍
		17-98	隔墙、隔断（间壁）、护壁木龙骨双向防火涂料每增加一遍
		17-99	隔墙、隔断（间壁）、护壁木龙骨单向防火涂料每增加一遍
		17-109	天棚方木骨架防火涂料两遍
		17-111	天棚方木骨架防火涂料每增加一遍
	地板漆	17-112	木地板满刮腻子地板漆三遍
		17-113	木地板打硬蜡一遍
		17-114	木地板打软白蜡
		17-115	地板刷混合型双组分聚氨酯清漆三遍
		17-119	地板每增减一遍混合型双组分聚氨酯清漆一遍
金属面油漆	调和漆	17-132	金属面调和漆第一遍
		17-133	金属面调和漆第二遍
	红丹防锈漆	17-135	金属面红丹防锈漆第一遍
		17-136	金属面红丹防锈漆第二遍
	银粉漆	17-138	金属面银粉漆第一遍
		17-139	金属面银粉漆第二遍
抹灰面油漆、涂料	封油刮腻子、封底、贴胶带	17-164	抹灰面满批腻子两遍
		17-165	抹灰面满批腻子每增减二遍
		17-168	抹灰面、石膏板面 901 胶白水泥满批腻子两遍

续表

分项工程		定额编号	定额名称
抹灰面油漆、涂料	封油刮腻子、封底、贴胶带	17–169	抹灰面、石膏板面 901 胶白水泥满批腻子每增减一遍
		17–173	板面钉眼封点防锈漆
		17–175	天棚墙面板缝贴自粘胶带
	乳胶漆	17–176	内墙面在抹灰面上 901 胶混合腻子批、刷乳胶漆各三遍
		17–177	内墙面在抹灰面上 901 胶白水泥腻子批、刷乳胶漆各三遍
		17–180	内墙面在刮糙面上 901 胶混合腻子批、刷乳胶漆各三遍
		17–181	内墙面在刮糙面上 901 胶白水泥腻子批、刷乳胶漆各三遍
		17–188	石膏线 10 cm 宽以内乳胶漆三遍
		17–189	石膏线 20 cm 宽以内乳胶漆三遍
	外墙涂料	17–195	外墙批抗裂腻子三遍
		17–196	外墙批抗裂腻子每增减一遍
		17–197	外墙弹性涂料二遍
		17–198	外墙弹性涂料每增减一遍
	真石漆	17–218	外墙真石漆胶带分格
		17–219	外墙真石漆木条分格

表 6–5　裱贴饰面工程常用定额子目

分项工程		定额编号	定额名称
裱贴饰面	墙纸	17–239	墙面贴墙纸不对花
		17–240	墙面贴墙纸对花
		17–241	柱面贴墙纸不对花
		17–242	柱面贴墙纸对花
	墙布	17–248	柱面贴墙布
		17–250	墙面贴墙布

（3）《江苏省建筑与装饰工程计价定额》（2014）中涂饰、裱贴工程计价定额节选见表 6–6 ～表 6–9。

表 6-6　防火涂料计价定额（一）

工作内容：1．清扫、刷防火涂料二遍。
2．刷防火涂料一遍。

计量单位：10 m^2

定额编号					17-92		17-93	
项目			单位	单价	其他木材面刷防火涂料两遍		其他木材面刷防火涂料每增加一遍	
					数量	合计	数量	合计
综合单价				元	189.95		52.34	
其中	人工费			元	111.35		25.50	
	材料费			元	37.40		17.40	
	机械费			元	—		—	
	管理费			元	27.84		6.38	
	利润			元	13.36		3.06	
一类工			工日	85.00	1.31	111.35	0.30	25.50
材料	11030505	防火涂料 X-60（饰面）	kg	19.00	1.78	33.82	0.89	16.91
	12030107	油漆溶剂油	kg	14.00	0.25	3.50		
	02270105	白布	m^2	4.00	0.02	0.08		
		其他材料费						0.49

表 6-6　防火涂料计价定额（二）

工作内容：1．清扫、刷防火涂料二遍。
2．刷防火涂料一遍。

计量单位：10 m^2

定额编号					17-109		17-111	
项目			单位	单价	天棚方木骨架刷防火涂料两遍		天棚方木骨架刷防火涂料每增加一遍	
					数量	合计	数量	合计
综合单价				元	245.04		102.96	
其中	人工费			元	134.30		52.70	
	材料费			元	61.04		30.76	
	机械费			元	—		—	
	管理费			元	33.58		13.18	
	利润			元	16.12		6.32	
一类工			工日	85.00	1.58	134.30	0.62	52.70
材料	11030505	防火涂料 X-60（饰面）	kg	19.00	2.98	56.62	1.56	29.64
	12030107	油漆溶剂油	kg	14.00	0.31	4.34	0.08	1.12
	02270105	白布	m^2	4.00	0.02	0.08		

表 6–7 天棚喷刷涂料计价定额（一）

工作内容：清扫、补缝、满刮腻子或嵌补缝腻子、
板缝贴自粘胶带、磨砂纸等全部操作过程。

计量单位：10 m^2

定额编号					17–164		17–165	
项目			单位	单价	抹灰面满批腻子两遍		抹灰面满批腻子每增减一遍	
					数量	合计	数量	合计
综合单价				元	86.30		42.53	
其中	人工费			元	51.00		27.20	
	材料费			元	16.43		5.27	
	机械费			元	—		—	
	管理费			元	12.75		6.80	
	利润			元	6.12		3.26	
一类工			工日	85.00	0.60	51.00	0.32	27.20
材料	12410703	羧甲基纤维素	kg	2.50	0.20	0.50	0.09	0.23
	11430327	钛白粉	kg	0.85	3.00	2.55	1.26	1.07
	04090602	滑石粉	kg	0.62	3.00	1.86	1.26	0.78
	04010701	白水泥	kg	0.70	1.50	1.05	0.63	0.44
	11111715	酚醛清漆	kg	13.00	0.28	3.64		
	12413518	901 胶	kg	2.50	0.90	2.25	0.38	0.95
	12030107	油漆溶剂油	kg	14.00	0.07	0.98		
		其他材料费	元			3.60		1.80

表 6-7 天棚喷刷涂料计价定额（二）

工作内容：板面钉眼点批封漆。　　　　计量单位：10 m²

定额编号					17-173	
项目			单位	单价	板面钉眼封点防锈漆	
					数量	合计
综合单价			元		32.19	
其中	人工费		元		21.25	
	材料费		元		3.08	
	机械费		元		—	
	管理费		元		5.31	
	利润		元		2.55	
一类工			工日	85.00	1.58	134.30
材料	11030304	红丹防锈漆	kg	15.00	0.20	3.00
		其他材料费	元			0.08

表 6-7　天棚喷刷涂料计价定额（三）

工作内容：清扫、补缝、满刮腻子或嵌补缝腻子、板缝贴自粘胶带磨砂纸等全部操作过程。　　计量单位：10 m

定额编号					17–175	
项目			单位	单价	天棚墙面板封贴自粘胶带	
					数量	合计
综合单价				元	77.11	
其中	人工费			元	17.85	
	材料费			元	52.66	
	机械费			元	—	
	管理费			元	4.46	
	利润			元	2.14	
一类工			工日	85.00	0.21	17.85
材料	12430342	自粘胶带	kg	5.00	10.20	51.00
	31010707	密缝油膏	kg	6.50	0.07	0.46
		其他材料费	元			1.20

表 6-7 天棚喷刷涂料计价定额（四）

工作内容：清扫、配浆、批腻子、找补腻子、磨砂纸、批刷（喷）乳胶漆三遍。

计量单位：10 m²

定额编号					17-177		17-179	
项目			单位	单价	内墙面在抹灰面上 901 胶白水泥腻子批、刷乳胶漆各三遍		天棚复杂面 901 胶白水泥腻子批、刷乳胶漆各三遍	
					数量	合计	数量	合计
综合单价				元	255.26		296.83	
其中	人工费			元	134.30		161.50	
	材料费			元	71.26		75.57	
	机械费			元	—		—	
	管理费			元	33.58		40.38	
	利润			元	16.12		19.38	
一类工			工日	85.00	1.58	134.30	1.90	161.50
材料	11010304	内墙乳胶漆	kg	12.00	4.63	55.56	4.86	58.32
	12413518	901 胶	kg	2.50	3.32	8.30	3.65	9.13
	04090801	石膏粉 325 目	kg	0.42	0.83	0.35	0.91	0.38
	11430327	钛白粉	kg	0.85	0.83	0.71	0.91	0.77
	04010701	白水泥	kg	0.62	6.88	4.82	7.57	5.30
		其他材料费	元	0.70		1.52		1.67

注：1. 每增减一遍腻子，人工增减 0.32 工日，腻子材料增加 30%。
2. 每增减刷一遍乳胶漆，人工增减 0.165 工日，乳胶漆 1.20 kg。
3. 天棚复杂面指不在同一平面的两个层面。若不在同一平面的层面为三个以上（含三个层面），则每 10 m² 增加批腻子人工 0.15 工日，其他不变。
4. 柱、梁、天棚面批腻子，刷乳胶漆按相应子目执行，人工乘以系数 1.1，其他不变。

表 6–7　天棚喷刷涂料计价定额（五）

工作内容：清扫、配浆、批腻子、找补腻子、磨砂纸、批刷（喷）乳胶漆三遍。　　计量单位：10 m²

定额编号					17–180		17–181	
项目			单位	单价	内墙面在刮糙面上 901 胶混合腻子批、刷乳胶漆各三遍		内墙面在刮糙面上 901 胶白水泥腻子批、刷乳胶漆各三遍	
					数量	合计	数量	合计
综合单价				元	272.04		284.29	
其中	人工费			元	140.25		146.20	
	材料费			元	79.90		84.10	
	机械费			元	—		—	
	管理费			元	35.06		36.55	
	利润			元	16.83		17.54	
一类工			工日	85.00	1.65	140.25	1.72	146.20
材料	11010304	内墙乳胶漆	kg	12.00	4.63	55.56	4.63	55.56
	12413518	901 胶	kg	2.50	2.60	6.50	6.63	16.58
	12410703	羧甲基纤维素	kg	2.50	0.56	1.40		
	04090801	石膏粉 325 目	kg	0.42			1.66	0.70
	11430327	钛白粉	kg	0.85	8.89	7.56	1.66	1.41
	04090602	滑石粉	kg	0.62	8.89	5.51		
	04010701	白水泥	kg	0.70	4.50	3.15	13.75	9.63
		其他材料费	元			0.22		0.22

注：1. 柱、梁、天棚面上批腻子、刷乳胶漆按相应子目执行，人工乘以系数 1.10，其他不变。
2. 每增批一遍腻子，人工增加 0.165 工日，腻子材料增加 30%。
3. 每增刷一遍乳胶漆，人工增加 0.165 工日，乳胶漆 1.20 kg。
4. 刮糙面上仅批腻子不做乳胶漆者，乳胶漆扣除，每 10 m² 另扣人工 0.385 工日，其他不变。

表 6-7　天棚喷刷涂料计价定额（六）

工作内容：清扫、刷乳胶漆三遍

计量单位：10 m

定额编号					17-188		17-189	
项目			单位	单价	石膏线 10 cm 宽以内乳胶漆三遍		石膏线 20 cm 宽以内乳胶漆三遍	
					数量	合计	数量	合计
综合单价				元	37.95		64.24	
其中	人工费			元	22.10		28.90	
	材料费			元	7.67		24.64	
	机械费			元	—		—	
	管理费			元	5.53		7.23	
	利润			元	2.65		3.47	
一类工			工日	85.00	0.26	22.10	0.34	28.90
材料	11010304	内墙乳胶漆	kg	12.00	0.56	6.72	1.12	13.44
		其他材料费	元			0.95		11.20

表 6-8　外墙涂料计价定额

工作内容：清理基层、刷封闭底漆；调、批腻子两遍、打磨；涂刷涂料

计量单位：10 m²

定额编号					17-197		17-198	
项目			单位	单价	外墙弹性涂料			
					两遍		每增减一遍	
					数量	合计	数量	合计
综合单价				元	363.82		71.65	
其中	人工费			元	76.50		8.50	
	材料费			元	259.01		60.00	
	机械费			元	—		—	
	管理费			元	19.13		2.13	
	利润			元	9.18		1.02	
一类工			工日	85.00	0.90	76.50	0.10	8.50
材料	11112505	高渗透性表面底漆	kg	30.00	1.20	42.00		
	11010361	外墙弹性乳胶涂料	kg	30.00			2.00	60.00
	11010362	外墙弹性乳胶涂料（中涂）	kg	25.00	6.00	150.00		
	11010363	外墙弹性乳胶涂料（面涂）	kg	30.00	2.00	60.00		
	04010701	白水泥	kg	0.70	3.00	2.10		
	12413518	901 胶	kg	2.50	1.50	3.75		
	03270202	砂纸	张	1.10	0.60	0.66		
		其他材料费	元			0.50		

表 6-9 墙纸计价定额

工作内容：清理基层、批补、磨砂、贴面材料等材料全部操作过程。

计量单位：10 m^2

定额编号					17-239		17-240	
项目			单位	单价	墙面贴墙纸不对花		墙面贴墙纸对花	
					数量	合计	数量	合计
综合单价			元		494.68		527.21	
其中	人工费		元		113.90		124.95	
	材料费		元		338.63		356.03	
	机械费		元		—		—	
	管理费		元		28.48		31.24	
	利润		元		13.67		14.99	
一类工			工日	85.00	1.34	113.90	1.47	124.95
材料	10310304	墙纸 中档	m^2	30.00	11.00	330.00	11.58	347.40
	12413544	聚醋酸乙烯乳液	kg	5.00	1.25	6.25	1.25	6.25
	11430327	钛白粉	kg	0.85	1.20	1.02	1.20	1.02
	12410703	羧甲基纤维素	kg	2.50	0.15	0.38	0.15	0.38
		其他材料费	元			0.98		0.98

6.2.4 任务练习

学生工作页

项目名称	涂饰、裱糊装饰工程		
课题名称	涂饰、裱糊工程计量与计价基础知识		
学生姓名		所在班级	
所学专业		完成任务时间	
指导老师		任务完成日期	

一、任务描述

1. 复习涂饰、裱糊工程的计量规则。
2. 复习涂饰、裱糊工程的计价基本规定。
3. 理解涂饰、裱糊工程常用的计价定额子目中各部分含义。

二、任务解答

1. 不定项选择题

（1）关于油漆、涂料、裱糊工程计算规则提法正确的有（　　）。

A．门窗油漆按设计图示数量计算，计量单位为 m^2

B．木扶手油漆按设计图示尺寸面积计算，计量单位为 m^2

C．金属面油漆按构件质量以“t”计算

D．木材面油漆按设计图示尺寸以面积计算，计量单位为 m^2

E．喷塑、涂料、裱糊按设计图示尺寸以面积计算，计量单位为 m^2

（2）墙面喷刷涂料要求描述的项目特征包括（　　）。

A．基层类型　　B．喷刷涂料部位

C．腻子种类　　D．刮腻子要求

E. 涂料品种、喷刷遍数

（3）关于木扶手油漆清单的说法正确的有（　　）。

A．木扶手应区分带托板与不带托板，分别编码列项

B．木扶手工程量应按设计图示尺寸以长度计算

C．木栏杆带扶手时，木栏杆与扶手分开列项

D．木栏杆带扶手工程量应按设计图示以面积计算

（4）《江苏省建筑与装饰工程计价定额》（2014）中关于油漆项目说法正确的是（　　）。

A．定额中油漆工程均按手工操作的，实际施工时若采用喷涂不能按本定额执行

B．油漆项目中设计油漆颜色与定额不符时，材料做调整

C．本定额已综合考虑分色及门窗内外分色的因素，若做美术图案不做调整

D．油漆项目中钉眼刷防锈漆的工料需要另外计算

（5）《江苏省建筑与装饰工程计价定额》（2014）中木方格吊顶天棚以长 × 宽计算工程量，套用其他木材面定额需要乘以工程量系数（　　）。

A．1.10　　B．1.82　　C．1.90　　D．1.20

（6）《江苏省建筑与装饰工程计价定额》（2014）中刷防火涂料计算规则正确的有（　　）。

A．隔壁、护壁木龙骨按其面层正立面投影面积计算

B．柱木龙骨按其面层外围面积计算

C．天棚龙骨按其水平投影面积计算

D．木地板中木龙骨及木龙骨带毛地板按地板面积计算

E．隔壁、护壁、柱、天棚面层及木地板刷防火涂料，执行其他木材面刷防火涂料相应子目

（7）以下（　　）是配制腻子可能用到的材料。

A．白水泥　　B．羧甲基纤维素

C．滑石粉　　D．酚醛清漆

E．松节油

2. 解释定额子目 17-164 抹灰面满批腻子两遍中各项材料在本项施工中的作用。 ______ ______ ______ ______ ______ ______ ______ 3. 解释定额子目 17-239 墙面贴墙纸不对花中各项材料在本项施工中的作用。 ______ ______ ______ ______ ______ ______ ______
三、体会与总结
四、指导老师评价意见 指导老师签字： 日期：

任务 6.3　涂饰、裱糊工程计量与计价案例

6.3.1　任务一

1. 任务要求

某家庭室内装修为中档装修，其中墙面装修做法如图 6-9 所示，顶棚石膏线条高为 80 mm。试按照当地常用工程做法列出该墙面壁纸裱糊的清单，计算该墙面壁纸裱糊（本任务只计算立面可见墙体，且不包含图中柱面裱糊壁纸）的清单与计价工程量，参照《江苏省建筑与装饰工程计价定额》（2014）及含税市场价进行该墙面壁纸裱糊的清单综合单价报价。

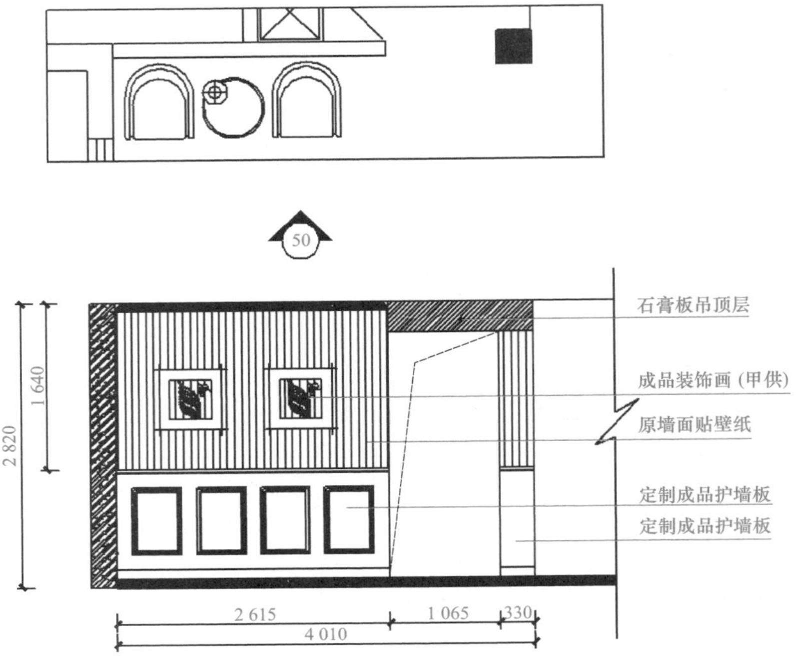

图 6-9　立面装修图

2．任务解决

（1）信息收集及做法分析。本工程为墙面裱贴墙纸。墙纸裱糊清单和定额工程量计算规则一致：按设计图示尺寸以面积计算。墙纸常用粘贴工艺：满批腻子三遍找平、基膜打底、糯米胶粘贴壁纸。构造层如图 6-10 所示。

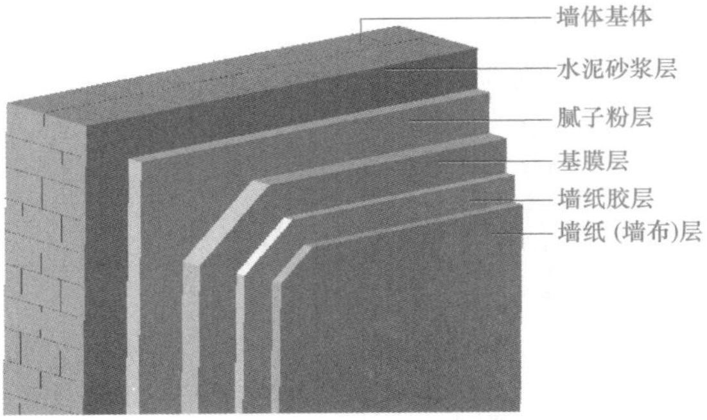

图 6-10　墙纸裱糊构造层

墙纸裱糊采用成品腻子，当墙面基层平整度正常，每遍腻子不宜过厚，消耗量约为 1 kg/m^2。基膜消耗量约为 0.07 L/m^2，糯米胶消耗量约为 0.13 kg/m^2，具体用量需要结合施工现场情况确定，本案例材料用量按正常情况的消耗量计算。

本工程为家庭装潢，材料按含税单价报价，执行简易计税方式，参照《江苏省建筑与装饰工程计价定额》（2014），单独装饰工程管理费按 42%、利润按 15% 计算。通过查询获取当时当地人工、材料、机械信息价、市场价格（具体价格见表 6-10）。

表 6-10　资源价格表

序号	资源名称	单位	含税市场价 / 元
1	一类工	工日	139

续表

序号	资源名称	单位	含税市场价 / 元
2	成品腻子	kg	9.60
3	油漆溶剂油	kg	15.01
4	基膜	L	24
5	糯米胶	kg	17.50
6	壁纸	m^2	46.50

（2）分部分项工程量计算、清单编制及清单综合价计算。

①清单及计价工程量计算（表 6–11）。

表 6–11　清单及计价工程量计算

计算项目	部位	计量单位	计算式	工程量
墙纸裱糊	房间立面	m^2	2.615×（1.64–0.08 ＜石膏线条高度＞）=4.08（m^2）	4.08

②清单编制（表 6–12）。

表 6–12　清单编制

项目编码	项目名称	项目特征	计量单位	工程量
011408001001	墙纸裱糊	1. 基层类型：抹灰面 2. 裱糊部位：墙面 3. 腻子种类：成品腻子 4. 腻子遍数： 5. 基层防护：基膜一遍 6. 粘结材料种类：糯米胶 7. 面层材料品种、规格、颜色：墙纸（详见图纸及设计要求）	m^2	4.08

（3）清单综合单价计算（表 6–13）。

表 6–13　清单综合单价计算

项目编码	011408001001			项目名称		墙纸裱糊		计量单位	m^2	工程量	4.08
清单综合单价组成明细											
定额编号	定额项目名称	定额单位	数量	单价 / 元				综合价 / 元			
				人工费	材料费	机械费	管理费和利润	人工费	材料费	机械费	管理费和利润
17–164 换	抹灰面满批腻子两遍	10 m^2	0.1	95.91	196.65	—	54.68	9.95	19.67	—	5.47
17–165 换	抹灰面满批腻子每增减一遍	10 m^2	0.1	51.15	97.80	—	29.16	5.12	9.78	—	2.92
17–240 换	墙面贴墙纸对花	10 m^2	0.1	234.98	556.25	—	133.94	23.50	55.63	—	13.39
小计								38.57	85.08	—	21.78
清单项目综合单价								145.43			

读书笔记

读书笔记

各定额单价费用组成计算如下：

定额 17–164 换单价费用计算过程如下：

人工费：139×1.15 ＜根据规定：家庭装饰执行《江苏省建筑与装饰工程计价定额》（2014）时，人工乘以系数 1.15 ＞ ×0.60=95.91（元）。

材料费：定额中配腻子、底层处理的材料（羧甲基纤维素、钛白粉、滑石粉、白水泥、酚醛清漆、901 胶）用成品腻子替换。

成品腻子：9.60×20 ＜按 1 kg/m^2 腻子消耗量计算的 10 m^2 刮腻子两遍的消耗量＞ = 192（元）。

油漆溶剂油：15.01×0.07=1.05（元）。

其他材料费：3.60 元。

合计：192+1.05+3.60=196.65（元）。

管理费和利润：95.91×57% ＜管理费按 42%、利润率按 15% 计算＞ =54.68（元）。

定额 17–165 换单价费用计算过程如下：

人工费：139×1.15 ＜定额中规定：家庭装饰执行《江苏省建筑与装饰工程计价定额》（2014）时，人工乘以系数 1.15 ＞ ×0.32=51.15（元）。

材料费：定额中配腻子的材料（羧甲基纤维素、钛白粉、滑石粉、白水泥、901 胶）用成品腻子替换。

成品腻子：9.60×10 ＜按 1 kg/m^2 腻子消耗量计算的 10 m^2 刮腻子一遍的消耗量＞ = 96（元）。

其他材料费：1.80 元。

合计：96+1.8=97.80（元）。

管理费和利润：51.15×57% ＜管理费按 42%、利润率按 15% 计算＞ =29.16（元）。

定额 17–240 换单价费用计算过程如下：

人工费：139×1.15 ＜定额中规定：家庭装饰执行《江苏省建筑与装饰工程计价定额》（2014）时，人工乘以系数 1.15 ＞ ×1.47=234.98（元）。

材料费：定额中基层处理配腻子的材料（羧甲基纤维素、钛白粉、聚醋酸乙烯乳液）用基膜替换。

墙纸：46.50×11.58=538.47（元）。

基膜：24×0.7=16.80（元）。

其他材料费：0.98 元。

合计：538.47+16.80+0.98=556.25（元）。

管理费和利润：234.98×57% ＜管理费按 42%、利润率按 15% 计算＞ =133.94（元）。

6.3.2 任务二

1. 任务要求

某办公室吊顶平面图和节点图如图 6–11 ～图 6–13 所示，按照《江苏省建筑与装饰工程计价定额》（2014）中相关规定计算涂刷防火涂料、乳胶漆的工程量和综合单价（不考虑市场价因素，按简易计税方式报价）。

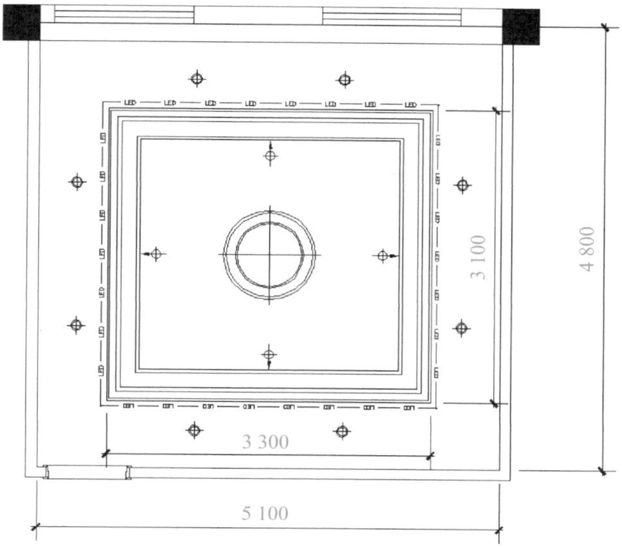

图 6-11　某办公室吊顶平面图

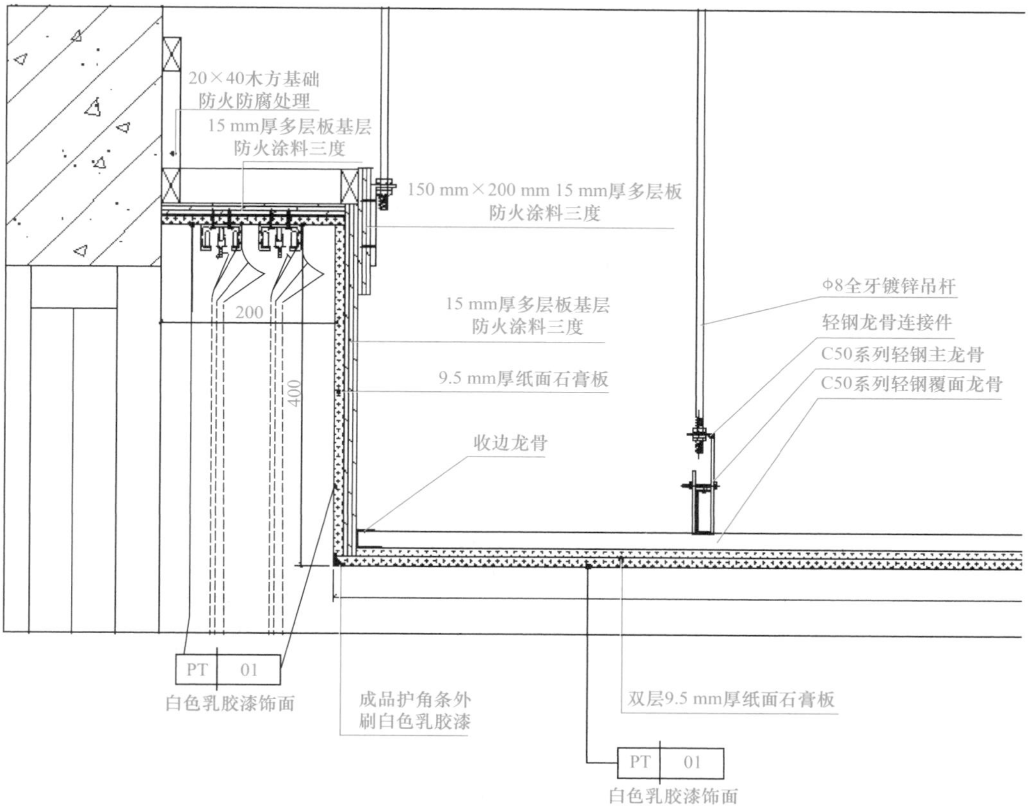

图 6-12　某办公室窗帘盒节点详图

读书笔记

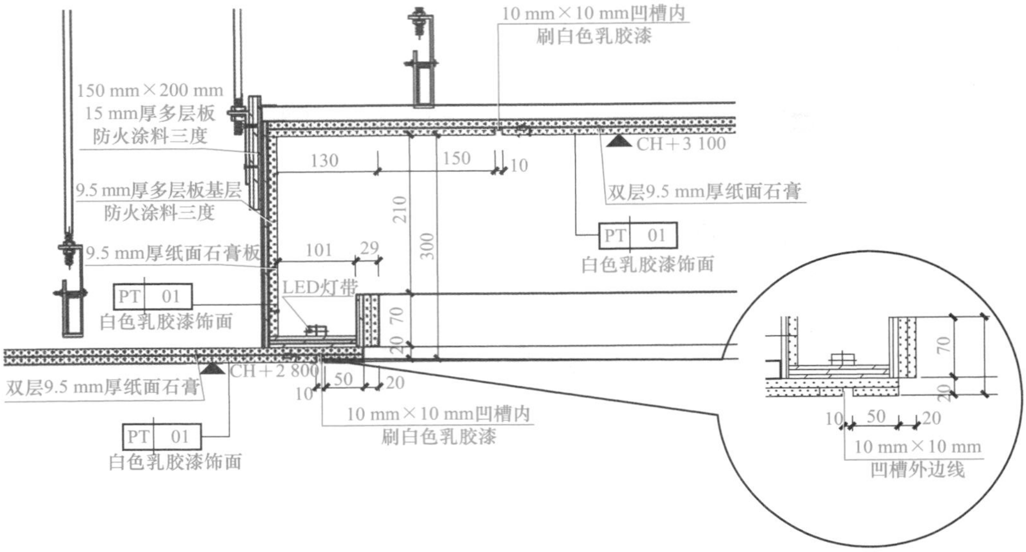

图 6-13 某办公室灯槽节点详图

2. 任务解决

(1) 识读图纸。本房间内墙间开间净长为 5.10 m、进深净长为 4.80 m，灯槽下部以 10 mm×10 mm 凹槽外边线为标注起止点的长、宽分别为 3.30 m、3.10 m。窗帘盒和灯槽处节点构造如图 6-14 和图 6-15 所示。

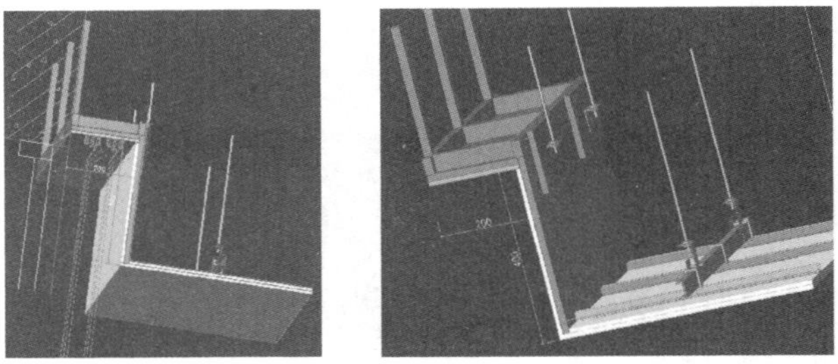

(a) (b)

图 6-14 窗帘盒节点构造图

（a）构造图示1；（b）构造图示2

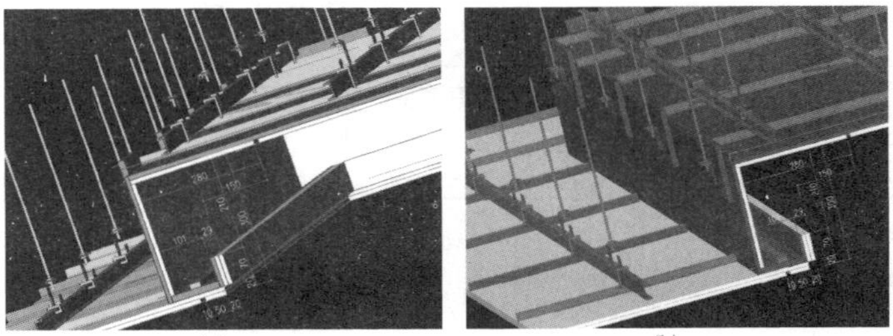

(a) (b)

图 6-15 灯槽节点三维图

（a）构造图示1；（b）构造图示2

读书笔记

（2）信息收集及做法分析。

①施工工艺：根据吊顶龙骨安装要求，吊杆距离龙骨端部距离不得超过 300 mm，本工程设定为 200 mm；无主龙骨时，吊件间距 800 ～ 1 000 mm，本工程吊件间距设定为不大于 1 000 mm。多层板双面涂刷防火涂料三遍。天棚石膏板面白色乳胶漆饰面做法通常为 901 胶白水泥腻子批、刷乳胶漆各三遍。

在石膏板面刷乳胶漆一般需要先进行钉眼涂防锈漆，并在石膏板缝间贴自粘胶带，需要分别计价，本案例暂不计算。

②计量规则：天棚、墙、柱、梁面的喷（刷）涂料和抹灰面乳胶漆，工程量按实喷（刷）面积计算，但不扣除 0.3 m^2 以内的孔洞面积。天棚龙骨喷（刷）涂料按其水平投影面积计算，本案例窗帘盒龙骨喷（刷）涂料参照天棚龙骨喷（刷）涂料计量。

（3）工程量计算。工程量计算见表 6–14。

表 6–14　工程量计算

计算项目	计算部位	计量单位	计算式	工程量
木构件喷刷防火涂料	窗帘盒木龙骨	m^2	（0.2＜窗帘盒净宽＞+0.0095＜单层 9.5 mm 纸面石膏板厚＞+0.015＜15 mm 多层板厚＞）×5.1＜窗帘盒长＞=1.145（m^2）	1.15
	窗帘盒基层（15 mm 厚多层板）	m^2	15 mm 厚多层板单面面积： （0.2＜窗帘盒净宽＞+0.009 5＜单层 9.5 mm 纸面石膏板厚＞）×5.1+（0.4＜窗帘盒净高＞+0.015＜15 mm 多层板厚＞）×5.1＜窗帘盒长＞=3.185（m^2） 15 mm 厚多层板双面面积： 3.185×2=6.370（m^2）	20.24
	回光灯槽基层（15 mm 厚多层板）	m^2	水平 15 mm 厚多层板单面面积： （0.101+0.009 5）＜灯槽水平方向 15 mm 多层板宽＞×（（3.3+3.1）×2＜灯槽处 10×10 凹槽外边线周长＞+0.004＜灯槽处 10×10 凹槽外边线到灯槽水平方向 15 mm 多层板中心线距离＞×8）=1.418（m^2） 15 mm 厚多层板双面面积： 1.418×2=2.836（m^2）	
	回光灯槽基层（9 mm 厚多层板）	m^2	灯槽吊筋处 9 mm 多层板面积： 0.30＜9 mm 多层板高度＞×［（3.3+3.1）×2+0.064＜灯槽处 10×10 凹槽外边线到 9 mm 多层板中心线距离＞×8］=3.994（m^2） 灯槽翻边处 9 mm 多层板面积： 0.07＜9 mm 多层板高度＞×［（3.3+3.1）×2−0.0555＜灯槽处 10×10 凹槽外边线到多层板中心线距离＞×8］=0.865（m^2） 灯槽吊筋处、翻边处 9 厚多层板双面面积： （3.994+0.865）×2=9.718（m^2）	
	吊筋连接处（150 mm×200 mm、15 mm 厚多层板）	m^2	窗帘盒吊筋根数： （5100−200×2＜距离端部 200 mm 开始布置吊筋＞）/1 000+1=6（根） 回光灯槽吊筋根数： （3 300−200＜距离端部 200 mm 开始布置吊筋＞×2）/1 000+1=4（根） （3 100−200＜距离端部 200 mm 开始布置吊筋＞×2）/1 000+1=4（根） 150 mm×200 mm15 厚多层板块数（每根吊筋处连接一块 150 mm×200 mm15 厚多层板）：6+4×2+4×2=22（块） 150 mm×200 mm15 厚多层板双面面积： 0.15×0.20×22×2=1.32（m^2）	

续表

计算项目	计算部位	计量单位	计算式	工程量
乳胶漆	吊顶平面	m^2	水平投影面积： （4.8−0.2＜窗帘盒净宽＞）×5.1=23.46（m^2） 标高 3.1m 处 10×10 凹槽线侧边增加面积： ［（3.3+3.1）×2−0.235＜灯槽处 10×10 凹槽外边线到吊顶处凹槽中心线距离＞×8］×0.01×2=0.218（m^2）	33.24
	窗帘盒	m^2	（0.2+0.4）×5.1=3.06（m^2）	
	回光灯槽	m^2	回光灯槽水平投影面积（从吊杆处垂直石膏板朝向灯槽一侧的边线开始计算，宽度 130 mm）： （0.101+0.029）×［（3.3+3.1）×2−0.014＜灯槽处 10×10 凹槽外边线到水平投影面中心线距离＞×8］=1.649（m^2） 回光灯槽内侧石膏板垂直面面积： （0.21+0.07−0.015）＜石膏板净高＞×［（3.3+3.1）×2+0.0505＜灯槽处 10×10 凹槽外边线到石膏板表面距离＞×8］=3.499（m^2） 回光灯槽翻边石膏板外侧垂直面面积： 0.02×［（3.3+3.1）×2−0.06＜灯槽处 10×10 凹槽外边线到灯槽凹角处垂直面距离＞×8］+0.07×［（3.3+3.1）×2−0.079＜灯槽处 10×10 凹槽外边线到灯槽翻边垂直面距离＞×8］=1.098（m^2） 灯槽下方标高 2.8 m 处 10 mm×10 mm 凹槽线侧边增加面积： ［（3.3+3.1）×2−0.005＜灯槽处 10 mm×10 mm 凹槽外边线到中心线距离＞×8］×0.01×2=0.255（m^2）	

（4）综合单价计算。

①窗帘盒龙骨涂刷防火涂料三遍借用天棚方木骨架涂刷防火漆定额，定额 17−109+定额 17−111，管理费和利润增加（33.58+16.12+13.18+6.32）×（57%−37%）＜单独装饰工程管理费（42%）和利润（15%）与定额中建筑三类工程（25%）和利润（12%）之差＞=13.84（元）。

综合单价为 245.04+102.96+13.84=361.84（元 / m^2）。

②多层板面涂刷防火涂料三遍套用其他木材面刷防火涂料定额，定 17−92+ 定 17−93，管理费和利润增加（27.84+13.36+6.38+3.06）×（57%−37%）=10.13（元）。

综合单价为 189.95+52.34+10.13=252.42（元 / m^2）。

③本任务天棚石膏板面乳胶漆涂刷不在同一平面的层面有三个以上，饰面执行定额 17−179“天棚复杂面 901 胶白水泥腻子批、刷乳胶漆各三遍”。人工系数为增加 0.15。

人工费增加 161.50×0.15=24.22（元）。

管理费和利润增加（40.38+19.38）×（57%−37%）+24.22×57%=25.76（元）。

综合单价为 296.83+24.22+25.76=346.81（元）。

6.3.3 任务实践

某办公室吊顶平面、吊顶节点详图分别如图 6−16、图 6−17 所示，吊顶面层装饰为白色乳胶漆，请结合本书中的计价定额、当地当时市场价格、工程实践经验等因素，计算该吊顶面层装饰、石膏线条刷乳胶漆的工程量，编制相应的清单并计算清单综合价。

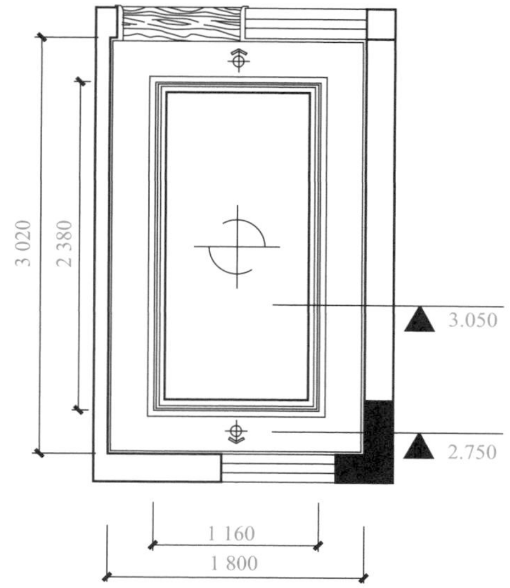

图 6-16　某办公室吊顶平面图

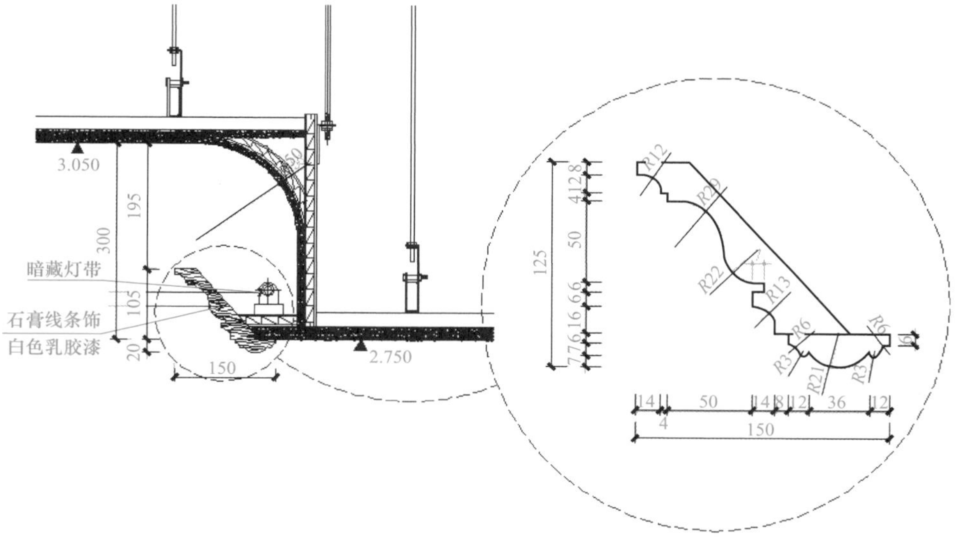

图 6-17　某办公室吊顶灯槽节点详图

学生工作页

项目名称	涂饰、裱糊装饰工程		
课题名称	天棚面层及线条刷乳胶漆的清单编制与综合价计算		
学生姓名		所在班级	
所学专业		完成任务时间	
指导老师		任务完成日期	

一、任务描述

6.3.3 任务实践中的任务要求。

二、任务解答

1. 信息收集及做法分析有哪些？

____

____

____

____

____

2. 清单工程量计算

计算项目	部位	计算单位	计算式	工程量

3. 计价工程量计算

计算项目	部位	计算单位	计算式	工程量

4. 清单编制

项目编码	项目名称	项目特征	计量单位	工程量

5. 清单综合单价计算

<table>
<tr><td>项目编码</td><td colspan="2"></td><td>项目名称</td><td colspan="2"></td><td colspan="2">计量单位</td><td></td><td colspan="2">工程量</td><td></td></tr>
<tr><td colspan="12">清单综合单价组成明细</td></tr>
<tr><td rowspan="2">定额编号</td><td rowspan="2">定额子目名称</td><td rowspan="2">定额单位</td><td rowspan="2">数量</td><td colspan="4">单价 / 元</td><td colspan="4">综合价 / 元</td></tr>
<tr><td>人工费</td><td>材料费</td><td>机械费</td><td>管理费和利润</td><td>人工费</td><td>材料费</td><td>机械费</td><td>管理费和利润</td></tr>
<tr><td></td><td></td><td></td><td></td><td></td><td></td><td></td><td></td><td></td><td></td><td></td><td></td></tr>
<tr><td></td><td></td><td></td><td></td><td></td><td></td><td></td><td></td><td></td><td></td><td></td><td></td></tr>
<tr><td></td><td></td><td></td><td></td><td></td><td></td><td></td><td></td><td></td><td></td><td></td><td></td></tr>
<tr><td></td><td></td><td></td><td></td><td></td><td></td><td></td><td></td><td></td><td></td><td></td><td></td></tr>
<tr><td colspan="8">小计</td><td></td><td></td><td></td><td></td></tr>
<tr><td colspan="8">清单项目综合单价</td><td colspan="4"></td></tr>
</table>

续表

定额单价计算过程：

6．清单综合价

分部分项工程量清单与计价表

项目编号	项目名称	项目特征	计量单位	工程量	金额 / 元		
					综合单价	合价	其中
							暂估价

三、体会与总结

四、指导老师评价意见

指导老师签字：

日期：

项目7　其他装饰工程

读书笔记

知识目标

1．掌握其他装饰工程常见构造及施工工艺，理解其他装饰工程计量规则。

2．掌握其他装饰工程计价的基础知识，熟悉其他装饰工程常用定额。

能力目标

1．能够正确识读装饰工程施工图，并能够根据其他装饰工程量计量规则正确计算相应的清单、计价工程量，并根据设计要求、设计图纸及相关工艺列出项目清单。

2．能够根据其他装饰工程计价规范、计价定额、工程实践，正确套用定额，并能够熟练进行定额换算。

3．能够根据其他装饰工程清单项目特征正确进行组价，计算清单项目的综合单价。

4．培养学生的工匠精神，使学生养成科学、严谨、认真的工作态度。

任务7.1　其他装饰工程概述

7.1.1　其他装饰工程简介

其他装饰工程包括柜类、货架，压条、装饰线，扶手、栏杆、栏板装饰，暖气罩，浴厕配件，雨篷、旗杆，招牌、灯箱，美术字等内容。

1．柜类、货架

柜类包括柜台、衣柜、存包柜、鞋柜、书柜、厨房低柜、酒吧台、收银台、服务台等各种柜子，货架是指存放各种货物的架子。

货架从规模上可分为以下几种：

（1）重型托盘货架：采用优质冷轧钢板经辊压成型，立柱可高达6 m而中间无接缝，横梁选用优质方钢，承重力大，不易变形，横梁与立柱之间挂件为圆柱凸起插入，连接可靠、拆装容易；

（2）中量型货架：中量型货架造型别致，结构合理，装拆方便，且坚固、结实，承载力大，广泛应用于商场、超市、企业仓库及事业单位；

（3）轻量型货架：可广泛应用于组装轻型料架、工作台、工具车、悬挂系统安全护网及支撑骨架；

（4）阁楼式货架：全组合式结构，可采用木板、花纹板、钢板等材料做楼板，可灵活设计成二层或多层，适用于摆放五金工具；

（5）特殊货架：包括模具架、油桶架、流利货架、网架、登高车、网隔间六大类。

服务台主要用于咨询交流、接待、登记等，由于兼有书写功能，所以比一般柜台略高，为 1 100 ～ 1 200 mm。

2. 压条、装饰线

装饰线材料是装饰工程中各平接面、相交面、分界面、层次面、对接面的衔接口的收边封口材料。装饰线材料不仅对装饰工程质量、装饰效果有着举足轻重的影响，同时，在室内装饰艺术上起着平面构成和线形构成的重要角色，在装饰结构上起着固定、连接、加强装饰面的作用。

（1）金属装饰线。金属装饰线（压条、嵌条）是一种新型装饰材料，也是高级装饰工程中不可缺少的配套材料。其具有高强度、耐腐蚀的特点，经阳极氧化着色、表面处理后，外表美观，色泽雅致，耐光和耐气候性能良好。金属装饰线有白色、金色、青铜色等多种颜色，适用现代室内装饰、壁板色边压条，效果极佳，精美高贵。

（2）木质装饰线。木质装饰线一般选用木质较硬、木纹较细耐磨、耐腐蚀、不劈裂、切面光滑、加工性能良好、油漆上色性好、粘结性好、钉着力强的木材经干燥处理后用机械加工或手工加工而成。木质装饰线表面应光滑，交角、棱边及弧面弧线既挺直又轮廓分明，不得有扭曲和斜弯。木质装饰线表面可油漆成各种色彩和木纹本色，线条可进行对接拼接，并与特制的各种角部构件和弧形构件拼接成各种弧线。木质装饰线特别是阴角线改变了传统的石膏粉刷线脚湿作业法，将木材加工成线脚条，便于安装。

在室内装饰工程中，木装饰线的用途十分广泛，其主要用途有以下几个方面：

①天棚线：用于天棚上不同层次面交接处的封边、天棚上各种不同材料面的对接处封口及天棚平面上的造型线。另外，也常用作吊顶上设备的封边。

②天棚角线：用于天棚与墙面、天棚与柱面交接处封边，天棚角线多用阴角线。

③封边线：用于墙面上不同层次面交接处的封边，墙面上各种不同材料面的对接处封口，墙裙压边，踢脚板压边，挂镜装饰，柱面包角，设备的封边装饰，墙面饰面材料压线，墙面装饰造型线及造型体、装饰隔墙、屏风上收边收口线和装饰线。另外，也常被用作各种家具上的收边线、装饰线。

木线条型号和规格见表 7-1。

表 7-1　木线条型号和规格　　mm

型号	规格	型号	规格	型号	规格	型号	规格
封边线		B-29	40×18	G-10	25×25	半圆线	
B-01	15×7	B-30	40×20	G-11	25×25	Y-01	15×17
B-02	15×13	B-31	45×18	G-12	33×27	Y-02	20×10

续表

型号	规格	型号	规格	型号	规格	型号	规格
B-03	20×10	B-32	40×25	G-13	30×30	Y-03	25×13
B-04	20×10	B-33	45×20	G-14	30×30	Y-04	40×20
B-05	20×12	B-34	50×25	G-15	35×35	Y-05	8×4
B-06	25×10	B-35	55×25	G-16	40×40	Y-06	13×6
B-07	25×10	B-36	60×25	墙腰线		Y-07	15×7
B-08	25×15	B-37	20×10	Q-01	40×10	Y-08	20×10
B-09	20×10	B-38	25×8	Q-02	45×12	Y-09	25×13
B-10	15×8	B-39	30×8	Q-03	50×10	Y-10	35×17
B-11	25×15	B-40	30×10	Q-04	55×13	柱角线	
B-12	25×15	B-41	65×30	Q-05	70×15	Z-01	25×27
B-13	30×15	B-42	60×30	Q-06	80×15	Z-02	30×20
B-14	35×15	B-43	30×10	Q-07	85×25	Z-03	30×30
B-15	40×18	B-44	25×8	Q-08	95×13	Z-04	40×40
B-16	40×20	B-45	50×14	天棚角线		弯线	
B-17	25×10	B-46	45×10	T-01	35×10	YT-301	ϕ70×19×17
B-18	30×12	B-47	50×10	T-02	40×12	YT-302	ϕ70×19×17
B-19	30×12	压角线		T-03	70×15	YT-303	ϕ70×11×19
B-20	30×15	G-01	10×10	T-04	65×15	YT-304	ϕ70×11×19
B-21	30×15	G-02	15×12	T-05	90×20	YT-305	ϕ89×8×13
B-22	30×18	G-03	15×15	T-06	50×15	YT-306	ϕ95×8×13
B-23	45×20	G-04	15×16	T-07	50×15	扶手	
B-24	55×20	G-05	20×20	T-08	15×12	D-01	75×65
B-25	35×15	G-06	20×20	T-09	60×15	D-02	75×65
B-26	35×20	G-07	20×20	T-10	60×15	镜框压边线	
B-27	35×20	G-08	25×13	T-11	100×20	K-1	6×19
B-28	40×15	G-09	25×25			K-2	5×15

读书笔记

常见木线条形状如图 7-1 ～图 7-6 所示。

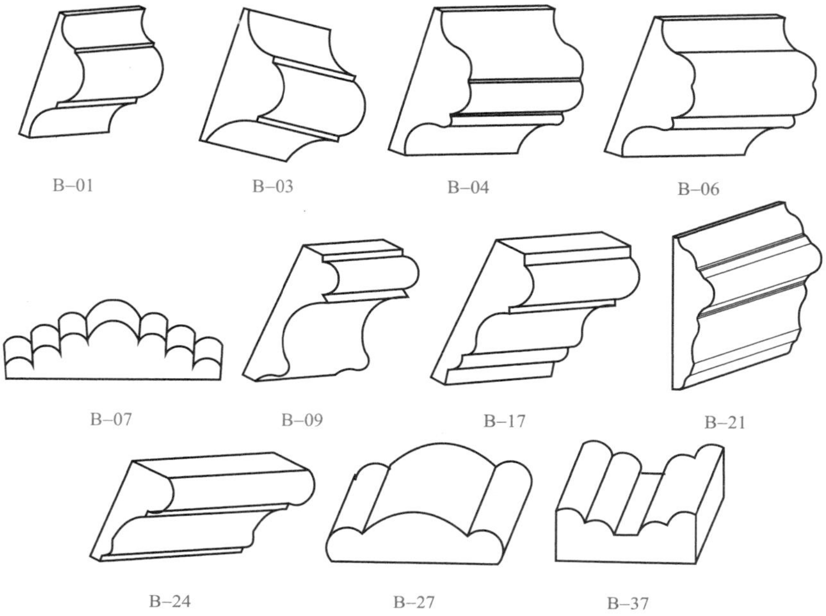

图 7-1　封边线

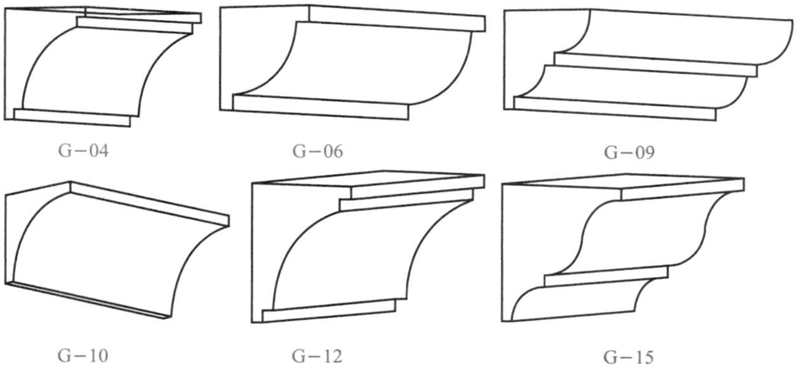

图 7-2　压角线

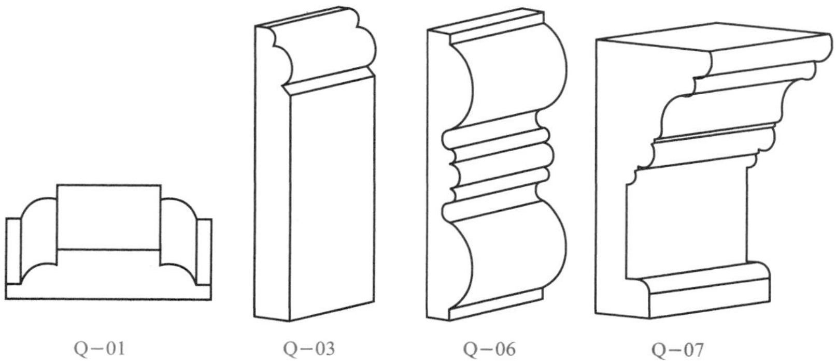

图 7-3　墙腰线

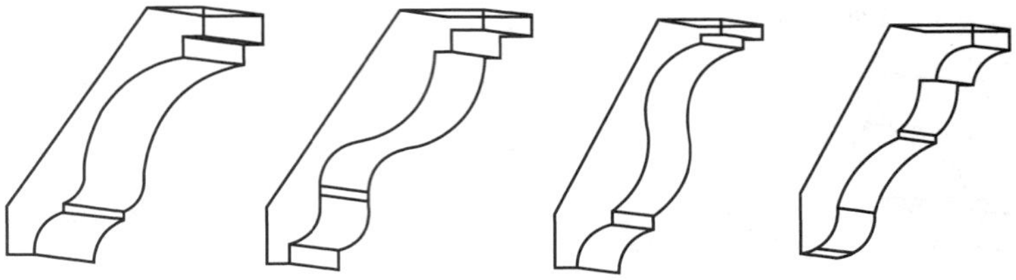

F-03　　F-05　　T-07　　T-11

图 7-4　天棚角线

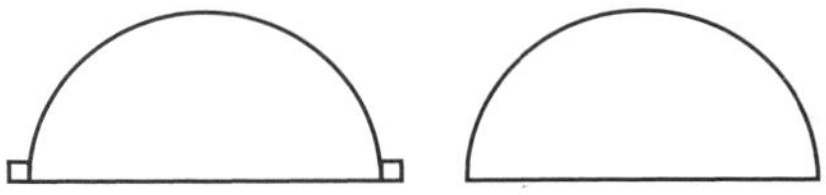

Y-01　　Y-05

图 7-5　半圆线

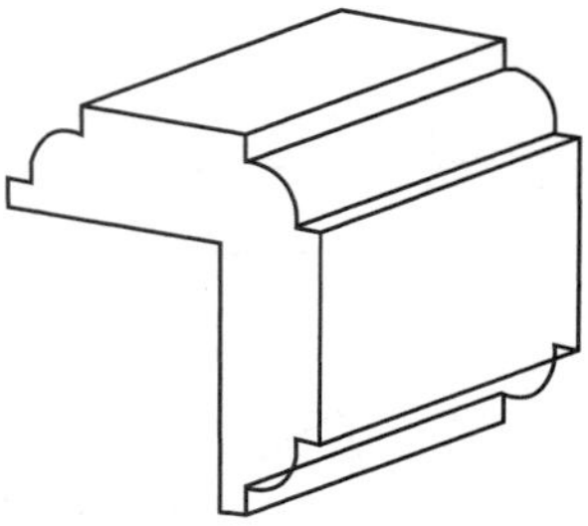

图 7-6　柱角线 Z-01

（3）石材装饰线。石材装饰线在石材板材的表面或沿着边缘开的一个连续凹槽，用来达到装饰目的或突出连接位置。

（4）石膏装饰线。石膏装饰线按外观造型，可分为直线形和圆弧形两种。

①直线形：规格长度为 1 800 mm 或 2 200 mm，宽度为 18 ～ 280 mm 不等，共有几十个品种，表面花纹可分为无花、单花、联花等花型。

②圆弧形：其直径为 1 000 ～ 9 000 mm，表面花纹有单花、联花和无花等花型。

由于石膏装饰制品制作工艺简单，所以，花式品种极多，大多数石膏装饰线均带有不同的花饰。另外，可以按设计要求制作。石膏装饰线可钉、可锯、可刨、可粘结，并且具有不变形、不开裂、无缝隙、完整性好、耐久性强、吸声、质轻、防火、防潮、防蛀、不腐、易安装等优点。石膏装饰线是一种深受人们欢迎的无污染建筑装饰材料。

（5）镜面玻璃线。镜面玻璃线为镜面玻璃透光部分与被玻璃安装材料覆盖的不透光部分的分界线。

（6）铝塑装饰线。铝塑板是铝塑复合板的简称。铝塑复合板是由内外两面铝合金板、低密度聚乙烯芯板与胶粘剂复合为一体的轻型墙面装饰材料。铝塑装饰线有防腐、防火等特点，广泛用于装饰工程中各平接面、相交面、对接面、层次面的衔接口、交接处的收边封口。

（7）塑料装饰线。塑料装饰线早期是选用硬聚氨乙烯树脂为主要原料，加入适量的稳定剂、增塑剂、填料、着色剂等辅助材料，经捏合、选粒、挤出成型而制得。目前市场上使用较广泛的是聚氨酯浮雕装饰线。

硬聚氯乙烯塑料装饰线在一定场合可代替木质装饰线，适用于办公楼、住宅、展览馆、饭店、宾馆、酒家、咖啡厅等装饰级别较低场所或房间，与壁纸、墙布地毯等材料配合使用，效果更佳。聚氨酯浮雕装饰线适用于装饰级别较高的场所，其装饰豪华典雅，经久耐用。

塑料装饰线有压角线、压边线、封边线等几种，其外形和规格与木装饰线相同。除用于天棚与墙体的界面处外，也常用于塑料墙裙、踢脚板的收口处，多与塑料扣板搭配使用。另外，也广泛用于门窗压条。

（8）GRC 装饰线。GRC 装饰线包括膀线、腰线、墙饰板等。GRC 的基本组成材料为水泥、砂子、纤维和水；另外，添加有聚合物、外加剂等用于改善后期性能的材料。

3．扶手、栏杆、栏板装饰

目前，应用较多的金属栏杆、扶手为不锈钢栏杆、扶手，如图 7–7 所示。若采用木扶手和木栏杆，则需采用木质密实的硬木，常用的木材树种有水曲柳、红松、红榉、白榉、泰柚木等。木扶手的断面形式有多种，如图 7–8 所示。

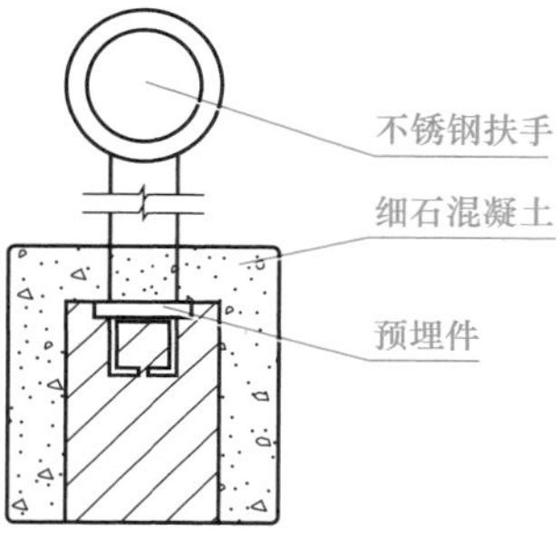

图 7–7　不锈钢扶手构造示意

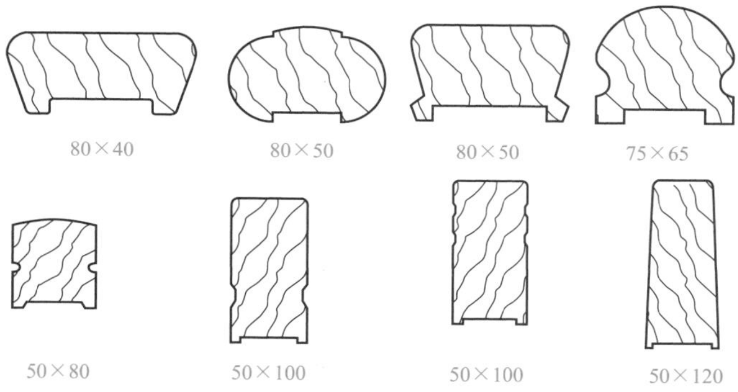

图 7–8　常用木扶手断面

靠墙扶手一般采用硬木、塑料和金属材料制作。其中，硬木和金属靠墙扶手应用较为普通。靠墙扶手通过连接件固定于墙上，连接件通常直接埋入墙上的预留孔内，也可用预埋螺栓连接，如图 7–9 和图 7–10 所示。

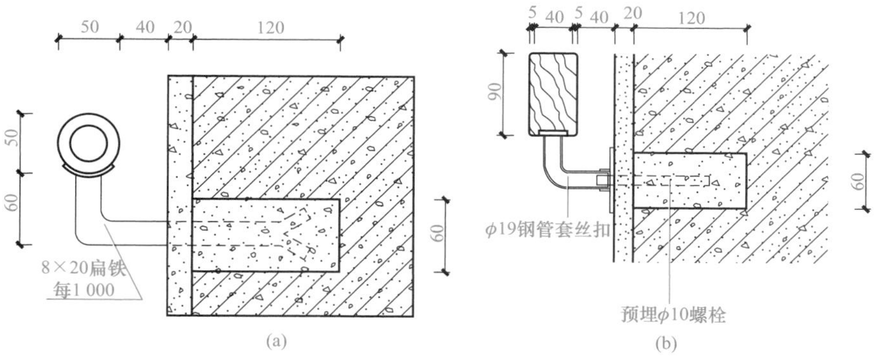

图 7–9　连接件与靠墙扶手的连接构造

（a）圆木扶手；（b）条木扶手

4．暖气罩

暖气罩是罩在暖气片外面的一层金属或木制的外壳，用来遮挡暖气片，起着美观、遮挡灰尘等作用。暖气罩的布置通常有窗下式、沿墙式、嵌入式、独立式等形式。暖气罩的形式一般包含有挂板式、明式和平墙式三种。

读书笔记

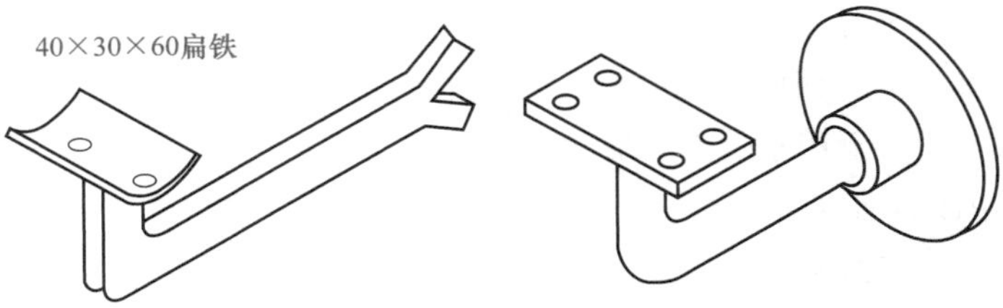

图 7-10　扶手铁脚

5．浴厕配件

浴厕配件包含有洗漱台、晒衣架、卫生间扶手、毛巾杆、镜面玻璃、镜箱等。

洗漱台一般采用纹理颜色具有较强装饰性的云石和花岗岩光面板材经磨边、开孔制成。一般单个面盆台面长有 1 m、1.2 m、1.5 m；双面盆台面长则在 1.5 m 以上。为了加强台面的抗弯能力，台面下需用角钢焊接架子加以支承。台面两端若与墙相接，则可将角钢架直接固定在墙面上，否则需要砌半砖墙支承。

6．雨篷、旗杆

店面雨篷，一般都承担雨篷兼招牌的双重作用。现代店面往往以丰富入口及立面造型为主要目的，制作凸出和悬挑于入口上部建筑立面的雨篷式构造。常见雨篷式招牌的形式如图 7-11 和图 7-12 所示。

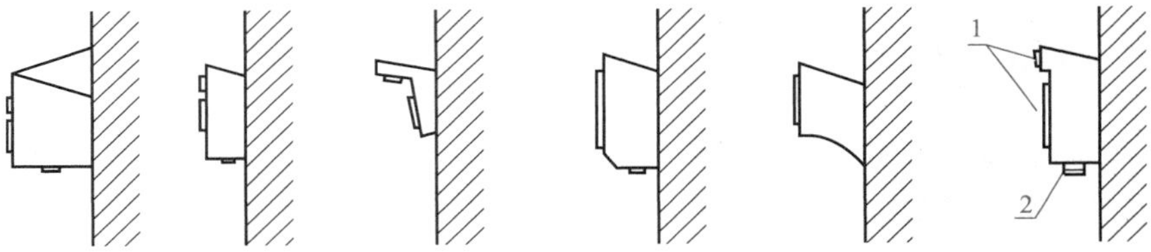

图 7-11　传统的雨篷式招牌形式

1—店面招牌文字；2—灯具

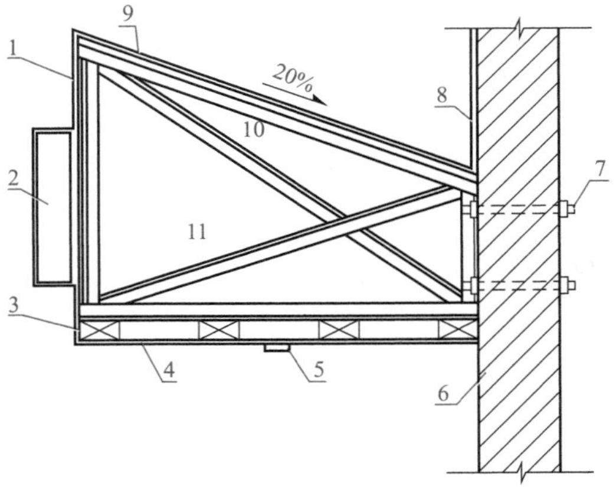

图 7-12　雨篷式招牌构造示意

1—饰面材料；2—店面招牌文字；3—40×50吊顶木筋；4—天棚饰面；5—吸顶灯；6—建筑墙体；7—ϕ10×12螺杆；8—26号镀锌薄钢板泛水；9—玻璃钢屋面瓦；10—∟30×3角钢；11—角钢剪刀撑

玻璃雨篷，以钢结构框架为主要结构，选用优质 Q235 材质的系列钢管等制作而成的防雨构造。钢结构是通过冷弯成型的弯圆设备弯制的，钢柱与基础面的衔接采用预埋件或螺杆锚固技术，玻璃一般采用两层夹胶工艺，增加安全性，安全不伤人。

读书笔记

7.1.2 任务练习

学生工作页

项目名称	其他装饰工程		
课题名称	其他装饰工程简介		
学生姓名		所在班级	
所学专业		完成任务时间	
指导老师		任务完成日期	

一、任务描述

复习其他装饰工程中各个项目的基本概念。

二、任务解答

1．按不同材料，请列举出装饰线的种类。

2．名词解释：

（1）B-33：45×20

（2）YT-301：ϕ70×19×17

（3）T-03：70×15

3．请说出木装饰线条的主要用途。

三、体会与总结

四、指导老师评价意见

指导老师签字：

日期：

任务 7.2　其他装饰工程计量与计价

7.2.1　工程量清单计算规范

《房屋建筑与装饰工程工程量计算规范》（GB 50854—2013）中，把其他装饰工程划分为柜类、货架，压条、装饰线，扶手、栏杆、栏板装饰，暖气罩，浴厕配件，雨篷、旗杆，招牌、灯箱，美术字 8 个子分部，并规范了每个子分部的清单项目的项目编码、项目名称、项目特征、计量单位、工程量计算规则、工作内容。其他装饰工程常用分项的清单计算规范见表 7–2。

表 7–2　常用其他工程分项清单计算规范

子分部	项目编码	项目名称	项目特征	计量单位	工程量计算规则	工作内容
柜类、货架	011501003	衣柜	1. 台柜规格 2. 材料种类、规格 3. 五金种类、规格 4. 防护材料种类 5. 油漆品种、刷漆遍数	1. 个 2. m 3. m^3	1. 以个计量，按设计图示数量计量 2. 以米计量，按设计图示尺寸以延长米计算 3. 以立方米计量，按设计图示尺寸以体积计算	1. 台柜制作、运输、安装（安放） 2. 刷防护材料、油漆 3. 五金件安装
	011501006	书柜				
	011501009	厨房低柜				
压条、装饰线	011502002	木质装饰线	1. 基层类型 2. 线条材料品种、规格、颜色 3. 防护材料种类	m	按设计图示尺寸以长度计算	1. 线条制作、安装 2. 刷防护材料
	011502004	石膏装饰线				
	011502008	GRC 装饰线条	1. 基层类型 2. 线条规格 3. 线条安装部位 4. 填充材料种类			线条制作、安装
扶手、栏杆、栏板装饰	011503001	金属扶手、栏杆、栏板	1. 扶手材料种类、规格 2. 栏杆材料种类、规格 3. 栏板材料种类、规格、颜色 4. 固定配件种类 5. 防护材料种类		按设计图示以扶手中心线长度（包括弯头长度）计算	1. 制作 2. 运输 3. 安装 4. 刷防护材料
	011503005	金属靠墙扶手	1. 扶手材料种类、规格 2. 固定配件种类 3. 防护材料种类			
	011503008	玻璃栏板	1. 栏杆玻璃的种类、规格、颜色 2. 固定方式 3. 固定配件种类			
浴厕配件	011505001	洗漱台	1. 材料品种、规格、颜色 2. 支架、配件品种、规格	1. m^2 2. 个	1. 按设计图示尺寸以台面外接矩形面积计算。不扣除孔洞、挖弯、削角所占面积，挡板、吊沿板面积并入台面面积内 2. 按设计图示数量计算	1. 台面及支架运输、安装 2. 杆、环、盒、配件安装 3. 刷油漆
雨篷、旗杆	011506003	玻璃雨篷	1. 玻璃雨篷固定方式 2. 龙骨材料种类、规格、中距 3. 玻璃材料品种、规格 4. 嵌缝材料种类 5. 防护材料种类	m^2	按设计图示尺寸以水平投影面积计算	1. 龙骨基层安装 2. 面层安装 3. 刷防护材料、油漆

其他装饰工程量计算规范清单项目更多内容可通过手机QQ、微信扫描下面二维码获取。

《房屋建筑与装饰工程工程量计算规范》（GB 50854—2013）节选

7.2.2 《江苏省建筑与装饰工程计价定额》（2014）中其他装饰工程量计算规则节选

（1）灯箱面层按展开面积以平方米计算。

（2）招牌字按每个字面积在 0.2 m^2 内、0.5 m^2 内、0.5 m^2 外三个子目划分，字无论安装在何种墙面或其他部位均按字的个数计算。

（3）石材及块料磨边、打硅酮密封胶，均按延长米计算。

（4）暖气罩按外框投影面积计算。

（5）石材洗漱台板工程量按展开面积计算。

（6）栏杆、扶手、扶手下托板均按扶手的延长米计算，楼踏步部分的栏杆与扶手应按水平投影长度乘以系数 1.18。

（7）无基层成品镜面玻璃、有基层成品镜面玻璃，均按玻璃外围面积计算，镜框线条另计。

（8）货架、柜橱类均以正立面的高度（包括脚的高度在内）乘以宽度以平方米计算。

（9）收银台以个计算，其他以延长米为单位计算。

7.2.3 其他装饰工程计价说明及定额节选

（1）本书其他装饰工程计价定额选自《江苏省建筑与装饰工程计价定额》（2014），主要适应江苏省工程市场计价的需要，是建设各方计价的依据之一。

①《江苏省建筑与装饰工程计价定额》（2014）中，有关其他装饰工程常用计价定额的规定：

a．家庭室内装饰执行本定额时，人工乘以系数 1.15。

b．本定额装饰线条安装为线条成品安装，定额均以安装在墙面上为准。设计安装在天棚面层时，按以下规定执行（但墙、顶交界处的角线除外）：钉在木龙骨基层上人工按相应定额乘以系数 1.34；钉在钢龙骨基层上，人工按相应子目乘以系数 1.68；钉木装饰线条图案时，人工乘以系数 1.50（木龙骨基层上）及 1.80（钢龙骨基层上）。设计装饰成品规格与定额不同时应换算，但含量不变。

石材装饰线条均按成品安装考虑。石材装饰线条的磨边、异形加工等均包含在成本线条的单价中，不再另计。

读书笔记

c．栏杆定额项目中包括了弯头的制作、安装。设计栏杆、栏板的材料、规格、用量与定额不同，可以调整。定额中栏杆、栏板与楼梯踏步的连接是按预埋焊件考虑。设计用膨胀螺栓连接时，每 10 m 另增人工 0.35 工日，M10×100 膨胀螺栓 10 只，铁件 1.25 kg，合金钢钻头 0.13 只，电钻 0.13 台班。

②各分项工程定额的工作内容：

a．招牌、灯箱面层工作内容包含下料、涂胶、洗槽、安装面层等。

b．有机玻璃美术字安装工作内容包含覆纸字、钻凿墙洞、拼装字样、成品校正、安装、清理等。

c．成品装饰条安装工作内容包含定位、弹线、下料、加榫、刷胶、安装等。

d．石材装饰线安装工作内容包含弹线、镶贴石材线、固定安装等。

e．石材磨边加工工作内容包含现场切割、磨边、成型、抛光等。

f．墙地砖磨边抛光工作内容包含倒角、磨边、抛光等。

g．镜面玻璃工作内容包含清理基层、安装、清理等。

h．卫生间配件工作内容包含钻孔、安装、清理等。

i．不锈钢钢管扶手、栏杆工作内容包含放样、下料、焊接、玻璃安装、打磨抛光等。

j．木栏杆工作内容包含扶手、弯头、制作、木栏杆安装等。

其他装饰工程定额工程量计价说明及计算规则更多内容可通过手机 QQ、微信扫描右侧二维码获取。

《江苏省建筑与装饰工程计价定额》（2014）

（2）柜类、货架，压条、装饰线，暖气罩，浴厕配件，招牌、灯箱，美术字工程定额属于《江苏省建筑与装饰工程计价定额》（2014）中其他零星工程分部，栏杆、扶手工程定额属于楼地面工程分部。其他装饰工程常用定额子目见表 7-3。

表 7-3　其他装饰工程常用定额子目

分项工程	定额编号	定额名称
成品装饰条安装	18-12	木装饰条条宽在 25 mm 内
	18-13	木装饰条条宽在 50 mm 内
	18-14	木装饰条条宽在 50 mm 外
	18-15	金属装饰条阴阳角线
	18-16	金属装饰条凹槽线
	18-17	金属装饰条成品不锈钢钢板线条（展宽 50 mm）
	18-18	金属装饰条墙面嵌金属装饰条
	18-19	木装饰阴角线 20 mm×20 mm 内

续表

分项工程	定额编号	定额名称
成品装饰条安装	18–20	木装饰阴角线 40 mm×40 mm 内
	18–21	木装饰阴角线 40 mm×40 mm 外
	18–22	木压顶线
	18–26	石膏装饰线
石材装饰线	18–27	石材线条安装圆形边
	18–28	石材线条安装异形边
磨边、开孔、打胶加工	18–31	石材磨边加工 45° 斜边
	18–32	石材磨边加工一阶半圆
	18–33	石材磨边加工指甲圆
卫生间配件	18–41	不锈钢钢管浴帘杆
	18–42	不锈钢钢管浴缸拉手
	18–44	石材洗漱台
柜类、货架	18–109	嵌入式木壁柜
	18–110	附墙矮柜
	18–111	隔断木衣柜
	18–112	附墙书柜
	18–113	附墙书柜
栏杆、扶手	13–147	不锈钢钢管扶手半玻栏板
	13–148	不锈钢钢管扶手全玻栏板
	13–149	不锈钢钢管栏杆不锈钢钢管扶手
	13–150	不锈钢钢管栏杆木扶手制作安装
	13–151	半玻栏板木扶手制作安装
	13–155	木栏杆木扶手
	13–158	靠墙扶手不锈钢钢管
	13–160	靠墙扶手不锈钢支托成本木扶手安装
	13–161	靠墙扶手硬木
	13–162	靠墙扶手塑料

（3）《江苏省建筑与装饰工程计价定额》（2014）中，其他装饰工程计价定额子目节选见表 7–4 ～表 7–8。

表 7–4 成品装饰条安装（一）

工作内容：定位、弹线、下料、加榫、刷胶、安装等全部操作过程。

计量单位：100 m

定额编号					18–12		18–13		18–14	
项目			单位	单价	木装饰条条宽在					
					25 mm 内		50 mm 内		50 mm 外	
					数量	合计	数量	合计	数量	合计
综合单价				元	534.29		6 43.72		915.17	
其中	人工费			元	173.40		173.40		173.40	
	材料费			元	276.18		385.61		657.06	
	机械费			元	15.00		15.00		15.00	
	管理费			元	47.10		47.10		47.10	
	利润			元	22.61		22.61		22.61	
一类工			工日	85.00	2.04	173.40	2.04	173.40	2.04	173.40
材料	10011706	红松平线条 B=20 mm	m	2.50	108.00	270.00				
	10011708	红松平线条 B=30 mm	m	3.50			108.00	378.00	108.00	648.00
	10011711	红松平线条 B=60 mm	m	6.00					0.66	3.30
	12413544	聚醋酸乙烯乳液	kg	5.00	0.28	1.40	0.47	2.35		5.76
		其他材料费	元			4.78		5.26		
机械		其他机械费	元			15.00		15.00		15.00

表 7-4　成品装饰条安装（二）

工作内容：定位、弹线、下料、加榫、刷胶、安装等全部操作过程。

计量单位：100 m

定额编号					18-15		18-16		18-17		18-18	
项目			单位	单价	金属装饰条							
					阴阳角线		凹槽线		成品不锈钢钢板线条（展宽 50 mm）		墙面嵌金属装饰线条	
					数量	合计	数量	合计	数量	合计	数量	合计
综合单价				元	820.56		869.36		2362.37		1374.49	
其中	人工费			元	285.40		258.40		306.00		530.40	
	材料费			元	439.15		487.95		1915.75		620.44	
	机械费			元	20.00		20.00		20.00		20.00	
	管理费			元	69.60		69.60		81.50		137.60	
	利润			元	33.41		33.41		39.12		66.05	
一类工			工日	85.00	3.04	258.40	3.04	258.40	3.60	306.00	6.24	530.40
材料	10030305	铝合金角线 20 mm×25 mm×2 mm	m	3.80	105.00	399.00						
	10030307	铝合金角线 30 mm×15 mm×1.5 mm	m	4.20			105.00	441.00	0.16	3.20		
	12413535	万能胶	kg	20.00	0.88	17.60	1.22	24.40			0.06	1.20
	10031501	金属装饰条 2 mm×15 mm	m	5.50							105.00	577.5
	10031509	成品不锈钢钢板线条（展宽 50 mm）δ1.0 mm	m	8.00					105.00	1 890.00		
		其他材料费	元			22.55		22.55		22.55		41.74
机械		其他机械费	元			20.00		20.00		20.00		20.00

注：按成品线条考虑，折板等加工费用计入材料单价中。

表 7-4　成品装饰条安装（三）

工作内容：定位、弹线、下料、加榫、刷胶、安装等全部操作过程。

计量单位：100 m

定额编号					18-23		18-24		18-25		18-26	
项目			单位	单价	木质				橡塑线条		石膏装饰线	
					花式线条		曲线条					
					数量	合计	数量	合计	数量	合计	数量	合计
综合单价				元	4 137.83		5 634.32		503.33		1 455.35	
其中	人工费			元	188.70		314.50		155.55		279.65	
	材料费			元	3 858.76		5 182.90		269.67		1 051.68	
	机械费			元	15.00		15.00		15.00		15.00	
	管理费			元	50.93		82.38		42.64		73.66	
	利润			元	24.44		39.54		20.47		35.36	
一类工			工日	85.00	2.22	188.70	3.70	314.50	1.83	155.55	3.29	279.65
材料	10012525	实木花线条 25 mm×63 mm	m	35.00	110.00	3 850.00						
	10012107	实木曲线条 31 mm×69 mm	m	45.00			115.00	5 175.00	105.00	262.50		
	10090318	橡塑角线（成品）	m	2.50								
	10070307	石膏装饰线 100 mm×30 mm	m	9.50					0.59		110.00	1 045.00
	12413544	聚醋酸乙烯乳液	kg	5.00	0.65	3.25	0.47	2.35		2.95	0.57	2.85
		其他材料费	元			5.51		5.55		4.22		3.83
机械		其他机械费	元			15.00		15.00		15.00		15.00

注：GRC 装饰线条套用石膏装饰线子目。

表 7–5　磨边加工

工作内容：现场切割、磨边、成型、抛光等全部操作过程。　　　　计量单位：10 m

定额编号					18–31		18–32		18–33	
项目			单位	单价	石材磨边加工					
					45° 斜边		一阶半圆		指甲圆	
					数量	合计	数量	合计	数量	合计
综合单价				元	181.77		269.21		228.95	
其中	人工费			元	102.00		153.00		127.50	
	材料费			元	26.00		39.00		34.65	
	机械费			元	11.70		15.04		14.32	
	管理费			元	28.43		42.01		35.46	
	利润			元	13.64		20.16		17.02	
一类工			工日	85.00	1.20	102.00	1.80	153.00	1.50	127.50
材料	03210313	金刚石磨边轮 100×16（粒度 120～150 号）	片	6.50	4.00	26.00	6.00	39.00	5.33	34.65
机械	99231105	平面水磨石机 功率 3 kW	台班	23.87	0.49	11.70	0.63	15.04	0.60	14.32

注：现场弧形石材磨边，人工、机械乘以系数 1.30。

表 7–6 开孔、打胶加工

工作内容：1. 切割、成型。
2. 清理、贴美纹纸、打玻璃胶等全部工作内容。

计量单位：10 m

定额编号					18–36		18–37		18–38	
项目			单位	单价	石材面开孔		瓷砖面开孔		打胶	
					10 个				10 m	
					数量	合计	数量	合计	数量	合计
综合单价				元	73.48		33.09		25.62	
其中	人工费			元	51.00		22.10		14.45	
	材料费			元	2.40		1.60		5.83	
	机械费			元	0.88		0.88		—	
	管理费			元	12.97		5.75		3.61	
	利润			元	6.23		2.76		1.73	
一类工			工日	85.00	0.60	51.00	0.26	22.10	0.17	14.45
材料	03652403	合金钢切割锯片	片	80.00	0.03	2.40	0.02	1.60		
	12430324	美纹纸带胶 10 000×18	m	0.15					0.22	0.03
	11591102	玻璃胶	L	40.00					0.12	4.80
		其他材料费	元							1.00
机械	99230127	石料切割机	台班	14.69	0.06	0.88	0.06	0.88		

注：开孔是指每个洞面积在 0.015 m^2 以内的洞，每个石材孔洞超过时，基价乘以系数 1.30。

表 7-7　卫生间配件

工作内容：1. 钻孔、安装、清理等全部操作过程。
2. 铁件制作安装、安装石材、清理等全部操作过程。

计量单位：表中所示

定额编号					18-41		18-42		18-43		18-44	
项目			单位	单价	不锈钢钢管						石材洗漱台	
					浴帘杆		浴缸拉手		毛巾架			
					10 支		10 副				10 m^2	
					数量	合计	数量	合计	数量	合计	数量	合计
综合单价				元	829.41		677.91		1031.41		5 253.15	
其中	人工费			元	157.25		157.25		157.25		956.25	
	材料费			元	608.50		457.00		810.50		3 666.64	
	机械费			元	4.00		4.00		4.00		201.79	
	管理费			元	40.31		40.31		40.31		289.51	
	利润			元	19.35		19.35		19.35		138.96	
一类工			工日	85.00	1.85	157.25	1.85	157.25	1.85	157.25	11.25	956.25
材料	18551306	不锈钢浴帘杆	支	60.00	10.10	606.00	10.10					
	10230318	不锈钢浴缸扶手	副	45.00				454.50				
	18310309	不锈钢毛巾架	副	80.00					10.10	808.00		
	07112130	石材块料面板	m^2	250.00							10.50	2 625.00
	03070114	膨胀螺栓 M8×80	套	0.60							87.16	52.30
	03410205	电焊条 J422	kg	5.80							6.31	36.60
	01210101	角钢	kg	3.96							234.00	926.64
	11030303	防锈漆	kg	15.00							0.98	14.70
	12030107	油漆溶剂油	元	14.00							0.10	1.40
		其他材料费				2.50		2.50		2.50		10.00
机械	99192305	电锤 功率 520 W	台班	8.34							1.18	9.84
	99250306	交流弧焊机 容量 40 kV · A	台班	135.37							1.418	191.95
		其他机械费	元			4.00		4.00		4.00		

注：钢材含量按实际用量调整。

表 7-8 栏杆、扶手（一）

工作内容：放样、下料、焊接、玻璃安装、打磨抛光。　　计量单位：10 m

定额编号					13-147		13-148	
项目			单位	单价	不锈钢钢管扶手			
					半玻栏板		全玻栏板	
					数量	合计	数量	合价
综合单价			元		3 761.97		3 817.23	
其中	人工费		元		1 097.35		867.00	
	材料费		元		2 032.65		2 403.49	
	机械费		元		164.93		164.93	
	管理费		元		315.57		257.98	
	利润		元		151.47		123.83	
一类工			工日	85.00	12.91	1 097.35	10.20	867.00
材料	14040915	镜面不锈钢钢管 ϕ31.8×1.2	m	29.80	10.29	306.64	10.29	306.64
	14040925	镜面不锈钢钢管 ϕ76.2×1.5	m	82.50	10.60	874.50	10.60	874.50
	09493550	不锈钢玻璃夹	只	1.50	34.98	52.47	34.98	52.47
	06050107	钢化玻璃 10 mm	m^2	100.00	6.37	637.00	9.24	924.00
	03051107	不锈钢六角螺栓 M6×35	套	0.90	34.98	31.48	34.98	31.48
	11590914	硅酮密封胶	L	80.00	0.063	5.04	1.071	85.68
	31110301	棉纱头	kg	6.50	0.20	1.30	0.20	1.30
	03430205	不锈钢焊丝 1Cr18Ni9Ti	kg	45.00	0.53	23.85	0.53	23.85
	12370310	氩气	m^3	9.11	1.49	13.57	1.49	13.57
	01630201	钨棒精制	kg	650.00	0.03	19.50	0.03	19.50
	10230906	不锈钢盖 ϕ63	只	5.00	11.54	57.70	11.54	57.70
	11410304	环氧树脂 618	kg	32.00	0.30	9.60	0.30	9.60
	05030600	普通木成材	m^3	1 600.00			0.002	3.20
机械	99231127	抛光机	台班	15.75	1.09	17.17	1.09	17.17
	99250365	氩弧焊机 电流 500 A	台班	109.87	1.09	119.76	1.09	119.76
	99191706	管子切割机 直径 150 mm	台班	40.00	0.70	28.00	0.70	28.00

注：1. 铜管扶手按不锈钢扶手相应子目执行，价格换算其他不变。
2. 弧弯玻璃栏板按相应子目执行，玻璃价格换算，其他不变。
3. 不锈钢钢管，玻璃含量按设计用量调整。

表 7-8 栏杆、扶手（二）

工作内容：放样、下料、焊接、玻璃安装、打磨抛光。

计量单位：10 m

定额编号					13-149		13-150		13-151	
项目			单位	单价	不锈钢钢管栏杆				半玻栏板	
					不锈钢钢管扶手		木扶手制作安装			
					数量	合计	数量	合计	数量	合计
综合单价				元	5025.16		4550.61		3697.77	
其中	人工费			元	560.15		613.70		1097.35	
	材料费			元	4085.22		3543.88		1961.32	
	机械费			元	125.94		121.14		170.13	
	管理费			元	171.52		183.71		316.87	
	利润			元	82.33		88.18		152.10	
一类工			工日	85.00	6.59	560.15	7.22	613.70	12.91	1 097.35
材料	14040915	镜面不锈钢钢管 $\phi31.8\times1.2$	m	29.80	56.93	1 696.61	56.93	1 696.51	10.29	306.64
	14040922	镜面不锈钢钢管 $\phi63.5\times1.5$	m	66.00	10.60	699.60	10.60	699.60		
	14040925	镜面不锈钢钢管 $\phi76.2\times1.5$	m	82.50	10.60	874.50				
	03430205	不锈钢焊丝 1Cr18Ni9Ti	kg	45.00	1.43	64.35	1.43	64.35	0.53	23.85
	12370310	氩气	m^3	9.11	4.03	36.71	4.03	36.71	1.49	13.57
	01630201	钨棒精制	kg	650.00	0.58	377.00	0.58	377.00	0.03	19.50
	10230906	不锈钢盖 $\phi63$	只	5.00	57.71	288.55	57.71	288.55	11.54	57.70
	11410304	环氧树脂 618	kg	32.00	1.50	48.00	1.50	48.00	0.30	9.60
	01130145	扁钢 —40×4 ～ 60×4	kg	4.25			19.80	84.15	19.80	84.15
	05030615	硬木成材	m^3	2 600.00			0.095	247.00	0.095	247.00
	10230303	硬木扶手（成品）	m	58.00			（10.60）	（614.80）	（10.60）	（614.80）
	06050107	钢化玻璃 10 mm	m^2	100.00					11.00	1 100.00
	03030115	木螺钉 M4×30	10 个	0.30			6.70	2.01	6.70	2.01
	09493350	不锈钢玻璃夹	只	1.50					37.90	56.85
	03051107	不锈钢六角螺栓 M6×35	套	0.90					37.90	34.11
	11590914	硅酮密封胶	L	80.00					0.063	5.04
	31110301	棉纱头	kg	6.50					0.20	1.30
机械	99231127	抛光机	台班	15.75	0.70	11.03	0.70	11.03	1.09	17.17
	99250365	氩弧焊机 电流 500 A	台班	109.87	0.70	76.91	0.70	76.91	1.09	119.76
	99191706	管子切割机 直径 150 mm	台班	40.00	0.95	38.00	0.83	33.20	0.83	33.20

注：1．铜管扶手按不锈钢扶手相应子目执行，价格换算，其他不变。
2．弧弯玻璃栏板按相应子目执行，玻璃价格换算，其他不变。
3．不锈钢钢管，玻璃含量按设计用量调整。
4．设计成品木扶手安装，每 10 m 扣除制作人工 2.85 工日，定额中硬木成材扣除，按括号内的价格换算。
5．硬木扶手制作按《楼梯》苏（J05-2006）④～⑥ 24（净料 150 mm×50 mm，扁铁按 40 mm×4 mm）编制的，弯头体积已包括在内（损耗为 12%）。设计断面不符，体积按比例换算，扁铁可调整（设计用量加 6% 损耗）

7.2.4 任务练习

学生工作页

项目名称	其他装饰工程		
课题名称	其他装饰工程计量与计价基础知识		
学生姓名		所在班级	
所学专业		完成任务时间	
指导老师		任务完成日期	

一、任务描述

1．复习其他装饰工程的计量规则。

2．复习其他装饰工程的计价基本规定。

3．理解其他装饰工程常用的计价定额子目中各部分的含义。

二、任务解答

1．根据《房屋建筑与装饰工程工程量计算规范》（GB 50854—2013），关于其他装饰工程量计算，下列说法正确的是（　　）。［单选］

A．玻璃雨篷以“个”计算

B．金属扶手按扶手长度计算工程量

C．木质装饰线条按设计图示尺寸以长度计算

D．金属暖气罩以“个”计算

2．根据《房屋建筑与装饰工程工程量计算规范》（GB 50854—2013），下列说法正确的是（　　）。［单选］

A．柜台计量单位只能是“个”

B．石膏线计量单位是“m”

C．镜箱的计量单位是“m^2”

D．玻璃栏板的计量单位是“m^2”

3．《江苏省建筑与装饰工程计价定额》（2014）中关于石材洗漱台的说法正确的是（　　）。［单选］

A．石材洗漱台工程量按展开面积计算

B．石材洗漱台台面开孔不另外计算

C．石材洗漱台工程量按“个”计算

D．石材洗漱台的定额单位是“m^2”

4．根据《江苏省建筑与装饰工程计价定额》（2014），下列说法正确的有（　　）。［多选］

A．灯箱面层按展开面积以“m^2”计算

B．石材磨边、打硅酮密封胶，均按延长米计算

C．灯箱内的灯具包含在灯箱定额中

D．石材防护剂按实际涂刷面积计算

E．货架以正立面高度乘以长度宽度以立方米计算

5．根据《江苏省建筑与装饰工程计价定额》（2014），下列说法错误的有（　　）。［多选］

A．石材装饰线条均按成品安装考虑

B．石材装饰线的磨边不包含在成品线条的单价中

C．浴帘杆按数量以每支计算

D．招牌字无论字的面积大小均按个数计算

E．石材线的安装按外围延长米计算

三、体会与总结

四、指导老师评价意见

指导老师签字：

日期：

任务 7.3　其他装饰工程计量与计价案例

7.3.1　任务一

1．任务要求

某样板房单独装饰工程，其中，某间卧室天棚平面图及石膏装饰线详图如图 7-13 和图 7-14 所示。采用简易计税方式报价，80 mm 石膏装饰线含税价为 22 元 /m。除石膏线条外，其他材料价格按定额表中价格计算。试编制该石膏装饰线分项工程的清单并计算其清单综合单价。

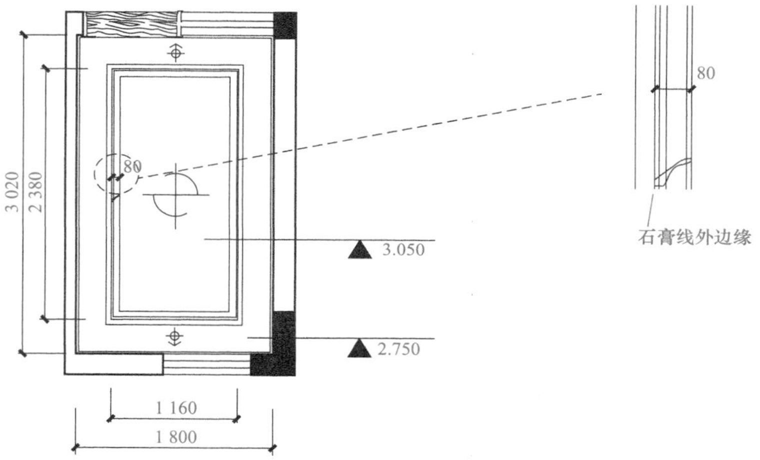

图 7-13　天棚平面图

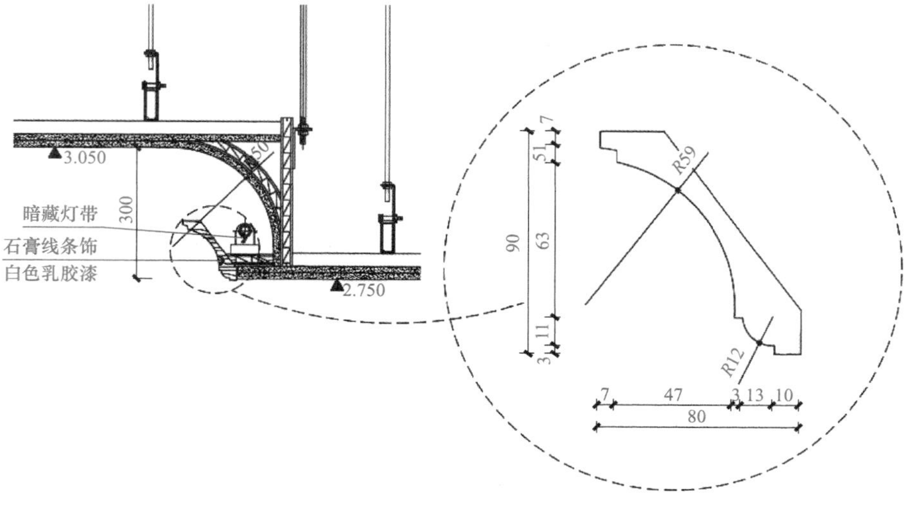

图 7-14　装饰线详图

2．任务解决

（1）识读图纸。在图 7-13 中，1 800 mm 和 3 020 mm 为主墙间净距，1 160 mm 和

2 380 mm 为石膏装饰线外侧边缘间距。天棚局部三维图如图 7–15 所示，该装饰石膏线基钉在木龙骨基层上。

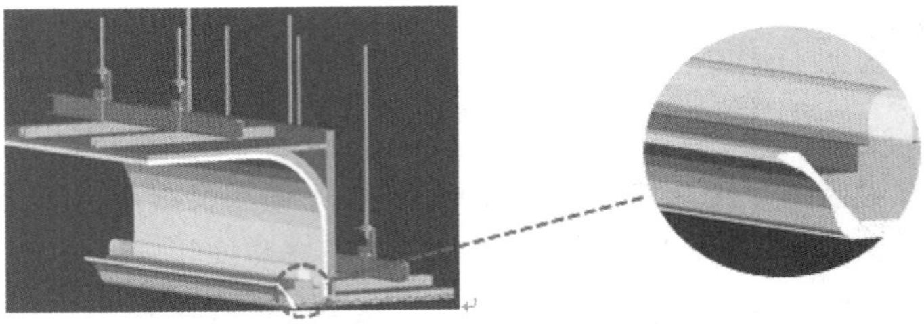

图 7–15　石膏装饰线三维图

（2）清单工程量计算（表 7–9）。

表 7–9　清单工程计算

计算项目	部位	计量单位	计算式	工程量
80 mm 石膏装饰线	天棚	m	［（1.16–0.04＜石膏线中心点距边缘距离＞×2）+（2.38–0.04×2）］×2=6.76	6.76

（3）计价工程量计算。定额工程量同清单工程量。

（4）清单编制（表 7–10）。

表 7–10　清单编制

项目编码	项目名称	项目特征	计量单位	工程量
011502004001	石膏装饰线	1．基础类型：木龙骨 2．线条材料品种、规格、颜色：80 mm 石膏装饰线，白色	m	6.76

（5）清单综合单价计算：

定额 18–26 换算单价费用计算过程如下：

①人工费：279.65×1.34＜详 7.2.3 第（1）① b.＞=374.73（元）。

② 100 mm×30 mm 石膏装饰线换成 80 mm×90 mm 石膏装饰线，材料费增加：（22＜80×90 石膏线单价＞–9.5＜定额中 100×30 石膏线单价＞）×110=1 375（元）。

③管理费和利润增加：（279.65＜人工费＞+15＜机械费＞）×（57%–37%）＜单独装饰工程管理费（42%）和利润（15%）与定额中建筑三类工程管理费（25%）和利润（12%）之差＞=58.93（元）。

④定额单价为：1 455.35＜定额中石膏装饰线综合单价＞–279.65＜定额中人工费＞+374.73＜人工费调整值＞+1 375＜材料增加单价＞+58.93＜管理费和利润价差＞=2 984.36［元 /（100m）］。

⑤该石膏装饰线清单工程综合单价为：2 984.36×6.72＜定额工程量＞/（6.72＜清单工程量＞×100）=29.84（元 /m）。

7.3.2　任务二

读书笔记

1. 任务要求

某别墅室内卫生间洗漱台安装示意如图 7-16 所示，20 mm 厚大理石台饰，台盆尺寸为 500 mm×400 mm。采用简易计税方法报价，定制大理石台板 350 元 /m^2，M12×100 镀锌膨胀螺栓含税单价为 1.00 元 / 套，5 号镀锌角钢（L 50×5）含税单价为 4 210 元 /t，15 mm 厚细木工板单价为 35.5 元 /m^2，其他材料价格按定额表中价格计算。试编制洗漱台项目的清单并计算其清单综合单价。

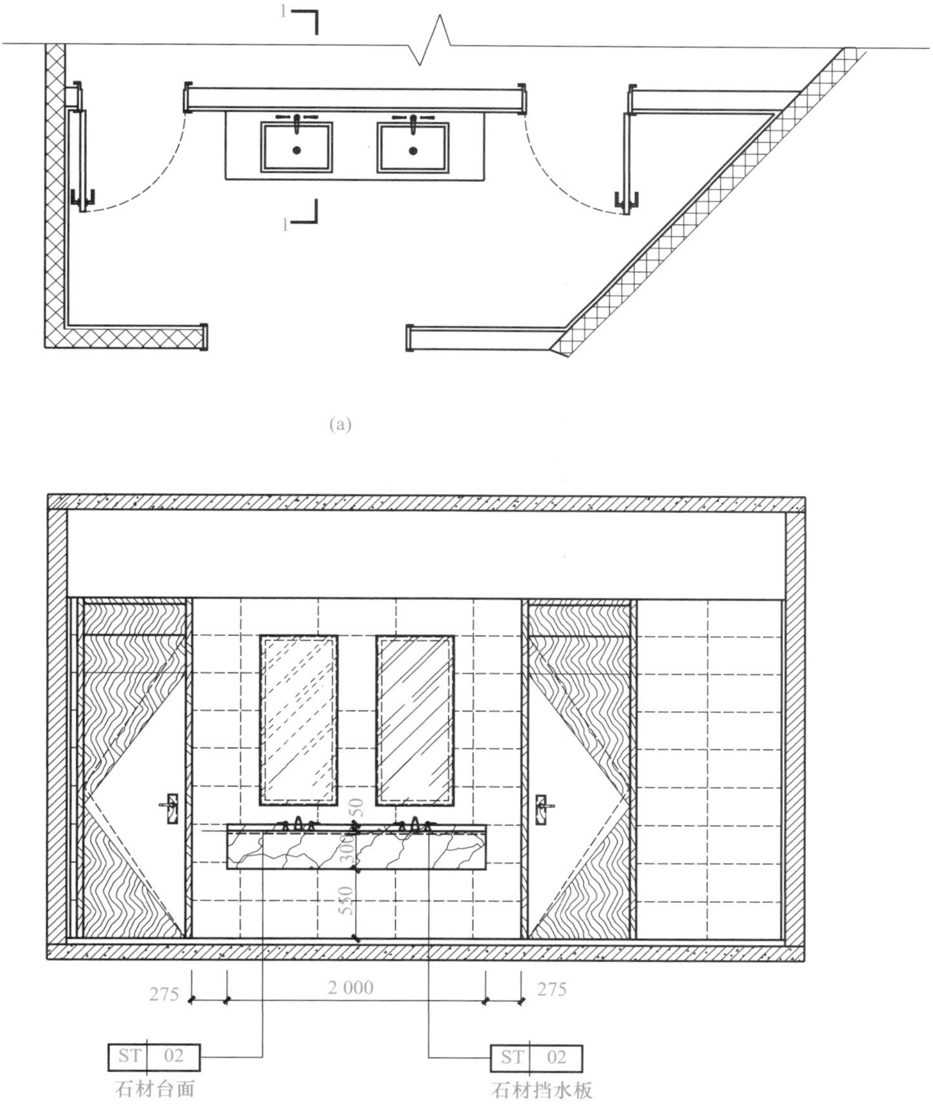

图 7-16　洗漱台安装示意

（a）平面图；（b）立面图；

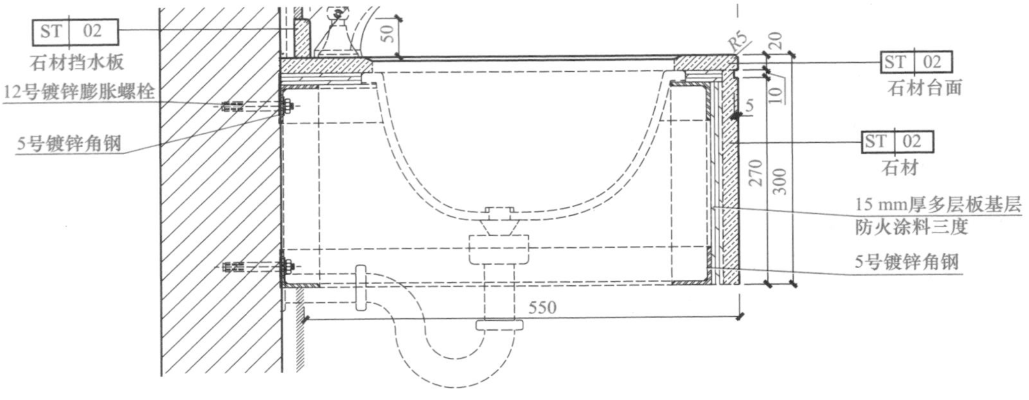

(c)

图 7-16　洗漱台安装示意（续）

（c）1-1剖面图

2．任务解决

（1）信息收集及做法分析。

①结合图 7-16（b）和（c），本洗漱台除靠墙侧外均有大理石台板和基层板。洗漱台三维图如图 7-17 所示。其中，1号台板尺寸为 2 m×0.58 m，②、③号台板尺寸为 0.58 m×0.28 m，④号台板尺寸为 2 m×0.28 m，挡水板尺寸为 2 m×0.05 m。5 号镀锌角钢三维布置如图 7-18 所示，角钢通过焊缝连接。

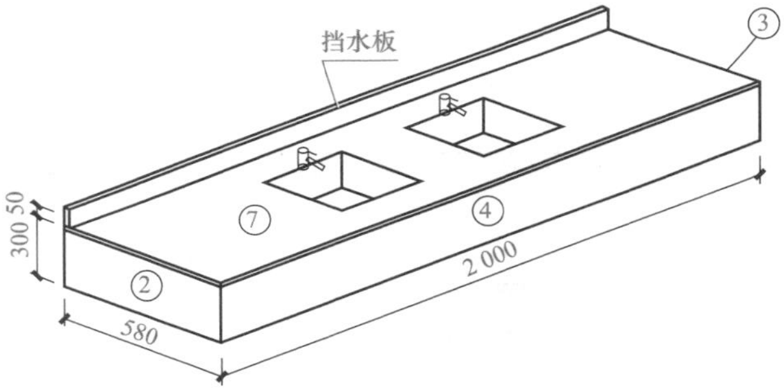

图 7-17　洗漱台三维详图

②洗漱台面脸盆开孔、磨边及侧面 10 mm 高的凹槽开槽已在成品报价中考虑，不再另外计算。

③②号和④号台板处按 45° 连接，如图 7-19 所示，这两块板的长度算至板外边缘，其 45° 切角已在成品报价中考虑，不再另外计算。

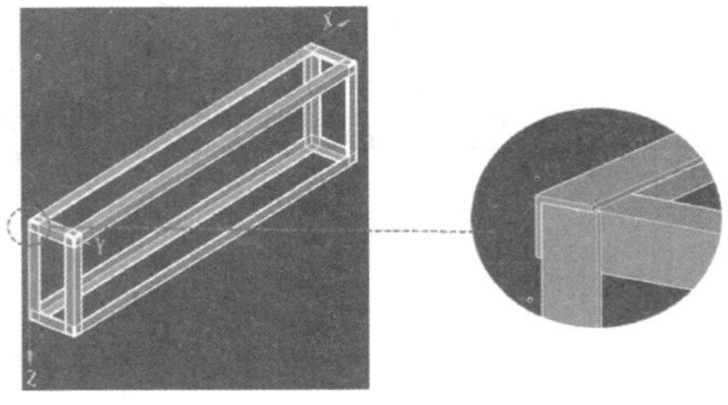

图 7-18　角钢三维详图

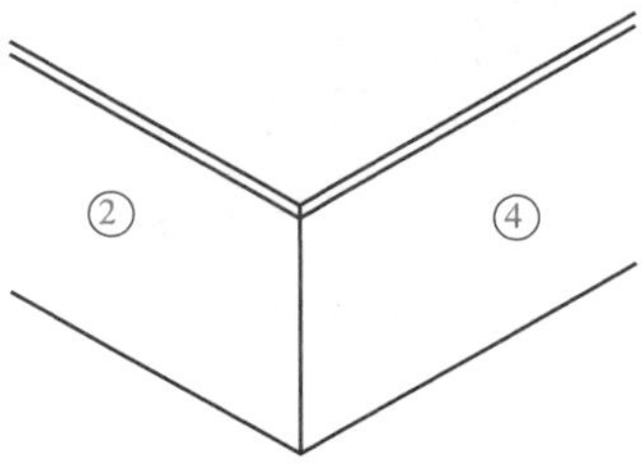

图 7-19　②号台板与④号台板的连接

④ 15 mm 厚多层板基层防火涂料三度。

⑤台盆及下水管材料的安装不在本项任务中计价。

（2）工程量计算（表 7–11）。

表 7–11 工程量计算

计算项目	部位	计量单位	计算式	工程量
洗漱台	洗脸盆	个	1	1

（3）计价工程量计算（表 7–12）。

表 7–12 计价工程量计价

计算项目		部位	计算式	工程量
洗漱台	石材洗漱台	卫生间	台面：2＜长＞×（0.55+0.03）＜宽＞=1.16（m^2） 侧面：0.58＜宽＞×（0.3–0.02）＜高＞×2+2＜长＞×（0.3–0.02）=0.88（m^2） 挡水板：2＜挡水板长度＞×0.05＜挡水板高度＞=0.1（m^2）	2.14 m^2
	5# 镀锌角钢		5 号镀锌角钢总长度：2＜*x* 方向长度＞×4＜根数＞+（0.58–0.02＜石板厚度＞–0.015＜多层板厚度＞–0.005＜*x*、*z* 方向角钢厚度＞×4）＜*y* 方向长度＞×4＜根数＞+（0.3–0.02＜石板厚度＞–0.015＜多层板厚度＞–0.005＜*x* 方向角钢厚度＞×2）＜*z* 方向长度＞×4＜根数＞=11.12（m） 质量：11.12×3.770＜密度＞=41.92（kg）	41.92 kg
	15 mm 厚多层板基层		水平板：2×（0.58–0.02）–0.5×0.4×2＜洗脸盆面积＞=0.72（m^2） 侧面：(0.3–0.02＜石板厚度＞–0.015＜多层板厚度＞)＜高＞×［（2–0.02＜石板厚度＞×2）＜④号台板处多层板长＞+（0.58–0.02＜石板厚度＞–0.015＜多层板厚度＞）＜2、3 号台板处多层板长＞×2］=0.81（m^2）	1.53 m^2
	防火涂料	多层板	1.53×2＜两面＞=3.06（m^2）	3.06 m^2

（4）清单编制（表 7–13）。

表 7–13 清单编制

项目编码	项目名称	项目特征	计量单位	工程量
011505001001	洗漱台	1. 材料品种、规格、颜色：20 mm 厚大理石材 2. 支架、配件品种、规格：15 mm 厚多层板基层防火涂料三度，5 号镀锌角钢	个	1

（5）洗漱台综合单价计算（表 7–14）。

表 7–14 洗漱台综合单价计算

<table>
<tr><td>项目编码</td><td colspan="2">011505001001</td><td colspan="2">项目名称</td><td>洗漱台</td><td colspan="2">计量单位</td><td>个</td><td colspan="2">工程量</td><td>1</td></tr>
<tr><td colspan="12">清单综合单价组成明细</td></tr>
<tr><td rowspan="2">定额编号</td><td rowspan="2">定额项目名称</td><td rowspan="2">定额单位</td><td rowspan="2">数量</td><td colspan="4">单价 / 元</td><td colspan="4">综合价 / 元</td></tr>
<tr><td>人工费</td><td>材料费</td><td>机械费</td><td>管理费和利润</td><td>人工费</td><td>材料费</td><td>机械费</td><td>管理费和利润</td></tr>
</table>

续表

项目编码		011505001001		项目名称		洗漱台	计量单位		个	工程量	1
18–44 换	石材洗漱台	10 m²	0.21	1 099.69	4 794.55	201.79	741.84	230.93	1 066.86	42.38	155.79
14–184 换	墙面细木工板基层钉在龙骨上	10 m²	0.15	116.32	374.78	0.24	66.44	17.45	56.22	0.04	9.97
17–92	刷防火涂料二遍其他木材面	10 m²	0.31	128.05	37.40	—	72.99	39.70	11.59	—	22.63
17–93	每增加防火涂料一遍其他木材面	10 m²	0.31	29.33	17.40	—	16.72	9.09	5.39	—	5.18
小计								297.17	1 140.06	42.42	193.57
清单项目综合单价								1 673.22			

综合单价部分计算过程如下：

人工费单价：

18–44 换：956.25×1.15 ＜详 7.2.3 第（1）① a. ＞ =1 099.69（元）

14–184 换：101.15×1.15=116.32（元）

17–92：111.35×1.15=128.05（元）

17–93：25.50×1.15=29.33（元）

管理费和利润：

18–44 换：（1 099.69 ＜人工费＞ +201.79 ＜机械费＞）×（42% ＜装饰工程管理费率＞ +15% ＜装饰工程利润费率＞）=741.84（元）

14–184 换：（116.32+0.24）×57%=66.44（元）

17–92：128.05×57%=72.99（元）

17–93：29.33×57%=16.72（元）

定额 18–44 材料换算：

①石材块料面板费用增加：（350–250）×10.5=1 050（元）

② M8×80 膨胀螺栓换成 M12×100 镀锌膨胀螺栓，材料费增加：（1 ＜ M12×100 镀锌膨胀螺栓单价＞ –0.6 ＜定额中 M8×80 膨胀螺栓单价＞）×87.16=34.86（元）

③角钢换成 5 号镀锌角钢：

5 号镀锌角钢费用：4.21×（41.92/1.82）×10 ＜将 1.82 m² 的洗漱台所需角钢用量换算成 10 m² 洗漱台所需角钢用量＞ =969.69（元）

材料费合计：3 666.64 ＜定额中的材料费＞ –926.64+1 050+34.86+969.69=4 794.55（元）

定额 14–184 材料换算：

18 mm 厚细木工板换成 15 mm 厚细木工板，材料费减少：（38–35.5）×10.5=26.25（元）

材料费合计：401.03–26.25=374.78（元）

7.3.3 任务实践

某办公楼内楼梯采用不锈钢栏杆和扶手，如图 7−20 所示，图 7−21 所示为楼梯平面图。采用简易计税方法报价，不锈钢钢管 ϕ60×2 市场价为 67 元 /m，不锈钢钢管 ϕ30×1.5 市场价为 48 元 /m，不锈钢钢管 ϕ40×2 市场价为 56 元 /m，不锈钢钢管 ϕ20×1.5 市场价为 32 元 /m（以上价格仅适用于本题），其他材料价格按定额表中价格计算，主材消耗量与定额含量不同时需要换算，其他不变。试编制该楼梯 5.40 ～ 7.20 m 处栏杆扶手项目的清单并计算其清单综合单价。

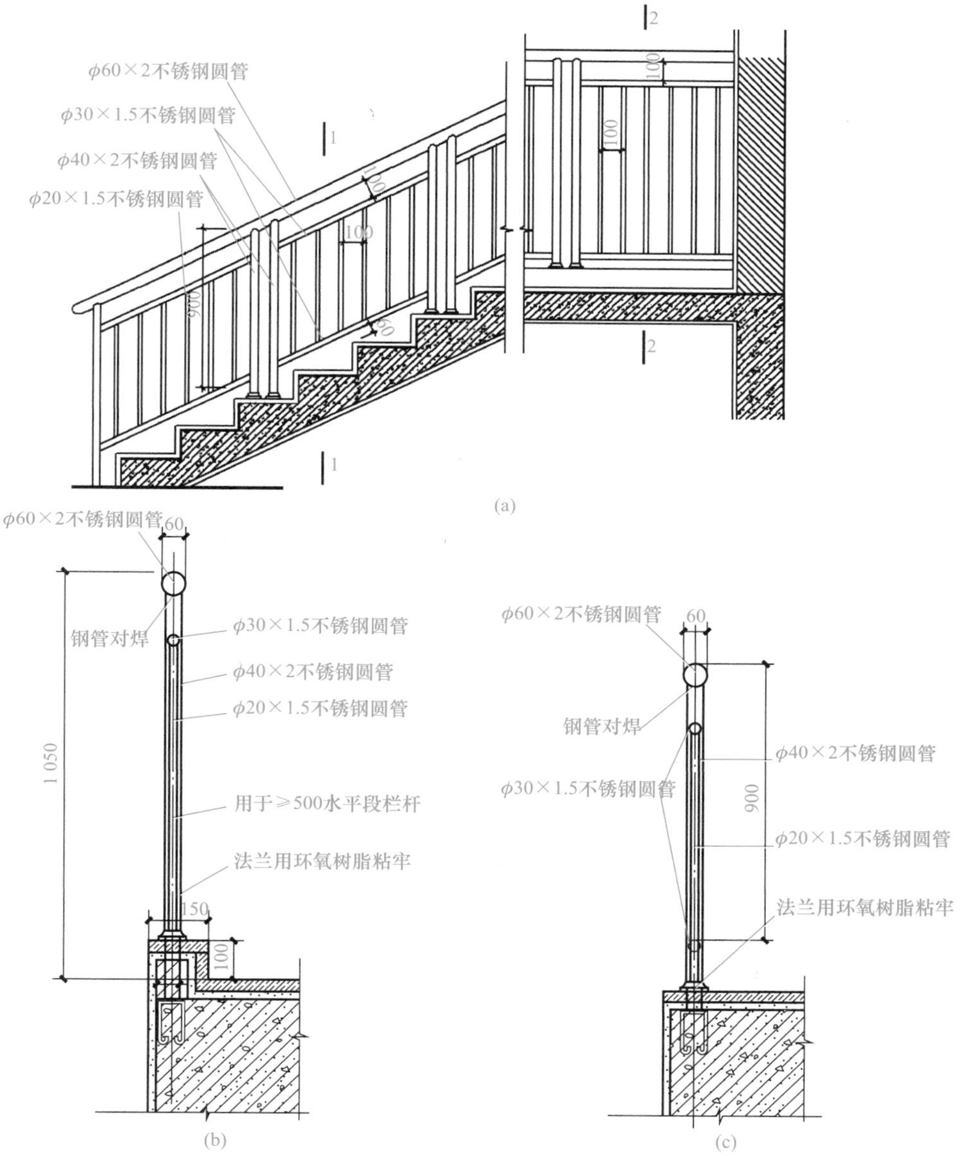

图 7−20　楼梯栏杆扶手示意

（a）楼梯栏杆详图；（b）1—1剖面图；（c）2—2剖面图

读书笔记

读书笔记

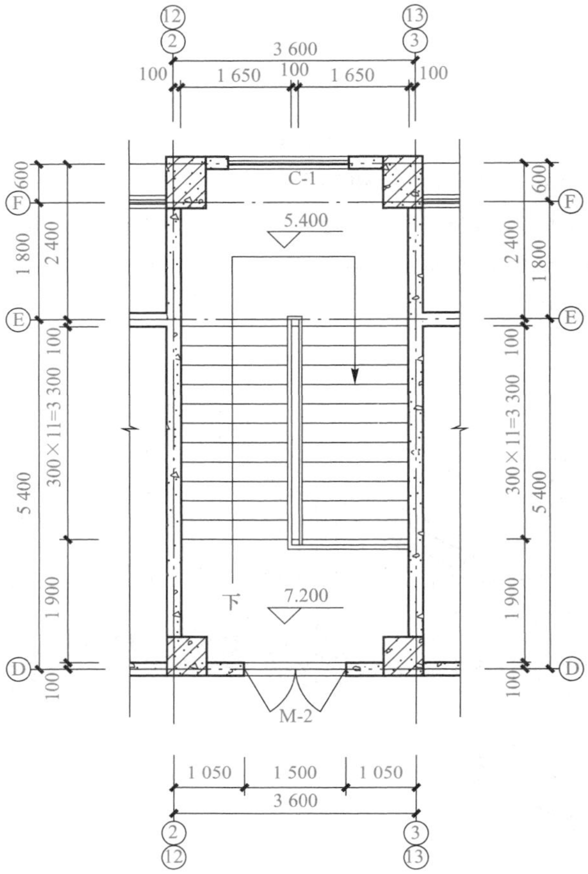

图 7-21　楼梯平面图

学生工作页

项目名称	其他装饰工程		
课题名称	不锈钢栏杆计量与计价案例		
学生姓名		所在班级	
所学专业		完成任务时间	
指导老师		任务完成日期	
一、任务描述 7.3.3 任务实践中的任务。			
二、任务解答 1．信息收集及做法分析			

续表

2．清单工程量计算

计算项目	部位	计算单位	计算式	工程量

3．计价工程量计算

计算项目	部位	计算单位	计算式	工程量

4．清单编制

项目编码	项目名称	项目特征	计量单位	工程量

5．清单综合单价计算

<table>
<tr><td>项目编码</td><td colspan="2"></td><td>项目名称</td><td colspan="2"></td><td>计量单位</td><td colspan="2"></td><td>工程量</td><td colspan="2"></td></tr>
<tr><td colspan="12">清单综合单价组成明细</td></tr>
<tr><td rowspan="2">定额编号</td><td rowspan="2">定额子目名称</td><td rowspan="2">定额单位</td><td rowspan="2">数量</td><td colspan="4">单价 / 元</td><td colspan="4">综合价 / 元</td></tr>
<tr><td>人工费</td><td>材料费</td><td>机械费</td><td>管理费和利润</td><td>人工费</td><td>材料费</td><td>机械费</td><td>管理费和利润</td></tr>
<tr><td></td><td></td><td></td><td></td><td></td><td></td><td></td><td></td><td></td><td></td><td></td><td></td></tr>
<tr><td></td><td></td><td></td><td></td><td></td><td></td><td></td><td></td><td></td><td></td><td></td><td></td></tr>
<tr><td></td><td></td><td></td><td></td><td></td><td></td><td></td><td></td><td></td><td></td><td></td><td></td></tr>
<tr><td></td><td></td><td></td><td></td><td></td><td></td><td></td><td></td><td></td><td></td><td></td><td></td></tr>
<tr><td colspan="8">小计</td><td></td><td></td><td></td><td></td></tr>
<tr><td colspan="8">清单项目综合单价</td><td colspan="4"></td></tr>
</table>

定额单价计算过程：

三、体会与总结

四、指导老师评价意见

指导老师签字：
日期：

项目 8　装饰工程综合案例

读书笔记

知识目标

1. 掌握装饰工程招标控制价的作用。

2. 掌握装饰工程招标控制价的编制原则、依据、程序、方法、应用。

能力目标

1. 能够正确编制装饰工程招标控制价。

2. 能够遵循市场经济规律，体现公平、公正、公开的原则，懂得经济发展规律应建立在科学、诚信、公平、公正的基础上。

【案例背景及相关信息】

某公司办公室装饰工程，如图8-1、图8-2所示。墙体厚度除卫生间内墙为120 mm，

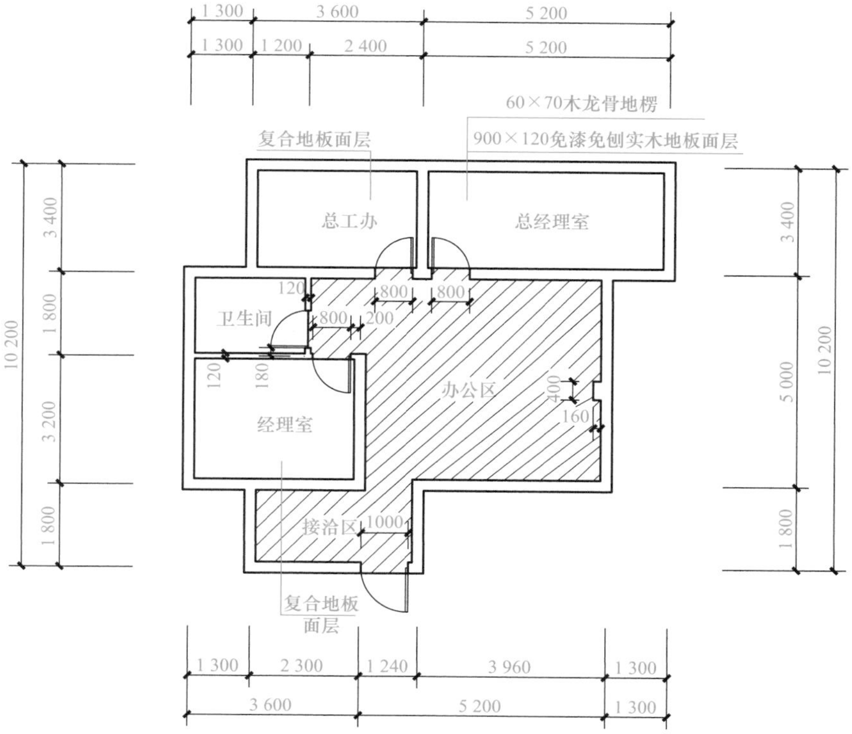

图 8-1　某办公室平面图

读书笔记

其余均为 240 mm。总经理办公室地面做法：断面为 60 mm×70 mm 木龙骨地楞（计价表为 60×50 mm），楞木间距及横撑的规格、间距同省计价表，木龙骨与现浇楼板用 M10×80膨胀螺栓固定，螺栓设计用量为60套，不设木垫块，免漆免刨实木地板面层，硬木踢脚线毛料断面为 150 mm×20 mm，设计长度为 30 m，钉在墙面木龙骨上，踢脚线油漆做法为刷底油、刮腻子、色聚氨酯漆 5 遍；总工办及经理室为复合木地板地面；卫生间采用水泥砂浆贴 300 mm×300 mm 防滑地砖（25 mm 厚 1 ∶ 2.5 防水砂浆找平层）；其余区域地面干硬性水泥砂浆铺设 600 mm×600 mm 地砖。卫生间墙面水泥砂浆粘贴 600 mm×300 mm 墙砖，总经理办公室墙面为不对花墙纸（50 m^2），其余墙面为满批混合腻子三遍面层乳胶漆三遍（300 m^2），卫生间蹲位成品隔断 2 间，成品单开木门带门套 5 樘、不锈钢执手锁、铰链、门吸；吊顶详见图纸图 8-3；预留金 10 000 元。

试编制此工程装饰部分的招标控制价（参照当前省计价文件收取各费用、人工、材料参考当前信息指导价）。

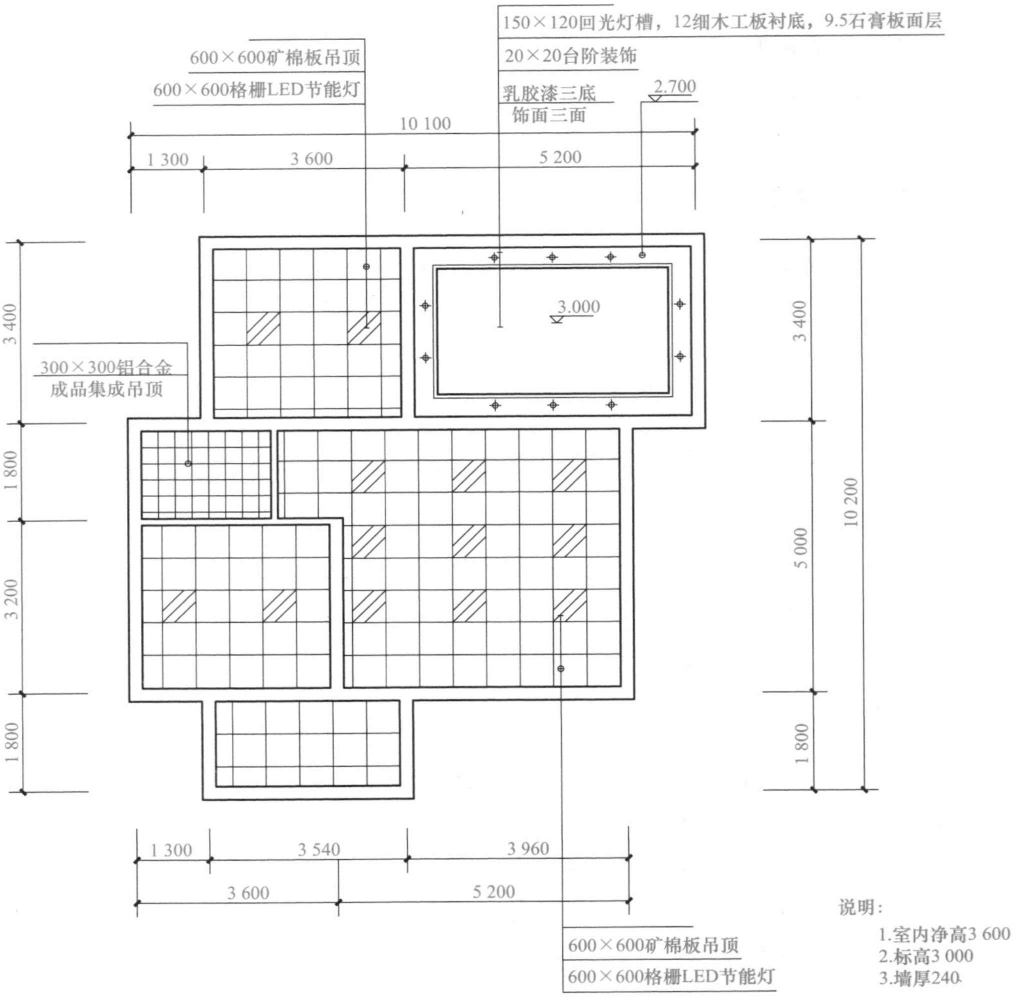

图 8-2　某办公室天棚平面图

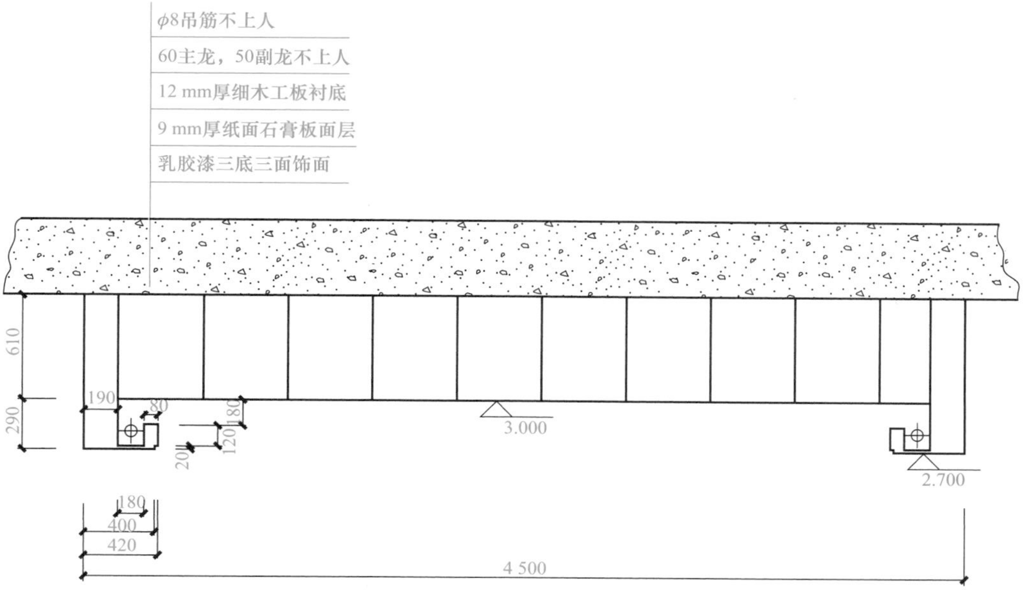

图 8-3　总经理办公室吊顶剖面图

解析：具体内容详见表 8-1 ～表 8-20（招标控制价编制以最终报表形式呈现，且只列举部分综合单价分析表）。

某办公区装饰工程 工程

招标控制价

招 标 人：某办公区业主

（单位盖章）

造价咨询人：某招标代理机构

（单位盖章）

2021 年 01 月 29 日

某办公区装饰工程　　　　**工程**

招 标 控 制 价

招标控制价（小写）：78 203.25

（大写）：柒万捌仟贰佰零叁元贰角伍分

招　标　人：某办公区业主
（单位盖章）

造价咨询人：某招标代理机构
（单位资质专用章）

法定代表人
或其授权人：×××
（签字或盖章）

法定代表人
或其授权人：×××
（签字或盖章）

编　制　人：×××
（造价人员签字盖专用章）

复　核　人：×××
（造价工程师签字盖专用章）

编制时间：2021 年 01 月 29 日　　复核时间：2021 年 01 月 29 日

建设项目招标控制价表

工程名称：某办公区装饰工程　　　　第 1 页　共 1 页

序号	单项工程名称	金额 / 元	其中：/ 元		
			暂估价	安全文明施工费	规费
1	某办公区装饰工程	78 203.25		1 084.88	2 035.54
合计		78 203.25		1 084.88	2 035.54

单位工程招标控制价表

工程名称：某办公区装饰工程　　　　　　　　标段：　　　　　　　　第 1 页　共 1 页

序号	汇总内容	金额 / 元	其中：暂估价 / 元
1	分部分项工程费	55 502.87	
1.1	人工费	14 792.84	
1.2	材料费	31 887.45	
1.3	施工机具使用费	152.44	
1.4	企业管理费	6 426.95	
1.5	利润	2 243.18	
2	措施项目费	4 207.69	
2.1	单价措施项目费	1 001.10	
2.2	总价措施项目费	3 206.59	
2.2.1	其中：安全文明施工措施费	1 084.88	
3	其他项目费	10 000.00	
3.1	其中：暂列金额	10 000.00	
3.2	其中：专业工程暂估		
3.3	其中：计日工		
3.4	其中：总承包服务费		
4	规费	2 035.54	
5	税金	6 457.15	
招标控制价合计 =1+2+3+4+5− 甲供材料费（含设备）/1.01		78 203.25	

分部分项工程和单价措施项目清单与计价表

工程名称：某办公区装饰工程　　　　标段：　　　　第 1 页　共 3 页

序号	项目编码	项目名称	项目特征描述	计量单位	工程量	金额 / 元		
						综合单价	合价	其中 暂估价
1	011102003001	块料楼地面	1．找平层厚度、砂浆配合比：25 mm 1 ∶ 2.5 防水砂浆找平层 2．结合层厚度、砂浆配合比：1 ∶ 2 水泥砂浆粘贴 3．面层材料品种、规格、颜色：300 mm×300 mm 防滑地砖 4．嵌缝材料种类：白水泥 5．防护层材料种类：成品保护	m^2	3.66	161.12	589.70	
2	011102003002	块料楼地面	1．结合层厚度、砂浆配合比：干硬性水泥砂浆铺设 2．面层材料品种、规格、颜色：600 mm×600 mm 地砖 3．嵌缝材料种类：白水泥 4．防护层材料种类：成品保护	m^2	31.79	172.27	5 476.46	
3	011104002001	竹、木(复合)地板	1．龙骨材料种类、规格、铺设间距：60 mm×70 mm 木龙骨，中距及横撑按苏 J9501-19/3，M10×80 膨胀螺栓固定 2．面层材料品种、规格、颜色：免漆免刨实木地板 3．防护材料种类：成品保护	m^2	15.67	509.00	7 976.03	
4	011104002002	竹、木(复合)地板	1．基层材料种类、规格：泡沫垫 2．面层材料品种、规格、颜色：8 mm 厚复合木地板拼装 3．防护材料种类：成品保护	m^2	20.76	122.71	2 547.46	
5	011105005001	木质踢脚线	1．踢脚线高度：150 mm×20 mm 硬木毛料 2．基层材料种类、规格：钉在墙面木龙骨上 3．面层材料品种、规格、颜色：色聚氨酯四遍	m	30	43.59	1 307.70	
本页小计							17 897.35	

分部分项工程和单价措施项目清单与计价表

工程名称：某办公区装饰工程　　　　标段：　　　　第 2 页　共 3 页

序号	项目编码	项目名称	项目特征描述	计量单位	工程量	金额 / 元		
						综合单价	合价	其中 暂估价
6	011204003001	块料墙面	1. 安装方式：素水泥砂浆贴面 2. 面层材料品种、规格、颜色：600 mm×300 mm 墙砖 3. 缝宽、嵌缝材料种类：白水泥	m^2	21.58	162.86	3 514.52	
7	011210005001	成品隔断	隔断材料品种、规格、颜色：卫生间成品隔断及配件	间	2	1 083.25	2 166.50	
8	010801002001	木质门带套	门代号及洞口尺寸：成品单开木门带门套，不锈钢执手锁、铰链、不锈钢门吸	樘	5	836.10	4 180.50	
9	011406001001	抹灰面油漆	1. 基层类型：抹灰面 2. 腻子种类：混合腻子 3. 刮腻子遍数：3 4. 油漆品种、刷漆遍数：乳胶漆 3 遍	m^2	300	39.91	1 1973.00	
10	011408001001	墙纸裱糊	1. 基层类型：抹灰面 2. 腻子种类：满批混合腻子 3. 刮腻子遍数：3 4. 粘结材料种类：清油封底 5. 面层材料品种、规格、颜色：中档墙纸不对花	m^2	50	97.75	4 887.50	
11	011302001001	吊顶天棚	1. 吊顶形式、吊杆规格、高度：全丝杆 8 吊筋 H=600 2. 龙骨材料种类、规格、中距：配套龙骨 3. 面层材料品种、规格：300 mm×300 mm 铝合金集成吊顶含配套收口	m^2	3.66	123.36	451.50	
12	011302001002	吊顶天棚	1. 吊顶形式、吊杆规格、高度：全丝杆 8 吊筋 H=600 2. 龙骨材料种类、规格、中距：装配式 T 形不上人铝合金龙骨单层 3. 面层材料品种、规格：600 mm×600 mm×12 mm 矿棉板、600 mm×600 mm 格式灯孔	m^2	52.55	106.87	5 616.02	
本页小计							32 789.54	

分部分项工程和单价措施项目清单与计价表

工程名称：某办公区装饰工程　　　　标段：　　　　第 3 页　共 3 页

序号	项目编码	项目名称	项目特征描述	计量单位	工程量	金额 / 元		
						综合单价	合价	其中 暂估价
13	011302001003	吊顶天棚	1．吊顶形式、吊杆规格、高度：全丝杆 8 吊筋 H=600、H=900 2．龙骨材料种类、规格、中距：装配式 U 形不上人轻钢龙骨面层 300×600 复杂 3．面层材料品种、规格：9.5 纸面石膏板安装在轻钢龙骨上复杂凹凸 4．嵌缝材料种类：石膏板钉眼点防锈漆、自粘带贴缝、满批腻子刷乳胶漆各三遍，开筒灯孔，详见总经理室图纸	m^2	15.67	232.30	3 640.14	
14	011304001001	灯带（槽）	1．灯带形式、尺寸：230+140 回光灯槽详见总经理室图纸 2．格栅片材料品种、规格：12 细木工板衬底、9.5 纸面石膏板面层、防锈漆点钉眼、自粘袋贴缝、满批腻子乳胶漆各三遍、木材面防火涂料 2 度	m	15.18	77.46	1 175.84	
		分部分项合计					5 5502.87	
1	011701006001	满堂脚手架		m^2	71.97	13.91	1 001.10	
		单价措施合计					1 001.10	
本页小计							5 817.08	
合计							56 503.97	

表 8-1　综合单价分析表（一）

工程名称：某办公区装饰工程

项目编码	011102003001	项目名称	块料楼地面						计量单位	m²		工程量	3.66
清单综合单价组成明细													
定额编号	定额项目名称	定额单位	数量	单价					合价				
				人工费	材料费	机械费	管理费	利润	人工费	材料费	机械费	管理费	利润
13-83	楼地面单块 0.4 m² 以内地砖 水泥砂浆	10 m²	0.1	397.2	957.06	4.04	172.53	60.19	39.72	95.71	0.4	17.25	6.02
18-75	保护工程部位 石材、木地板面地面	10 m²	0.1	6	10.73		2.58	0.9	0.6	1.07		0.26	0.09
综合人工工日		小计							40.32	96.78	0.4	17.51	6.11
0.336 工日		未计价材料费											
清单项目综合单价									161.12				

材料费明细	主要材料名称、规格、型号	单位	数量	单价 / 元	合价 / 元	暂估单价 / 元	暂估合价 / 元
	防滑地砖 300×300	m²	1.02	80	81.6		
	白水泥	kg	0.1	0.9	0.09		
	合金钢切割锯片	片	0.002 7	68.6	0.19		
	锯（木）屑	m³	0.006	47.17	0.28		
	棉纱头	kg	0.01	5.57	0.06		
	水	m³	0.034 11	4.57	0.16		
	麻袋	条	0.25	4.29	1.07		
	水泥 32.5 级	kg	14.2557	0.4	5.7		
	中砂	t	0.040 009	130	5.2		
	防水剂	kg	0.494 9	4.29	2.12		
	其他材料费			—	0.31	—	
	材料费小计			—	96.78	—	

表 8-2　综合单价分析表（二）

<table>
<tr><td>项目编码</td><td>011102003002</td><td colspan="2">项目名称</td><td colspan="6">块料楼地面</td><td>计量单位</td><td>m^2</td><td>工程量</td><td colspan="2">31.79</td></tr>
<tr><td colspan="15">清单综合单价组成明细</td></tr>
<tr><td rowspan="2">定额编号</td><td rowspan="2">定额项目名称</td><td rowspan="2">定额单位</td><td rowspan="2">数量</td><td colspan="6">单价</td><td colspan="5">合价</td></tr>
<tr><td>人工费</td><td colspan="2">材料费</td><td>机械费</td><td>管理费</td><td>利润</td><td>人工费</td><td>材料费</td><td>管理费</td><td>管理费</td><td>利润</td></tr>
<tr><td>13-81</td><td>楼地面单块 0.4 m^2 以内地砖 干硬性水泥砂浆</td><td>10 m^2</td><td>0.099 799</td><td>397.2</td><td>1 061.28</td><td>10.78</td><td colspan="2">175.43</td><td>61.2</td><td>39.64</td><td>105.91</td><td>1.08</td><td>17.51</td><td>6.11</td></tr>
<tr><td>18-75</td><td>保护工程部位 石材、木地板面 地面</td><td>10 m^2</td><td>0.099 799</td><td>6</td><td>10.73</td><td></td><td colspan="2">2.58</td><td>0.9</td><td>0.6</td><td>1.07</td><td></td><td>0.26</td><td>0.09</td></tr>
<tr><td colspan="3">综合人工工日</td><td colspan="7">小计</td><td>40.24</td><td>106.98</td><td>1.08</td><td>17.77</td><td>6.2</td></tr>
<tr><td colspan="3">0.335 3 工日</td><td colspan="7">未计价材料费</td><td colspan="5"></td></tr>
<tr><td colspan="10">清单项目综合单价</td><td colspan="5">172.27</td></tr>
<tr><td rowspan="12">材料费明细</td><td colspan="6">主要材料名称、规格、型号</td><td>单位</td><td colspan="2">数量</td><td>单价 / 元</td><td>合价 / 元</td><td>暂估单价 / 元</td><td colspan="2">暂估合价 / 元</td></tr>
<tr><td colspan="6">600 mm×600 mm 地砖</td><td>m^2</td><td colspan="2">1.017 95</td><td>90</td><td>91.62</td><td></td><td colspan="2"></td></tr>
<tr><td colspan="6">水泥 32.5 级</td><td>kg</td><td colspan="2">16.957 547</td><td>0.4</td><td>6.78</td><td></td><td colspan="2"></td></tr>
<tr><td colspan="6">白水泥</td><td>kg</td><td colspan="2">0.099 799</td><td>0.9</td><td>0.09</td><td></td><td colspan="2"></td></tr>
<tr><td colspan="6">合金钢切割锯片</td><td>片</td><td colspan="2">0.002 695</td><td>68.6</td><td>0.18</td><td></td><td colspan="2"></td></tr>
<tr><td colspan="6">锯（木）屑</td><td>m^3</td><td colspan="2">0.005 988</td><td>47.17</td><td>0.28</td><td></td><td colspan="2"></td></tr>
<tr><td colspan="6">棉纱头</td><td>kg</td><td colspan="2">0.009 98</td><td>5.57</td><td>0.06</td><td></td><td colspan="2"></td></tr>
<tr><td colspan="6">水</td><td>m^3</td><td colspan="2">0.031 003</td><td>4.57</td><td>0.14</td><td></td><td colspan="2"></td></tr>
<tr><td colspan="6">麻袋</td><td>条</td><td colspan="2">0.249 498</td><td>4.29</td><td>1.07</td><td></td><td colspan="2"></td></tr>
<tr><td colspan="6">中砂</td><td>t</td><td colspan="2">0.048 715</td><td>130</td><td>6.33</td><td></td><td colspan="2"></td></tr>
<tr><td colspan="9">其他材料费</td><td>—</td><td>0.43</td><td>—</td><td colspan="2"></td></tr>
<tr><td colspan="9">材料费小计</td><td>—</td><td>106.98</td><td>—</td><td colspan="2"></td></tr>
</table>

表 8-3　综合单价分析表（三）

项目编码	011104002001	项目名称	竹、木（复合）地板						计量单位	m²		工程量	15.67
清单综合单价组成明细													
定额编号	定额项目名称	定额单位	数量	单价					合价				
				人工费	材料费	机械费	管理费	利润	人工费	材料费	机械费	管理费	利润
13-112 备注 2	木地板 铺设木楞	10 m²	0.1	70.8	411.43	15.66	37.18	12.97	7.08	41.14	1.57	3.72	1.3
13-112	木地板 铺设木楞	10 m²	0.1	70.8	326.85	12.62	35.87	12.51	7.08	32.69	1.26	3.59	1.25
13-117	硬木地板 免刨免漆地板	10 m²	0.1	519.6	3 238.54	2.15	224.35	78.26	51.96	323.85	0.22	22.44	7.83
18-75	保护工程部位 石材、木地板面 地面	10 m²	0.1	6	10.73		2.58	0.9	0.6	1.07		0.26	0.09
综合人工工日		小计							66.72	398.75	3.05	30.01	10.47
0.556 工日		未计价材料费											
清单项目综合单价									509				

材料费明细	主要材料名称、规格、型号	单位	数量	单价 / 元	合价 / 元	暂估单价 / 元	暂估合价 / 元
	普通木成材	m^3	0.028 28	2300	65.04		
	膨胀螺栓 M10×80	套	3.829	1.44	5.51		
	防腐油	kg	0.568	5.15	2.93		
	免刨免漆实木地板	m^2	1.05	300	315		
	地板钉 40 mm	kg	0.158 7	8.58	1.36		
	棉纱头	kg	0.01	5.57	0.06		
	胶粘剂 YJ-Ⅲ	kg	0.7	9.86	6.9		
	地板水胶粉	kg	0.16	3.34	0.53		
	麻袋	条	0.25	4.29	1.07		
	其他材料费			—	0.35	—	
	材料费小计			—	398.75	—	

表 8-4　综合单价分析表（四）

项目编码	011104002002	项目名称	竹、木（复合）地板						计量单位	m^2	工程量		20.76
清单综合单价组成明细													
定额编号	定额项目名称	定额单位	数量	单价					合价				
				人工费	材料费	机械费	管理费	利润	人工费	材料费	机械费	管理费	利润
13-120	复合木地板 拼装	10 m^2	0.1	80.4	1076.4	2.15	35.5	12.38	8.04	107.64	0.22	3.55	1.24
18-75	保护工程部位 石材、木地板面 地面	10 m^2	0.1	6	10.73		2.58	0.9	0.6	1.07		0.26	0.09
综合人工工日		小计							8.64	108.71	0.22	3.81	1.33
0.072 工日		未计价材料费											
清单项目综合单价									122.71				
材料费明细	主要材料名称、规格、型号				单位		数量		单价 / 元	合价 / 元	暂估单价 / 元		暂估合价 / 元
	复合地板 1 818 mm×303 mm×8 mm				m^2		1.05		80	84			
	复合地板泡沫垫				m^2		1.1		21.44	23.58			
	棉纱头				kg		0.01		5.57	0.06			
	麻袋				条		0.25		4.29	1.07			
	其他材料费								—		—		
	材料费小计								—	108.71	—		

表 8-5　综合单价分析表（五）

<table>
<tr><td>项目编码</td><td>011105005001</td><td colspan="2">项目名称</td><td colspan="5">木质踢脚线</td><td>计量单位</td><td>m</td><td colspan="2">工程量</td><td>30</td></tr>
<tr><td colspan="14">清单综合单价组成明细</td></tr>
<tr><td rowspan="2">定额编号</td><td rowspan="2">定额项目名称</td><td rowspan="2">定额单位</td><td rowspan="2">数量</td><td colspan="5">单价</td><td colspan="5">合价</td></tr>
<tr><td>人工费</td><td>材料费</td><td>机械费</td><td>管理费</td><td>利润</td><td>人工费</td><td>材料费</td><td>机械费</td><td>管理费</td><td>利润</td></tr>
<tr><td>13-127 备注 2</td><td>硬木踢脚线断面 150×20 制作安装</td><td>10 m</td><td>0.1</td><td>55.2</td><td>101.34</td><td>1.1</td><td>24.21</td><td>8.45</td><td>5.52</td><td>10.13</td><td>0.11</td><td>2.42</td><td>0.85</td></tr>
<tr><td>17-59+［17-69］×2</td><td>刷底油、刮腻子、色聚氨酯漆双组分混合型 五遍 踢脚线</td><td>10 m</td><td>0.1</td><td>122.4</td><td>52.24</td><td></td><td>52.63</td><td>18.36</td><td>12.24</td><td>5.22</td><td></td><td>5.26</td><td>1.84</td></tr>
<tr><td colspan="2">综合人工工日</td><td colspan="7">小计</td><td>17.76</td><td>15.35</td><td>0.11</td><td>7.68</td><td>2.69</td></tr>
<tr><td colspan="2">0.148 工日</td><td colspan="7">未计价材料费</td><td colspan="5"></td></tr>
<tr><td colspan="9">清单项目综合单价</td><td colspan="5">43.59</td></tr>
<tr><td rowspan="12">材料费明细</td><td colspan="6">主要材料名称、规格、型号</td><td>单位</td><td>数量</td><td>单价/元</td><td>合价/元</td><td colspan="2">暂估单价/元</td><td>暂估合价/元</td></tr>
<tr><td colspan="6">硬木成材</td><td>m^3</td><td>0.003 3</td><td>3 000</td><td>9.9</td><td colspan="2"></td><td></td></tr>
<tr><td colspan="6">普通木成材</td><td>m^3</td><td></td><td>2 300</td><td></td><td colspan="2"></td><td></td></tr>
<tr><td colspan="6">铁钉 70 mm</td><td>kg</td><td>0.012 1</td><td>3.6</td><td>0.04</td><td colspan="2"></td><td></td></tr>
<tr><td colspan="6">防腐油</td><td>kg</td><td>0.036 8</td><td>5.15</td><td>0.19</td><td colspan="2"></td><td></td></tr>
<tr><td colspan="6">彩色聚氨酯漆（双组分混合型）（685）0.8 ： 0.8 kg/ 组</td><td>kg</td><td>0.103</td><td>45</td><td>4.64</td><td colspan="2"></td><td></td></tr>
<tr><td colspan="6">酚醛清漆</td><td>kg</td><td>0.006</td><td>30</td><td>0.18</td><td colspan="2"></td><td></td></tr>
<tr><td colspan="6">油漆溶剂油</td><td>kg</td><td>0.024</td><td>12.01</td><td>0.29</td><td colspan="2"></td><td></td></tr>
<tr><td colspan="6">石膏粉 325 目</td><td>kg</td><td>0.005</td><td>0.36</td><td></td><td colspan="2"></td><td></td></tr>
<tr><td colspan="6">大白粉</td><td>kg</td><td>0.019</td><td>0.73</td><td>0.01</td><td colspan="2"></td><td></td></tr>
<tr><td colspan="8">其他材料费</td><td>—</td><td>0.1</td><td colspan="2">—</td><td></td></tr>
<tr><td colspan="8">材料费小计</td><td>—</td><td>15.35</td><td colspan="2">—</td><td></td></tr>
</table>

表 8-6　综合单价分析表（六）

<table>
<tr><td>项目编码</td><td>011204003001</td><td colspan="2">项目名称</td><td colspan="5">块料墙面</td><td>计量单位</td><td>m^2</td><td colspan="2">工程量</td><td>21.58</td></tr>
<tr><td colspan="14">清单综合单价组成明细</td></tr>
<tr><td rowspan="2">定额编号</td><td rowspan="2">定额项目名称</td><td rowspan="2">定额单位</td><td rowspan="2">数量</td><td colspan="5">单价</td><td colspan="5">合价</td></tr>
<tr><td>人工费</td><td>材料费</td><td>机械费</td><td>管理费</td><td>利润</td><td>人工费</td><td>材料费</td><td>机械费</td><td>管理费</td><td>利润</td></tr>
<tr><td>14-82 备注 4</td><td>单块面积 0.18 m^2 以内墙砖 砂浆粘贴 墙面</td><td>10 m^2</td><td>0.1</td><td>579.6</td><td>700.52</td><td>7.82</td><td>252.59</td><td>88.11</td><td>57.96</td><td>70.05</td><td>0.78</td><td>25.26</td><td>8.81</td></tr>
<tr><td colspan="2">综合人工工日</td><td colspan="7">小计</td><td>57.96</td><td>70.05</td><td>0.78</td><td>25.26</td><td>8.81</td></tr>
<tr><td colspan="2">0.483 工日</td><td colspan="7">未计价材料费</td><td colspan="5"></td></tr>
<tr><td colspan="9">清单项目综合单价</td><td colspan="5">162.86</td></tr>
<tr><td rowspan="11">材料费明细</td><td colspan="7">主要材料名称、规格、型号</td><td>单位</td><td>数量</td><td>单价 / 元</td><td>合价 / 元</td><td>暂估单价 / 元</td><td>暂估合价 / 元</td></tr>
<tr><td colspan="7">墙面砖 300 mm×600 mm</td><td>m^2</td><td>0.768 75</td><td>80</td><td>61.5</td><td></td><td></td></tr>
<tr><td colspan="7">白水泥</td><td>kg</td><td>0.15</td><td>0.9</td><td>0.14</td><td></td><td></td></tr>
<tr><td colspan="7">棉纱头</td><td>kg</td><td>0.01</td><td>5.57</td><td>0.06</td><td></td><td></td></tr>
<tr><td colspan="7">水</td><td>m^3</td><td>0.014 936</td><td>4.57</td><td>0.07</td><td></td><td></td></tr>
<tr><td colspan="7">水泥 32.5 级</td><td>kg</td><td>13.588 9</td><td>0.4</td><td>5.44</td><td></td><td></td></tr>
<tr><td colspan="7">石灰膏</td><td>m^3</td><td></td><td>260</td><td></td><td></td><td></td></tr>
<tr><td colspan="7">中砂</td><td>t</td><td>0.021 91</td><td>130</td><td>2.85</td><td></td><td></td></tr>
<tr><td colspan="7">901 胶</td><td>kg</td><td>0.004 2</td><td>2.14</td><td>0.01</td><td></td><td></td></tr>
<tr><td colspan="9">其他材料费</td><td>—</td><td>-0.02</td><td>—</td><td></td></tr>
<tr><td colspan="9">材料费小计</td><td>—</td><td>70.05</td><td>—</td><td></td></tr>
</table>

表 8-7　综合单价分析表（七）

项目编码	011210005001	项目名称	成品隔断						计量单位	间		工程量	2
清单综合单价组成明细													
定额编号	定额项目名称	定额单位	数量	单价					合价				
				人工费	材料费	机械费	管理费	利润	人工费	材料费	机械费	管理费	利润
18-88	成品卫生间隔断	10 间	0.1	270	10 397.8	5.13	118.31	41.27	27	1 039.78	0.51	11.83	4.13
综合人工工日		小计							27	1 039.78	0.51	11.83	4.13
0.225 工日		未计价材料费											
清单项目综合单价									1 083.25				
材料费明细	主要材料名称、规格、型号					单位	数量		单价 / 元	合价 / 元	暂估单价 / 元		暂估合价 / 元
	成品卫生间隔断					间	1.01		1 029.06	1 039.35			
	其他材料费								—	0.43	—		
	材料费小计								—	1 039.78	—		

表 8–8 综合单价分析表（八）

<table>
<tr><td>项目编码</td><td>010801002001</td><td colspan="2">项目名称</td><td colspan="5">木质门带套</td><td>计量单位</td><td>樘</td><td>工程量</td><td colspan="2">5</td></tr>
<tr><td colspan="14">清单综合单价组成明细</td></tr>
<tr><td rowspan="2">定额编号</td><td rowspan="2">定额项目名称</td><td rowspan="2">定额单位</td><td rowspan="2">数量</td><td colspan="5">单价</td><td colspan="5">合价</td></tr>
<tr><td>人工费</td><td>材料费</td><td>机械费</td><td>管理费</td><td>利润</td><td>人工费</td><td>材料费</td><td>机械费</td><td>管理费</td><td>利润</td></tr>
<tr><td>D00001</td><td>成品单开木门带门套</td><td>樘</td><td>1</td><td></td><td>600</td><td></td><td></td><td></td><td></td><td>600</td><td></td><td></td><td></td></tr>
<tr><td>16–312</td><td>门窗特殊五金 执手锁</td><td>把</td><td>1</td><td>20.4</td><td>101.69</td><td></td><td>8.77</td><td>3.06</td><td>20.4</td><td>101.69</td><td></td><td>8.77</td><td>3.06</td></tr>
<tr><td>16–314</td><td>门窗特殊五金 铰链</td><td>个</td><td>2</td><td>12</td><td>17.8</td><td></td><td>5.16</td><td>1.8</td><td>24</td><td>35.6</td><td></td><td>10.32</td><td>3.6</td></tr>
<tr><td>16–315</td><td>门窗特殊五金 门吸或门阻</td><td>只</td><td>1</td><td>8.4</td><td>15.39</td><td></td><td>3.61</td><td>1.26</td><td>8.4</td><td>15.39</td><td></td><td>3.61</td><td>1.26</td></tr>
<tr><td colspan="2">综合人工工日</td><td colspan="7">小计</td><td>52.8</td><td>752.68</td><td></td><td>22.7</td><td>7.92</td></tr>
<tr><td colspan="2">0.44 工日</td><td colspan="7">未计价材料费</td><td colspan="5"></td></tr>
<tr><td colspan="9">清单项目综合单价</td><td colspan="5">836.1</td></tr>
<tr><td rowspan="8">材料费明细</td><td colspan="4">主要材料名称、规格、型号</td><td>单位</td><td colspan="3">数量</td><td>单价 / 元</td><td>合价 / 元</td><td colspan="2">暂估单价 / 元</td><td>暂估合价 / 元</td></tr>
<tr><td colspan="4">成品单开木门带门套</td><td>樘</td><td colspan="3">1</td><td>600</td><td>600</td><td colspan="2"></td><td></td></tr>
<tr><td colspan="4">执手锁</td><td>把</td><td colspan="3">1.01</td><td>100</td><td>101</td><td colspan="2"></td><td></td></tr>
<tr><td colspan="4">不锈钢合页</td><td>只</td><td colspan="3">2.02</td><td>17.15</td><td>34.64</td><td colspan="2"></td><td></td></tr>
<tr><td colspan="4">铜木螺钉 M3.5×25</td><td>10 个</td><td colspan="3">2</td><td>0.6</td><td>1.2</td><td colspan="2"></td><td></td></tr>
<tr><td colspan="4">不锈钢门吸</td><td>只</td><td colspan="3">1.01</td><td>15</td><td>15.15</td><td colspan="2"></td><td></td></tr>
<tr><td colspan="8">其他材料费</td><td>—</td><td>0.69</td><td colspan="2">—</td><td></td></tr>
<tr><td colspan="8">材料费小计</td><td>—</td><td>752.68</td><td colspan="2">—</td><td></td></tr>
</table>

表 8-9　综合单价分析表（九）

项目编码	011406001001		项目名称	抹灰面油漆					计量单位	m²		工程量	300
清单综合单价组成明细													
定额编号	定额项目名称		定额单位	数量	单价				合价				
					人工费	材料费	机械费	管理费	利润	人工费	材料费	机械费	管理费	利润
17-176	内墙面 在抹灰面上 901 胶混合腻子批、刷乳胶漆各三遍		10 m²	0.1	170.4	129.81		73.27	25.56	17.04	12.98		7.33	2.56
综合人工工日			小计							17.04	12.98		7.33	2.56
0.142 工日			未计价材料费											
清单项目综合单价										39.91				
材料费明细	主要材料名称、规格、型号					单位	数量			单价/元	合价/元	暂估单价/元	暂估合价/元
	内墙乳胶漆					kg	0.463			25	11.58		
	901 胶					kg	0.15			2.14	0.32		
	羧甲基纤维素					kg	0.035			2.14	0.07		
	大白粉					kg	0.513			0.73	0.37		
	滑石粉					kg	0.513			0.53	0.27		
	白水泥					kg	0.26			0.9	0.23		
	其他材料费									—	0.14	—	
	材料费小计									—	12.98	—	

表 8-10　综合单价分析表（十）

项目编码	011408001001	项目名称		墙纸裱糊					计量单位	m^2		工程量	50
清单综合单价组成明细													
定额编号	定额项目名称	定额单位	数量	单价					合价				
				人工费	材料费	机械费	管理费	利润	人工费	材料费	机械费	管理费	利润
17-164+[17-165]	满批腻子 抹灰面 三遍	10 m^2	0.1	110.4	24.52		47.47	16.56	11.04	2.45		4.75	1.66
17-174	清油封底	10 m^2	0.1	30	29.65		12.9	4.5	3	2.97		1.29	0.45
17-239	贴墙纸 墙面 不对花	10 m^2	0.1	160.8	447.4		69.14	24.12	16.08	44.74		6.91	2.41
综合人工工日		小计							30.12	50.16		12.95	4.52
0.251 工日		未计价材料费											
清单项目综合单价									97.75				

材料费明细	主要材料名称、规格、型号	单位	数量	单价 / 元	合价 / 元	暂估单价 / 元	暂估合价 / 元
	羧甲基纤维素	kg	0.044	2.14	0.09		
	大白粉	kg	0.546	0.73	0.4		
	滑石粉	kg	0.426	0.53	0.23		
	白水泥	kg	0.213	0.9	0.19		
	酚醛清漆	kg	0.119	30	3.57		
	901 胶	kg	0.128	2.14	0.27		
	油漆溶剂油	kg	0.026	12.01	0.31		
	墙纸中档	m^2	1.1	40	44		
	聚醋酸乙烯乳液	kg	0.125	4.29	0.54		
	其他材料费			—	0.56	—	
	材料费小计			—	50.16	—	

表 8-11　综合单价分析表（十一）

项目编码	011302001001	项目名称		吊顶天棚					计量单位	m²		工程量	3.66
清单综合单价组成明细													
定额编号	定额项目名称	定额单位	数量	单价					合价				
				人工费	材料费	机械费	管理费	利润	人工费	材料费	机械费	管理费	利润
15-39	全丝杆天棚吊筋 H=600 mm　Φ8	10 m²	0.1		29.19	2.8	1.2	0.42		2.92	0.28	0.12	0.04
D00002	300 mm×300 mm 铝合金集成吊顶含配套龙骨及收口	m²	1		120					120			
综合人工工日		小计								122.92	0.28	0.12	0.04
0 工日		未计价材料费											
清单项目综合单价									123.36				
材料费明细	主要材料名称、规格、型号					单位	数量		单价 / 元	合价 / 元	暂估单价 / 元	暂估合价 / 元	
	镀锌丝杆					kg	0.314		5.15	1.62			
	胀头、胀管					套	1.326		0.43	0.57			
	双螺母双垫片 ϕ8					副	1.326		0.51	0.68			
	300 mm×300 mm 铝合金集成吊顶含配套龙骨及收口					m²	1		120	120			
	其他材料费								—	0.05	—		
	材料费小计								—	122.92	—		

表 8-12　综合单价分析表（十二）

项目编码	011302001002		项目名称	吊顶天棚					计量单位	m^2		工程量	52.55
清单综合单价组成明细													
定额编号	定额项目名称	定额单位	数量	单价					合价				
				人工费	材料费	机械费	管理费	利润	人工费	材料费	机械费	管理费	利润
15-39	全丝杆天棚吊筋 H=600 mm　Φ8	10 m^2	0.1		29.19	2.8	1.2	0.42		2.92	0.28	0.12	0.04
15-19 备注 1	装配式 T 形（不上人型）铝合金龙骨 面层规格 600 mm×600 mm 简单	10 m^2	0.1	183.74	226.94	1.45	79.63	27.78	18.37	22.69	0.15	7.96	2.78
15-47	矿棉板 600 mm×600 mm 面层 搁放在T 形铝合金龙骨上	10 m^2	0.091 094	62.4	420		26.83	9.36	5.68	38.26		2.44	0.85
18-62	天棚面零星项目 格式灯孔	10 个	0.024 738	81.6	46.05		35.09	12.24	2.02	1.14		0.87	0.3
综合人工工日			小计						26.07	65.01	0.43	11.39	3.97
0.217 3 工日			未计价材料费										
清单项目综合单价									106.87				

	主要材料名称、规格、型号	单位	数量	单价/元	合价/元	暂估单价/元	暂估合价/元
材料费明细	镀锌丝杆	kg	0.314	5.15	1.62		
	胀头、胀管	套	1.326	0.43	0.57		
	双螺母双垫片 ϕ8	副	1.326	0.51	0.68		
	轻钢龙骨（大）50 mm×15 mm×1.2 mm	m	1.337	5.57	7.45		
	大龙骨垂直吊件（轻钢）45	只	1.5	0.43	0.65		
	角铝∟ 25 mm×25 mm×1 mm	m	0.646	5.15	3.33		
	铝合金 T 形主龙骨	m	1.894	4.72	8.94		
	铝合金 T 形副龙骨	m		3.86			
	铝合金 T 形龙骨主接件	只	0.6	0.94	0.56		
	铝合金 T 形龙骨次接件	只	0.3	0.64	0.19		
	铝合金 T 形龙骨挂件	个	2.3	0.51	1.17		
	轻钢龙骨（小）25 mm×20 mm×0.5 mm	m		2.23			
	小龙骨垂直吊件	只		0.34			
	小龙骨平面连接件	只		0.51			
	矿棉板 600 mm×600 mm×12 mm	m^2	0.956 487	40	38.26		
	轻钢龙骨（中）50 mm×20 mm×0.5 mm	m	0.197 904	3.43	0.68		
	其他材料费			—	0.91	—	
	材料费小计			—	65.01	—	

表 8-13　综合单价分析表（十三）

项目编码	011302001003	项目名称		吊顶天棚					计量单位	m²		工程量	15.67
清单综合单价组成明细													
定额编号	定额项目名称	定额单位	数量	单价					合价				
				人工费	材料费	机械费	管理费	利润	人工费	材料费	机械费	管理费	利润
15-39	全丝杆天棚吊筋 H=600 mm　Φ8	10 m²	0.077 703		29.19	2.8	1.2	0.42		2.27	0.22	0.09	0.03
15-39	全丝杆天棚吊筋 H=900 mm　Φ8	10 m²	0.022 272		37.28	2.8	1.2	0.42		0.83	0.06	0.03	0.01
15-6 备注 2	装配式 U 形（不上人形）轻钢龙骨 面层规格 300 mm×600 mm 复杂	10 m²	0.1	460.08	367.27	5.23	200.08	69.8	46.01	36.73	0.52	20.01	6.98
15-46	纸面石膏板天棚面层 安装在 U 形轻钢龙骨上 凹凸	10 m²	0.129 636	160.8	148.76		69.14	24.12	20.85	19.28		8.96	3.13
17-182 备注 1	夹板面 批腻子、刷乳胶漆各三遍	10 m²	0.129 636	196.68	114.69		84.57	29.5	25.5	14.87		10.96	3.82
17-173	板面钉眼封点防锈漆	10 m²	0.129 636	30	2.64		12.9	4.5	3.89	0.34		1.67	0.58
17-175	天棚墙面板缝贴自粘胶带	10 m	0.172 419	6	2.73		2.58	0.9	1.03	0.47		0.44	0.16
18-63	天棚面零星项目　筒灯孔	10 个	0.063 816	20.4	7.89		8.77	3.06	1.3	0.5		0.56	0.2
综合人工工日		小计							98.58	75.29	0.8	42.72	14.91
0.8214 工日		未计价材料费											
清单项目综合单价									232.3				

材料费明细	主要材料名称、规格、型号	单位	数量	单价 / 元	合价 / 元	暂估单价 / 元	暂估合价 / 元
	镀锌丝杆	kg	0.348 889	5.15	1.8		
	胀头、胀管	套	1.325 669	0.43	0.57		
	双螺母双垫片 ϕ8	副	1.325 669	0.51	0.68		
	普通木成材	m³	0.000 7	2 300	1.61		
	轻钢龙骨（小）25 mm×20 mm×0.5 mm	m	0.34	2.23	0.76		

续表

项目编码	011302001003	项目名称	吊顶天棚	计量单位	m^2	工程量	15.67
	主要材料名称、规格、型号	单位	数量	单价 / 元	合价 / 元	暂估单价 / 元	暂估合价 / 元
材料费明细	轻钢龙骨（中）50 mm×20 mm×0.5 mm	m	2.797 632	3.43	9.6		
	轻钢龙骨（大）50 mm×15 mm×1.2 mm	m	1.864	5.57	10.38		
	轻钢龙骨主接件	只	1	0.51	0.51		
	轻钢龙骨次接件	只	1.26	0.6	0.76		
	轻钢龙骨小接件	只	0.13	0.26	0.03		
	小龙骨垂直吊件	只	1.25	0.34	0.43		
	小龙骨平面连接件	只	1.25	0.51	0.64		
	中龙骨横撑	m	2.058	3	6.17		
	中龙骨垂直吊件	只	4.125	0.39	1.61		
	中龙骨平面连接件	只	6.716	0.43	2.89		
	大龙骨垂直吊件（轻钢）45	只	2	0.43	0.86		
	边龙骨横撑	m	0.202	2.57	0.52		
	纸面石膏板 1 200 mm×3 000 mm×9.5 mm	m^2	1.490 814	12	17.89		
	自攻螺钉 M4×15	10 个	5.366 93	0.26	1.4		
	内墙乳胶漆	kg	0.518 544	25	12.96		
	羧甲基纤维素	kg	0.041 484	2.14	0.09		
	聚醋酸乙烯乳液	kg	0.142 6	4.29	0.61		
	大白粉	kg	1.419 514	0.73	1.04		
	红丹防锈漆	kg	0.025 927	12.86	0.33		
	自粘胶带	m	1.758 674	0.13	0.23		
	密封油膏	kg	0.012 069	5.57	0.07		
	其他材料费			—	0.85	—	
	材料费小计			—	75.29	—	

表 8-14 综合单价分析表（十四）

项目编码	011304001001	项目名称	灯带（槽）					计量单位		m	工程量		15.18
清单综合单价组成明细													
定额编号	定额项目名称	定额单位	数量	单价					合价				
				人工费	材料费	机械费	管理费	利润	人工费	材料费	机械费	管理费	利润
18-65	回光灯槽	10 m	0.1	189.6	183.53	4.56	83.49	29.12	18.96	18.35	0.46	8.35	2.91
17-182 备注 1	夹板面 批腻子、刷乳胶漆各三遍	10 m^2	0.037 003	196.68	114.69		84.57	29.5	7.28	4.24		3.13	1.09
17-173	板面钉眼封点防锈漆	10 m^2	0.037 003	30	2.64		12.9	4.5	1.11	0.1		0.48	0.17
17-175	天棚墙面板缝贴自粘胶带	10 m	0.037 003	6	2.73		2.58	0.9	0.22	0.1		0.1	0.03
17-92	刷防火涂料二遍 其他木材面	10 m^2	0.037 003	157.2	32.07		67.6	23.58	5.82	1.19		2.5	0.87
综合人工工日		小计							33.39	23.98	0.46	14.56	5.07
0.278 3 工日		未计价材料费											
清单项目综合单价									77.46				

材料费明细	主要材料名称、规格、型号	单位	数量	单价 / 元	合价 / 元	暂估单价 / 元	暂估合价 / 元
	细木工板 δ12 mm	m^2	0.407	30	12.21		
	纸面石膏板 1 200 mm×3 000 mm×9.5 mm	m^2	0.407	12	4.88		
	自攻螺钉 M4×15	10 个	3.45	0.26	0.9		
	内墙乳胶漆	kg	0.148 012	25	3.7		
	羧甲基纤维素	kg	0.011 841	2.14	0.03		
	聚醋酸乙烯乳液	kg	0.040 703	4.29	0.17		
	大白粉	kg	0.405 183	0.73	0.3		
	红丹防锈漆	kg	0.007 401	12.86	0.1		
	自粘胶带	m	0.377 431	0.13	0.05		
	密封油膏	kg	0.002 59	5.57	0.01		
	防火涂料 X-60（饰面）	kg	0.065 865	16.29	1.07		
	油漆溶剂油	kg	0.009 251	12.01	0.11		
	白布	m^2	0.000 74	3.43			
	其他材料费			—	0.45	—	
	材料费小计			—	23.98	—	

表 8–15　综合单价分析表（十五）

<table>
<tr><td>项目编码</td><td>011701006001</td><td colspan="2">项目名称</td><td colspan="5">满堂脚手架</td><td>计量单位</td><td>m^2</td><td colspan="2">工程量</td><td>71.97</td></tr>
<tr><td colspan="14">清单综合单价组成明细</td></tr>
<tr><td rowspan="2">定额编号</td><td rowspan="2">定额项目名称</td><td rowspan="2">定额单位</td><td rowspan="2">数量</td><td colspan="5">单价</td><td colspan="5">合价</td></tr>
<tr><td>人工费</td><td>材料费</td><td>机械费</td><td>管理费</td><td>利润</td><td>人工费</td><td>材料费</td><td>机械费</td><td>管理费</td><td>利润</td></tr>
<tr><td>20–20 备注 1</td><td>满堂脚手架 基本层 高 5 m 以内</td><td>10 m^2</td><td>0.1</td><td>72</td><td>15.23</td><td>6.37</td><td>33.7</td><td>11.76</td><td>7.2</td><td>1.52</td><td>0.64</td><td>3.37</td><td>1.18</td></tr>
<tr><td colspan="2">综合人工工日</td><td colspan="7">小计</td><td>7.2</td><td>1.52</td><td>0.64</td><td>3.37</td><td>1.18</td></tr>
<tr><td colspan="2">0.06 工日</td><td colspan="7">未计价材料费</td><td colspan="5"></td></tr>
<tr><td colspan="9">清单项目综合单价</td><td colspan="5">13.91</td></tr>
<tr><td rowspan="8">材料费明细</td><td colspan="5">主要材料名称、规格、型号</td><td colspan="2">单位</td><td>数量</td><td>单价 / 元</td><td>合价 / 元</td><td colspan="2">暂估单价 / 元</td><td>暂估合价 / 元</td></tr>
<tr><td colspan="5">脚手钢管</td><td colspan="2">kg</td><td>0.084 6</td><td>3.68</td><td>0.31</td><td colspan="2"></td><td></td></tr>
<tr><td colspan="5">底座</td><td colspan="2">个</td><td>0.000 6</td><td>4.12</td><td></td><td colspan="2"></td><td></td></tr>
<tr><td colspan="5">脚手架扣件</td><td colspan="2">个</td><td>0.012</td><td>4.89</td><td>0.06</td><td colspan="2"></td><td></td></tr>
<tr><td colspan="5">周转木材</td><td colspan="2">m^3</td><td>0.000 3</td><td>1 586.47</td><td>0.48</td><td colspan="2"></td><td></td></tr>
<tr><td colspan="5">镀锌铁丝 8#</td><td colspan="2">kg</td><td>0.015 6</td><td>4.2</td><td>0.07</td><td colspan="2"></td><td></td></tr>
<tr><td colspan="8">其他材料费</td><td>—</td><td>0.6</td><td colspan="2">—</td><td></td></tr>
<tr><td colspan="8">材料费小计</td><td>—</td><td>1.52</td><td colspan="2">—</td><td></td></tr>
</table>

表 8-16　总价措施项目清单与计价表（一）

工程名称：某办公区装饰工程　　　　标段：　　　　第 1 页　共 2 页

序号	项目编码	项目名称	计算基础	费率 /%	金额 / 元	调整费率 /%	调整后金额 / 元	备注
1	011707001001	安全文明施工费		100.000	1 084.88			
1.1		基本费	分部分项合计 + 单价措施项目合计 − 除税工程设备费	1.700	960.57			
1.2		增加费	分部分项合计 + 单价措施项目合计 − 除税工程设备费					
1.3		扬尘污染防治增加费	分部分项合计 + 单价措施项目合计 − 除税工程设备费	0.220	124.31			
2	011707002001	夜间施工	分部分项合计 + 单价措施项目合计 − 除税工程设备费	0.050	28.25			
3	011707003001	非夜间施工照明	分部分项合计 + 单价措施项目合计 − 除税工程设备费	0.200	113.01			在计取非夜间施工照明费时，建筑工程、仿古工程、修缮土建部分仅地下室（地宫）部分可计取；单独装饰、安装工程、园林绿化工程、修缮安装部分仅特殊施工部位内施工项目可计取
4	011707004001	二次搬运	分部分项合计 + 单价措施项目合计 − 除税工程设备费					
5	011707005001	冬雨期施工	分部分项合计 + 单价措施项目合计 − 除税工程设备费	0.075	42.38			

编制人（造价人员）：　　　　复核人（造价工程师）：

表 8–16　总价措施项目清单与计价表（二）

工程名称：某办公区装饰工程　　　　标段：　　　　第 2 页　共 2 页

序号	项目编码	项目名称	计算基础	费率 /%	金额 / 元	调整费率 /%	调整后金额 / 元	备注
6	011707006001	地上、地下设施、建筑物的临时保护设施	分部分项合计 + 单价措施项目合计 – 除税工程设备费					
7	011707007001	已完工程及设备保护	分部分项合计 + 单价措施项目合计 – 除税工程设备费	0.050	28.25			
8	011707008001	临时设施	分部分项合计 + 单价措施项目合计 – 除税工程设备费	0.800	452.03			
9	011707009001	赶工措施	分部分项合计 + 单价措施项目合计 – 除税工程设备费	1.350	762.80			
10	011707010001	工程按质论价	分部分项合计 + 单价措施项目合计 – 除税工程设备费	1.100	621.54			
11	011707011001	住宅分户验收	分部分项合计 + 单价措施项目合计 – 除税工程设备费	0.100	56.50			在计取住宅分户验收时，大型土石方工程、桩基工程和地下室部分不计入计费基础
12	011707012001	建筑工人实名制费用	分部分项合计 + 单价措施项目合计 – 除税工程设备费	0.030	16.95			建筑工人实名制设备由建筑工人工资专用账户开户银行提供的，建筑工人实名制费用按表中费率乘以 0.5 系数计取
13	011707091001	特殊条件下施工增加费	分部分项合计 + 单价措施项目合计 – 除税工程设备费					
					3 206.59			

编制人（造价人员）：　　　　复核人（造价工程师）：

表 8–17 其他项目清单与计价汇总表

工程名称：某办公区装饰工程　　　　标段：　　　　第 1 页　共 1 页

序号	项目名称	金额 / 元	结算金额 / 元	备注
1	暂列金额	10 000.00		
2	暂估价			
2.1	材料暂估价			
2.2	专业工程暂估价			
3	计日工			
4	总承包服务费			
合计		10 000.00		

表 8-18 暂列金额明细表

工程名称：某办公区装饰工程　　　　标段：　　　　第 1 页　共 1 页

序号	项目名称	计量单位	暂定金额 / 元	备注
1	预留金	元	10 000.00	
合计			10 000.00	

表 8-19　规费、税金项目计价表

工程名称：某办公区装饰工程　　　　标段：　　　　第 1 页　共 1 页

序号	项目名称	计算基础	计算基数 / 元	计算费率 /%	金额 / 元
1	规费	环境保护税 + 社会保险费 + 住房公积金	2 035.54	100.000	2 035.54
1.1	社会保险费	分部分项工程费 + 措施项目费 + 其他项目费 – 除税工程设备费	69 710.56	2.400	1 673.05
1.2	住房公积金	分部分项工程费 + 措施项目费 + 其他项目费 – 除税工程设备费	69 710.56	0.420	292.78
1.3	环境保护税	分部分项工程费 + 措施项目费 + 其他项目费 – 除税工程设备费	69 710.56	0.100	69.71
2	税金	分部分项工程费 + 措施项目费 + 其他项目费 + 规费 – 除税甲供材料和甲供设备费 /1.01	71 746.10	9.000	6 457.15
合计					8 492.69

编制人（造价人员）：　　　　复核人（造价工程师）：

表 8-20　工程量计算书（一）

工程名称：某办公区装饰工程　　　　标段：　　　　第 1 页　共 2 页

序号	不累计	位置	名称	子目名称及公式	单位	相同数量	总计
1		011102003001		块料楼地面	m^2		3.66
				（2.5–0.24）×（1.8–0.18）		1.00	3.66
2		011102003002		块料楼地面	m^2		31.79
				（5–0.24）×（8.8–0.24）+（1.8–0.24）×（3.54–0.24）–（3.2–0.12+0.06）×3.6–（1.8–0.12–0.06）×（2.5–0.12）+0.8×0.24×2+0.8×0.12×2+1×0.24+（1.24–0.24）×0.24		1.00	31.79
		13–81		楼地面单块 0.4m2 以内地砖 干硬性水泥砂浆	10 m^2		3.17
				（5–0.24）×（8.8–0.24）+（1.8–0.24）×（3.54–0.24）–（3.2–0.12+0.06）×3.6–（1.8–0.12–0.06）×（2.5–0.12）+0.8×0.24×2+0.8×0.12×2+1×0.24+（1.24–0.24）×0.24–0.4×0.16		1.00	31.73
		18–75		保护工程部位 石材、木地板面 地面	10 m^2		3.17
				（5–0.24）×（8.8–0.24）+（1.8–0.24）×（3.54–0.24）–（3.2–0.12+0.06）×3.6–（1.8–0.12–0.06）×（2.5–0.12）+0.8×0.24×2+0.8×0.12×2+1×0.24+（1.24–0.24）×0.24–0.4×0.16		1.00	31.73
3		011104002001		竹、木（复合）地板	m^2		15.67
				（5.2–0.24）×（3.4–0.24）		1.00	15.67
4		011104002002		竹、木（复合）地板	m^2		20.76
			总工办	（3.6–0.24）×（3.4–0.24）		1.00	10.62
			经理室	（3.2–0.12–0.06）×（3.6–0.24）		1.00	10.15
5		011105005001		木质踢脚线	m		30.00
6		011204003001		块料墙面	m^2		21.58
				（2.5–0.24+1.8–0.18）×2×3–2×0.85		1.00	21.58
7		011210005001		成品隔断	间		2.00
				2		1.00	2.00
8		010801002001		木质门带套	樘		5.00
				5		1.00	5.00
		16–312		门窗特殊五金 执手锁	把		5.00
				5		1.00	5.00
9		011406001001		抹灰面油漆	m^2		300.00
10		011408001001		墙纸裱糊	m^2		50.00
11		011302001001		吊顶天棚	m^2		3.66
				3.66		1.00	3.66
12		011302001002		吊顶天棚	m^2		52.55
				31.79+20.76		1.00	52.55

表 8-20　工程量计算书（二）

工程名称：某办公区装饰工程　　　　标段：　　　　第 2 页　共 2 页

序号	不累计	位置	名称	子目名称及公式	单位	相同数量	总计
		15-47		矿棉板 600 mm×600 mm 面层 搁放在 T 形铝合金龙骨上	10 m^2		4.79
				52.55-13×0.6×0.6		1.00	47.87
		18-62		天棚面零星项目格式灯孔	10 个		1.30
				13		1.00	13.00
13		011302001003		吊顶天棚	m^2		15.67
				15.67		1.00	15.67
		15-39		全丝杆天棚吊筋 *H*=600 mm 8	10 m^2		1.22
				（5-0.24-0.19×2）×（3.4-0.24-0.19×2）		1.00	12.18
		15-39		全丝杆天棚吊筋 *H*=900 mm 8	10 m^2		0.35
				15.67-12.18		1.00	3.49
		15-46		纸面石膏板天棚面层 安装在 U 形轻钢龙骨上 凹凸	10 m^2		2.03
				（5.2-0.24-0.19）×2×（3-2.7）+（3.4-0.24-0.19）×2×（3-2.7）+15.67		1.00	20.31
		17-182 备注 1		夹板面 批腻子、刷乳胶漆各三遍	10 m^2		2.03
				20.314		1.00	20.31
		17-173		板面钉眼封点防锈漆	10 m^2		2.03
				20.314		1.00	20.31
		17-175		天棚墙面板缝贴自粘胶带	10 m		2.70
				20.314×1.33		1.00	27.02
		18-63		天棚面零星项目 筒灯孔	10 个		1.00
				10		1.00	10.00
14		011304001001		灯带（槽）	m^2		15.18
				（5.2-0.24-0.19-0.075）×2+（3.4-0.24-0.19-0.075）×2		1.00	15.18
		17-182 备注 1		夹板面 批腻子、刷乳胶漆各三遍	10 m^2		0.56
				15.18×（0.15+0.08+0.14）		1.00	5.62
1		011701006001		满堂脚手架	m^2		71.97
				3.66+31.79+15.76+20.76		1.00	71.97

参考文献

[1]《建筑施工手册》(第五版)编委会. 建筑施工手册[M]. 5版. 北京：中国建筑工业出版社，2013.

[2] 中华人民共和国住房和城乡建设部，中华人民共和国国家质量监督检验检疫总局. GB 50500—2013 建设工程工程量清单计价规范[S]. 北京：中国计划出版社，2013.

[3] 江苏省住房与城乡建设厅. 江苏省建筑与装饰工程计价定额（上、下）(2014)[S]. 南京：江苏凤凰科学技术出版社，2014.

[4] 饶武. 建筑装饰工程计量与计价[M]. 2版. 北京：机械工业出版社，2015.

[5] 谢洪. 建筑装饰工程计量与计价[M]. 北京：中国建筑工业出版社，2015.

[6] 尹晶，温秀红. 建筑装饰工程计量与计价[M]. 北京：北京理工大学出版社，2017.

[7] 中华人民共和国住房和城乡建设部. GB/T 50353—2013 建筑工程建筑面积计算规范[S]. 北京：中国计划出版社，2014.

[8] 赵鲲，朱小斌，周遐德. 室内设计节点手册：常用节点[M]. 2版. 上海：同济大学出版社，2019.

[9] 赵勤贤. 装饰工程计量与计价[M]. 4版. 大连：大连理工大学出版社，2016.